高等学校土建类学科专业"十四五"系列教材
高等学校系列教材

建筑工程拆除技术与组织

李永福　刘贵国　刘光耀　编著

U0285609

中国建筑工业出版社

图书在版编目（CIP）数据

建筑工程拆除技术与组织/李永福，刘贵国，刘光
耀编著. —北京：中国建筑工业出版社，2020.12
高等学校土建类学科专业"十四五"系列教材　高等
学校系列教材
ISBN 978-7-112-25648-8

Ⅰ.①建… Ⅱ.①李…②刘…③刘… Ⅲ.①建筑工
程-拆除-高等学校-教材　Ⅳ.①TU746.5

中国版本图书馆 CIP 数据核字（2020）第 237361 号

　　本书从理论和实践两方面出发，结合齐鲁宾馆实例，全面系统地介绍了建筑
工程拆除技术与组织的基本知识，对建筑工程拆除技术与组织的内容体系、理论
方法进行了系统分析和解剖。本书包含 6 章，第 1 章从总体上介绍拆除工程的相
关概念、安全保证措施、文明施工等内容；第 2 章介绍建筑工程识图；第 3 章介
绍建筑工程拆除施工方案；第 4 章以齐鲁宾馆为例，对爆破拆除方案与机械拆除
方案进行论证；第 5 章仍以齐鲁宾馆为背景，介绍机械拆除技术与组织；第 6 章
主要介绍四新技术应用。

　　本书可作为高等院校工程管理、土木工程专业师生的教学用书，也可供从事
拆除工程的建设单位、设计单位、施工单位、监理单位等参考使用。

　　本书配备教学课件，我们可以向采用本书作为教材的教师提供教学课件，请
有需要的任课教师按以下方式索取：1. 邮箱：jckj@cabp. com. cn（邮件请注明书
名）；2. 电话：(010) 58337285；3. 建工书院 http://edu. cabplink. com。

责任编辑：赵　莉　吉万旺
责任校对：芦欣甜

高等学校土建类学科专业"十四五"系列教材
高等学校系列教材
建筑工程拆除技术与组织
李永福　刘贵国　刘光耀　编著
*
中国建筑工业出版社出版、发行（北京海淀三里河路 9 号）
各地新华书店、建筑书店经销
霸州市顺浩图文科技发展有限公司制版
北京京华铭诚工贸有限公司印刷
*
开本：787 毫米×1092 毫米　1/16　印张：15¾　字数：380 千字
2021 年 10 月第一版　　2021 年 10 月第一次印刷
定价：**48.00** 元（赠教师课件）
ISBN 978-7-112-25648-8
(36550)

本书编委会名单

编著单位：

山东建筑大学

山东省鲁商置业有限公司

山东振盛建设工程有限公司

编著人员：

李永福（山东建筑大学）统编

刘作伟（山东建筑大学）编写第 1 章

盛国飞、于天奇（山东建筑大学）合编第 2 章

李敏、时吉利、朱天乐（山东建筑大学）合编第 3 章

刘贵国、刘珊（山东省鲁商置业有限公司）合编第 4 章

刘光耀、刘承亮（山东振盛建设工程有限公司）合编第 5 章、第 6 章

前　言

本书以最新的规范、规程为指导，系统地介绍了拆除技术的基本理论与方法，以工程拆除技术的施工程序作为主线，详细地介绍了人工拆除、爆破拆除、机械拆除的施工方法，便于从事工程拆除的工作人员系统地掌握拆除技术的最新知识，为今后的拆除工作提供了一定的理论依据。

随着时代不断进步，经济不断发展，一些建筑物已经不能满足使用需求，需要对它们进行拆除改造。目前拆除技术在国内外应用十分广泛，拆除技术也在不断地完善，由一开始的人工拆除发展到后来的爆破拆除、机械拆除。3种拆除技术各有其特点，不同的建筑物可应用不同的拆除技术，这种"因建筑物而异"的做法可以提高拆除效率，节约成本。

书中以济南市齐鲁宾馆的拆除为例，详细地介绍机械拆除技术。齐鲁宾馆高约159m，属于超高大建筑，用机械拆除技术进行拆除也是史无前例的，是一个大胆的尝试。由于先进机械设备的应用，机械拆除的效率大大提高，而且对周围环境和居民的影响较小。随着齐鲁宾馆的拆除，机械拆除的发展将会迈入一个新的台阶。

本书共包含6章的内容，第1章总体上介绍了建筑工程相关概念、建筑工程文明施工内容、拆除工程分类、拆除工程施工注意事项等，通过本章的学习，读者能够对拆除工程有初步的了解；第2章对建筑工程识图进行了详细的讲述，包括建筑工程识图相关概述、术语符号、建筑工程使用的方法与步骤等，通过对本章的学习，读者能够掌握对建筑工程图、结构工程图的认识；第3章介绍了建筑工程拆除施工方案，主要包括各种拆除方法以及各种拆除方法之间的联系与区别、各项拆除方法施工前的准备以及拆除后的管理工作；第4章内容是结合齐鲁宾馆实例，对爆破拆除方案与机械拆除方案进行了论证，综合分析爆破拆除与机械拆除的优缺点，进行比对，选择合适的方案。第5章内容是对齐鲁宾馆机械拆除技术与组织进行介绍。第6章介绍了与拆除工程相关的最新技术。

本书在编写和修订过程中，参考了大量的文献材料，除了在书后所附的参考文献以外，还借鉴了一些专家和学者的研究成果，在此不一一列举，谨在此一并致谢。

由于作者理论水平有限，书中存在疏漏和谬误在所难免，敬请同行和读者不吝斧正。

目　　录

第1章 建筑工程拆除概述

本章学习目标

通过本章的学习，可以初步掌握建筑工程相关概述、建筑工程文明施工内容、拆除工程概述和分类、拆除工程施工注意事项、拆除工程安全保证措施、拆除工程计算规则、建筑工程识图相关内容。

重点掌握：拆除工程施工注意事项、安全保证措施。

一般掌握：拆除工程计算规则、建筑工程识图相关内容。

本章学习导航

本章学习导航如图 1-1 所示。

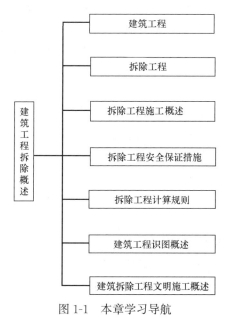

图 1-1 本章学习导航

1.1 建 筑 工 程

1. 建筑工程定义

建筑工程是为新建、改建或扩建房屋建筑物和附属构筑物设施所进行的规划、勘察、设计和施工、竣工等各项技术工作和完成工程实体以及与其配套的线路、管道、设备的安装工程，也指各种房屋、建筑物的建造工程。其中"房屋建筑物"的建造工程包括厂房、剧院、旅馆、商店、学校、医院和住宅等，其新建、改建或扩建必须兴工动料，通过施工活动才能实现；"附属构筑物设施"指与房屋建筑配套的水塔、自行车棚、水池等。"线路、管道、设备的安装"指与房屋建筑及其附属设施相配套的电气、给水排水、暖通、通信、智能化、电梯等线路、管道、设备的安装活动。

2. 建筑工程专业预测分析

随着中国市场经济的迅速发展，建筑业正从劳动密集型向技术密集型转化，先进技术和工艺设备将大量采用，许多岗位的专业程度越来越高，技术含量高的岗位又不断涌现，建筑企业需要大量地在生产及管理第一线接受理论教育，又熟练掌握技术及了解管理工作的劳动型人才。尽管国家从宏观总量层面实施经济调控，但对于那些总体发展落后于国民经济发展水平的瓶颈行业，国家将会加大政策扶持。

3. 建筑行业基本属性

建筑工程是土木工程学科的重要分支，从广义上讲，建筑工程和土木工程应属于同一意义上的概念。因此，建筑工程的基本属性与土木工程的基本属性大体一致，包括以下几个方面。

（1）综合性

建造一项工程设施一般要经过勘察、设计和施工三个阶段，需要运用工程地质勘察、水文地质勘察、工程测量、土力学、工程力学、工程设计、建筑材料、建筑设备、工程机械、建筑经济等学科和施工技术、施工组织等领域的知识以及电子计算机和力学测试等技术。因此，建筑工程是一门范围广阔的综合性学科。

（2）社会性

建筑工程是伴随着人类社会的发展而发展起来的。所建造的工程设施反映出各个历史时期社会经济、文化、科学、技术发展的面貌，因而建筑工程也就成为社会历史发展的见证之一。

（3）实践性

建筑工程涉及的领域非常广泛，因此影响建筑工程的因素必然众多且复杂，使得建筑工程对实践的依赖性很强。

（4）技术上、经济上和建筑艺术上的统一性

建筑工程是为人类需要服务的，所以它必然是集一定历史时期社会经济、技术和文化艺术于一体的产物，是技术、经济和艺术统一的结果。

4. 建筑行业发展预测

（1）装配式建筑发展提速

2017年11月，住房和城乡建设部公布第一批装配式建筑示范城市和示范产业基地，北京、上海、天津等城市被确定为第一批装配式建筑示范城市。上海建工集团、中国建筑第三工程局有限公司等成为第一批示范企业。住房和城乡建设部此次公布第一批示范城市、企业，表示国家将积极推进装配式建筑发展，或将预示建筑业转型升级在即。此次示范城市和示范产业基地一旦确定，各地将会结合本地实际，积极开展装配式建筑相关工作，全面推进装配式建筑发展。预计今后几年将通过政府引导、企业自主创新，加快培育装配式建筑产业体系。

（2）建筑企业"走出去"将迎来发展期

"一带一路"沿线国家基础设施建设落后，基建需求旺盛，根据亚洲开发银行最新报告显示，2016～2030年，亚洲地区基建需求预计将超过22.6万亿美元（不考虑气候变化），年均基建需求超过1.5万亿美元。各国将继续保持对基础设施的投入，基建发展会延续稳步上升的趋势，"一带一路"沿线国家市场将继续成为对外承包工程行业发展的增长点和驱动力。

（3）国企改革政策持续推进

这两年是国企改革全面推进并取得关键性突破时期。广东、山东、山西等多个省市出台了关于国有企业改革的指导性文件，或召开相关会议，推动地方国企的混合所有制改革。广东水电集团与广东建筑工程集团合并、山西建设投资集团揭牌成立、安徽建工集团上市、湖南建工集团改制、福建建工集团揭牌成立等，地方国企国资改革进入全面加速的状态。党的十九大报告指出，要完善各类国有资产管理体制，改革国有资本授权经营体制，加快国有经济布局优化、结构调整、战略性重组，促进国有资产保值增值，推动国有资本做强做优做大，有效防止国有资产流失。深化国有企业改革，发展混合所有制经济，培育具有全球竞争力的世界一流企业。其方向十分明确。

（4）工程总承包加速

近年来，国家一直在推动工程总承包模式的发展。1984年，工程总承包纳入国务院颁发的《关于改革建筑业和基本建设管理体制若干问题的暂行规定》，工程总承包模式发展起步，随后的1992年建设部明确总承包资质，2003年国家培育总承包能力，2014年推动总承包市场，到2017年国家标准《建设项目工程总承包管理规范》GB/T 50358—2017发布，进一步完善工程总承包制度。今后，工程总承包模式制度体系逐步完善，工程总承包模式发展将提速。具备相当实力的建筑企业必须顺应发展大势，整合企业资源，提升项目综合管理能力、设计能力，建立新的采购体系，向工程总承包业务模式转型。

5. 绿色建筑工程概述

（1）概念

绿色建筑是指在全寿命周期内，节约资源、保护环境、减少污染，为人类提供健康、适用、高效的使用空间，最大限度地实现人与自然和谐共生的高质量建筑。

建筑设计与施工行业在我国现行行业分配板块中具有较高的能源消耗，建筑行业在推动中国宏观经济良好发展效能，改善中国当代国民的基本生活条件等方面始终发挥着重要作用，与此同时，也给人类赖以生存的自然界带来了较大的潜在压力。近年来，我们对环境保护等相关观念日渐提升，以环保、绿色、节能为特征的绿色建筑已经出现在了人们的工作、生活、居住领域中。

（2）含义

绿色建筑在评价时，应遵循因地制宜的原则，要结合建筑所在区域的气候、环境、资源、经济、文化等特点，对建筑物全寿命周期内的安全耐久、生活便利、资源节约、环境宜居等性能进行综合评价。绿色建筑的室内布局十分合理，尽量减少使用合成材料，充分利用阳光，节省能源，为居住者创造一种接近自然的感觉。以人、建筑和自然环境的协调发展为目标，在利用天然条件和人工手段创造良好、健康的居住环境的同时，尽可能地控制和减少对自然环境的使用和破坏，充分体现向大自然的索取和回报之间的平衡。

（3）设计基本理念

绿色建筑及其设计的基本理念，这一学术性的讨论对象从其出现的时刻起就对传统的、旧有的建筑理念进行较大规模的突破与改进，绿色建筑从建筑工程项目的规划与设计阶段，就较早地将环境保护理念因素纳入实践化理念考量路径中，设计者力求实现人造建筑与自然环境有机融合，降低建筑实施过程中对自然环境所引致的不利影响以及改变，绿色建筑在投入常规性使用环节之后，可以满足人类个体生活、居住及工作活动的物质保障要求，为建筑物使用者提供安全、静谧、环保、舒适的工作、生活、使用空间，并且在其使用期限达到设计预定年限之后，将其拆除回收的过程往往也不会对客观自然环境产生明显的破坏。绿色建筑设计与理念是当代中国现有环保理念体系中的一个极为重要的发展分支，它是环保理念和建筑设计理念两者相结合的代表产物，实现了建筑设计与自然生态环境保护的有机结合，是实现良好生态环境效益的新型建筑发展的分支。

（4）设计基本原则

1）能耗最低原则

主要是指两方面的内容：一方面是建筑施工材料在其生产和运输环节实现最小的能源消耗目标；另一方面是建筑物使用环节实现最小的能源消耗目标。

2）以人为本原则

整个绿色建筑最基本的原则是为建筑实体最终的使用者提供健康、舒适、环保的工作、生活、居住空间环境。我们在实施绿色建筑设计环节时，应该对建筑物热环境、室内的空气质量、噪声强度等环境条件指标进行实际测量，以便有效稳定地实现以人为本的建筑理念。在操作过程中，需要对实测的数据进行有针对性的对比和改进，在比较明显的地方降低上述环境条件对使用者健康状况产生的不利影响。而在比较细节的方面上，建造与装饰过程要尽可能使用无毒的或低毒的材料，保障入住前室内的甲醛等有害物质对空气质量的影响达到环保约束条件下的标准，确保业主使用建筑物有较为良好的环保性，最大程度上实现以人为本的原则。

6. 建筑工程在管理方面所遇到的问题

建筑工程技术包含软土地基技术、电气接地技术和建筑防水技术，在遇到不同状况时会选择不同技术有效实施，在复杂技术之下，难免会遇到各种各样的问题。

（1）建筑施工人员安全意识差

建筑施工技术由于工程复杂，所需人员数量很大，在管理上有一定困难，没有做加强建筑施工人员安全意识的工作，而且在长期观察下，我们发现有很多建筑工程人员在施工过程中因为不戴安全帽而受伤，或者工程做完后没有按照固定程序进行竣工检查而引起工程事故的发生，这种事故的发生主要是由于建筑施工人员安全意识不强，没有按照要求的程序去工作，以及建筑工程监管人员工作也不认真。所以有意提高建筑施工人员的安全意识是很重要的。

（2）建筑工程管理工作体系不够完善

建筑工程技术会结合机械技术和高科技技术，所以对管理人员的水平要求很高，好的管理人员才能使工程有效实施。正常情况下，建筑工程管理人员应该在建筑工程施工人员施工前进行安全、操作方面的教学，可是经调查发现，很多建筑施工工地并没有人员进行培训，其次，在做很多重要决定时，基本上都是一个人决定，而没有征求大家的意见，尽管这是因为做决定的人在建筑行业工作多年，经验丰富，可是这样会导致其他建筑施工人员对待工作不认真，严重情况下会导致内部施工人员不团结，影响建设工程的质量。此外，在管理工作方面，每个管理人员的工作职责划分得不明确，导致在工作过程中遇到一些情况无法处理，出现不良后果，互相推诿责任。长期这样，会使工程出现重大问题。

7. 建筑工程在管理方面的改进

（1）实行奖惩制度，加强安全防范意识

为了让每一位建筑施工人员有效地、高质量地、安全地工作，应实行奖励和惩罚制度，对于施工过程中严格按照要求进行工作的人员实行奖励，对于那些不按照要求，如不戴安全帽等违反安全规范的人员实行惩罚制度。还要进行安全教育，这样会更好地促进大家提高安全防范意识，使意识差的人员也会积极提高安全意识。

（2）工作要认真

我们知道，建筑工程实施过程中要有相关工作人员会看图纸，也要有相关工作人员进行预算。可是调查发现，看图纸的建筑施工人员不认真，容易看错，使工程不符合要求，需要推翻重新建设，既浪费了时间，也浪费了金钱，而且预算人员工作不认真也导致施工出现资金的浪费，因为有些设备用不上，可是依旧花了大量资金投入，使其他真正需要资金的地方因为缺少资金而无法保证质量，使建筑达不到要求。所以在工作过程中大家都要认真、细致。

（3）制定合理施工方案

施工前的预算要准确、合理、科学，没有用处的设备不要进行投资，以免铺张浪费，设计图纸的人员要实地考察，绘制符合实际情况的图纸，看图纸的人员也应认真观察，各级管理人员在施工前做好安全防范教育工作，制定好紧急情况发生时的处理方案，将具体的工作流程规划好再进行工作，规划应详细到每一个阶段用多少时间来完成，每一个阶段用多少钱，实施过程中可能会发生哪些始料不及的事情，都要写清楚解决方案。

1.2　拆　除　工　程

1. 拆除工程概述

随着我国城市现代化建设的加快，旧建筑拆除工程也日益增多。目前，国内正大兴土木，急切需要对旧的建筑物进行拆除，为新的建设项目腾出空间。合理地选择拆除方法可以缩短工期，节约成本，实现材料更好的回收利用，从而获得更大的经济效益。建筑物拆除方法的选择，要根据建筑物的结构特点、周边环境的限制条件、工期的要求和业主的要求等因素决定，应在保证施工安全的前提下经济上最优。拆除物的结构也从砖木结构发展到混合结构、框架结构、板式结构等，从房屋拆除发展到烟囱、水塔、桥梁、码头等建筑物或构筑物的拆除。因而建（构）筑物的拆除施工近年来已形成一种行业发展的趋势。

2. 拆除工程分类

（1）按拆除的标的物

1）民用建筑的拆除

民用建筑是指非生产性的居住建筑和公共建筑，是由若干个大小不等的室内空间组合而成的；而其空间的形成，则又需要各种各样实体来组合，而这些实体称为建筑构配件。一般民用建筑由基础、墙或柱、楼底层、楼梯、屋顶、门窗等构配件组成，如住宅、写字楼、幼儿园、学校、食堂、影剧院、医院、旅馆、展览馆、商店和体育场馆等。

2）工业厂房的拆除

工业厂房是指直接用于生产或为生产配套的各种房屋，包括主要车间、辅助用房及附属设施用房。凡工业、交通运输、商业、建筑业以及科研、学校等单位中的厂房都应包括在内。工业厂房除了用于生产的车间，还包括其附属建筑物。

3）地基基础的拆除

建筑埋在地面以下的部分称为基础。承受由基础传来荷载的土层称为地基，位于基础底面下第一层土称为持力层，在其以下土层称为下卧层。地基和基础都是地下隐蔽工程，是建筑物的根本，它们的勘察、设计和施工质量关系到整个建筑的安全和正常使用。

在建筑设计之前，必须进行建筑场地的工程地质勘查，并对地基上（岩）进行物理力学性质试验，从而对场地工程地质条件做出正确的评价，这是做好设计和施工的先决条件。因此，我国早已规定，没有勘察报告不能设计，没有设计图纸不能施工。

按埋置深度划分，基础可分为浅基础与深基础两大类。一般埋深小于5m的为浅基础，大于5m的为深基础。也可以按施工方法来划分：用普通基坑开挖和敞坑排水方法修建的基础称为浅基础，如砖混结构的墙基础、高层建筑的箱形基础（埋深可能大于5m）等；而用特殊施工方法将基础埋置于深层地基中的基础称为深基础，如桩基础、沉井、地下连续墙等。

4）工业管道的拆除

工业管道，是工业（石油、化工、轻工、制药、矿山等）企业内所有管状设施的总称。工矿企业、事业单位为生产、制作、运输各种产品需要工艺管道、公用工程管道及其他辅助管道。工业管道广泛分布于城、乡各个地域。工业管道有一部分属于压力管道（国家质量监督部门监管范围的管道），属于压力管道的工业管道工艺流程种类最多、生产制作环境状态变化最为复杂、输送的介质品种较多和条件较苛刻。

5）电气线路的拆除

（2）按拆下来的建筑构件和材料的利用程度

按拆下来的建筑构件和材料的利用程度，拆除工程分为：毁坏性拆除和拆卸。

（3）按拆除建筑物和拆除物的空间位置不同

根据空间位置，拆除工程分为地上拆除和地下拆除。

3. 拆除工程的施工特点

拆除工程具有以下施工特点：

（1）作业流动性大；

（2）作业人员素质要求低；

（3）潜在危险大：

1）无原图纸，制定拆除方案困难，易产生判断错误；

2）由于加层改建，改变了原承载系统的受力状态，在拆除中往往因拆除了某一构件使原建筑物和构筑物的力学平衡体系受到破坏而造成部分构件产生倾覆，引起人员伤亡。

（4）对周围环境造成污染；

（5）露天作业。

4. 拆除工程总则

拆除工程应贯彻国家有关安全生产的法律和法规，确保建筑拆除工程施工安全，保障从业人员在拆除作业中的安全和健康及人民群众的生命、财产安全。

拆除工程适用于工业与民用建筑、构筑物、市政基础设施、地下工程、房屋附属结构设施拆除的施工安全及管理。

拆除工程中所称建设单位是指已取得房屋拆迁许可证或规划部门批文的单位；所称施工单位是指已取得爆破与拆除工程资质，可承担拆除施工任务的单位。

建筑拆除工程安全除应符合要求外，还应符合国家现行有关强制性标准的规定。

5. 拆除工程一般规定

项目经理必须对拆除工程的安全生产负全面领导责任，项目经理部应按有关规定设专职安全员，检查落实各项安全技术措施。

施工单位应全面了解拆除工程的图纸和资料，进行现场勘察，编制施工组织设计或专项安全施工方案。

拆除工程施工区域设置硬质封闭围挡及醒目警示标志，围挡高度不低于1.8m，非施工人员不得进入施工区。当临街的被拆除建筑与交通道路的安全距离不能满足要求时，必须采取相应的安全隔离措施。

（1）拆除工程必须制定生产安全事故应急救援预案；

（2）施工单位应为从事拆除作业的人员办理意外伤害保险；

（3）拆除施工严禁立体交叉作业；

（4）作业人员使用手持机具时，严禁超负荷或带故障运转；

（5）楼层内的施工垃圾，应采取封闭的垃圾道或垃圾袋运下，不得向下抛掷；

（6）根据拆除工程施工现场作业环境，应制定相应的消防安全措施。施工现场应设置消防车通道，保证充足的消防水源，配备足够的灭火器材。

6. 拆除工程施工准备

（1）签订安全生产管理协议

拆除工程的建设单位与施工单位在签订施工合同时，应签订安全生产管理协议，明确双方的安全管理责任。建设单位、监理单位应对拆除工程施工安全负检查监督责任；施工单位应对拆除工程的安全技术管理负直接责任。

（2）发包给具有相应资质等级的施工单位

建设单位应将拆除工程发包给具有相应资质等级的施工单位。拆除工程必须由具备爆破或拆除专业承包资质的单位施工。建设单位应在拆除工程开工前15日，将下列资料报送建设工程所在地的县级以上地方人民政府建设行政主管部门备案：

1）施工单位资质登记证明；

2）拟拆除建筑物、构筑物及可能危及毗邻建筑的说明；

3）拆除施工组织方案或专项安全施工方案；

4）堆放、清除废弃物的措施。

（3）建设单位应向施工单位提供的资料

1）拆除工程的有关图纸和资料；

2）拆除工程涉及区域的地上、地下建筑及设施分布情况资料。

（4）做好安全准备工作

建设单位应负责做好影响拆除工程安全施工的各种管线的切断、迁移工作，当建筑外侧有架空线路或电缆线路时，应与有关部门取得联系，采取防护措施，确保安全后方可施工。

（5）采取相应保护措施

当拆除工程对周围相邻建筑安全可能产生威胁时，必须采取相应保护措施，对建筑内的人员进行撤离安置。

（6）检查管线情况

在拆除作业前，施工单位应检查建筑内各类管线情况，确认全部切断后方可施工。

（7）做好应急工作

在拆除工程作业中，发现不明物体，应停止施工，采取相应的应急措施，保护现场，及时向有关部门报告。

7. 拆除工程的安全措施管理

（1）人工拆除

拆除建筑的围栏、楼梯、楼板等构件，应与建筑结构整体拆除进度相配合，不得先行拆除。建筑的承重梁、柱，应在其所承载的全部构件拆除后，再进行拆除。

拆除梁和悬挑构件时，在采取有效的下落控制措施后，方可切断两端的支撑。拆除柱子时，应沿柱子底部剔凿出钢筋，使用手动捯链定向牵引，再采用气焊切割柱子三面钢筋，保留牵引方向正面的钢筋。拆除管道及容器时，必须在查清残留物的性质，并采取相应措施确保安全后，方可进行拆除施工。

（2）机械拆除

当采用机械拆除时，应从上至下，逐层分段进行，应先拆除非承重结构，再拆除承重结构。拆除框架结构建筑，必须按楼板、次梁、主梁、柱子的顺序进行施工，对只进行部分拆除的建筑，必须先将保留部分加固，再进行分离拆除。

施工中必须由专人负责监测被拆除建筑的结构状态，做好记录。当发现有不稳定状态的趋势时，必须停止作业，采取有效措施，消除隐患。

拆除施工时，应按照施工组织设计选定的机械设备及吊装方案进行施工，严禁超载作业或任意扩大使用范围，供机械设备使用的场地必须保证足够的承载力，作业中机械不得同时回转、行走。

进行高处拆除作业时，对较大尺寸的构件或沉重的材料，必须采用起重机具及时吊下，拆卸下来的各种材料应及时清理，分类堆放在指定的场所，严禁向下抛掷。

采用双机抬吊作业时，每台起重机荷载不得超过允许荷载的 80%，且应对第一吊进行试吊作业，施工中必须保持两台起重机同步作业。

拆除吊装作业的起重机司机，必须严格执行操作规程，信号指挥人员必须按照现行国家标准《起重机 手势信号》GB/T 5082—2019 的规定作业。

拆除钢层架时，必须采取绳索将其拴牢，待起重机吊稳后，方可进行气焊切割作业。吊运过程中，应采取辅助措施使被吊物处于稳定状态。

拆除桥梁时应先拆除桥面的附属设施及挂件、护栏等。

（3）爆破拆除

爆破拆除工程应根据周围环境、作业条件、拆除对象、建筑类别、爆破规模，按照现行国家标准《爆破安全规程》GB 6722—2014 将工程分为 A、B、C 三级，并采取相应的安全技术措施，爆破拆除工程应做出安全评估并经当地有关部门审核批准后方可实施。

爆破拆除的预拆除施工应确保建筑安全和稳定，预拆除施工可采用机械和人工方法拆除非承重的墙体或不影响结构稳定的构件。

为保护邻近建筑和设施的安全，爆破震动强度应符合现行国家标准《爆破安全规程》GB 6722—2014 的有关规定，建筑基础爆破拆除时，应限制一次使用的药量。

爆破拆除施工时，应对爆破部位进行覆盖和遮挡，覆盖材料和遮挡设施应牢固可靠。

爆破拆除应采用电力起爆网路和非电导爆管起爆网路，电力起爆网路的电阻和起爆电源功率，应满足设计要求；非电导爆管起爆应采用复式交叉封闭网路。爆破拆除不得采用导爆索网路或导火索起爆方法。装药前，应对爆破器材进行性能检测，爆破和起爆网路模拟实验应在安全场所进行。

爆破拆除工程的实施应在工程所在地有关部门领导下成立爆破指挥部，应按照施工组织设计确定的安全距离设置警戒。

（4）静力破碎

进行建筑基础或局部块体拆除时，宜采取静力破碎的方法。

采用具有腐蚀性的静力破碎剂作业时，灌浆人员必须戴防护手套和防护眼镜，孔内注入破碎剂后，作业人员应保持安全距离，严禁在注孔区域行走。静力破碎剂严禁与其他材料混放。

在相邻的两孔之间，严禁钻孔与注入破碎剂同步进行施工。静力破碎时，发生异常情况必须停止作业，查清原因并采取相应措施，确保安全后方可继续施工。

（5）安全防护措施

拆除施工采用的脚手架、安全网，必须由专业人员按设计方案搭设，由有关人员验收后方可使用，水平作业时操作人员应保持安全距离。

安全防护措施的内容包括：

① 安全防护设施验收时应按类别逐项查验，并有验收记录。

② 作业人员必须配备相应的劳动保护用品，并正确使用。

③ 施工单位必须依据拆除工程安全施工组织设计或专项安全施工方案，在拆除施工现场划定危险区域并设置警戒线和相关的安全标志，应派专人监管。

④ 施工单位必须落实防火安全责任制，建立义务消防组织，明确责任人，负责施工现场的日常防火安全管理工作。

8. 拆除工程的安全技术管理

拆除工程开工前，应根据工程特点、构造情况、工程量等编制施工组织设计或专项安全施工方案，应经技术负责人和总监理工程师签字批准后实施。施工过程中如需变更，应经原审批方批准后才可实施。在恶劣的气候条件下，严禁进行拆除作业。

当日拆除施工结束后，所有机械设备应远离被拆除建筑。施工期间的临时设施应与被拆除建筑保持安全距离。拆除工程施工前，必须对施工作业人员进行书面安全技术交底。拆除工程施工，必须建立安全技术档案，并应包括下列内容：

（1）拆除工程施工合同及安全管理协议书；

（2）拆除工程安全施工组织设计或专项安全施工方案；

（3）安全技术交底；

（4）脚手架及安全防护设施检查验收记录；

（5）劳务用工合同及安全管理协议书；

（6）机械租赁合同及安全管理协议书。

施工现场临时用电必须按照国家现行标准《施工现场临时用电安全技术规范》JGJ 46—2005 的有关规定执行。

拆除工程施工过程中，当发生重大险情或生产事故时应及时启动应急预案排除险情，组织抢救，保护事故现场，并向有关部门报告。

9. 拆除工程文明施工管理

清运渣土的车辆应封闭或覆盖，出入现场时应有专人指挥。清运渣土的作业时间应遵循工程所在地的有关规定。

对地下的各类管线，施工单位应在地面上设置明显标识。对水电气的检查井、污水井应采取相应的保护措施。

拆除工程施工时，应有防止扬尘和降低噪声的措施。拆除工程完工后，应及时将渣土清运出场。

施工现场应建立健全动火管理制度。施工作业动火时，必须履行动火审批手续，领取动火证后方可在指定时间、地点作业。作业时应配备专人监护，作业完毕应必须确认无火源危险后，方可离开作业地点。拆除建筑时，当遇到易燃、可燃物及保温材料时，严禁明火作业。

10. 拆除工程的相关要求

（1）建筑拆除工程必须由具备爆破或拆除专业承包资质的单位施工，严禁将工程非法转包。

（2）拆除工程签订施工合同时，应签订安全生产管理协议。建设单位、监理单位应对拆除工程施工安全负责；施工单位应对拆除工程的安全技术管理负直接责任。

（3）建设单位应在拆除工程开工前15日，将下列资料报送建设工程所在地的县级以上地方人民政府建设行政主管部门备案。

① 施工单位资质等级证明；

② 拟拆除建筑物、构筑物及可能危及毗邻建筑的说明；

③ 拆除施工组织方案或安全专项施工方案；

④ 堆放、清除废弃物的措施。

1.3 拆除工程施工概述

1. 技术准备工作

首先熟悉被拆建筑物的设计图纸，弄清建筑物的结构情况、建筑情况、水电及设备管道情况。工地负责人要根据施工组织设计和安全技术规程向参加拆除的工作人员进行详细的交底。其次，对施工员进行安全技术交底，加强安全意识。对工人做好安全教育，组织工人学习安全操作规程。再次，踏勘施工现场，熟悉周围环境、场地、道路、水电设备管路情况及建筑物情况。利用专业工程软件进行施工管理，在施工准备阶段制作拆除工程综合施工图，协调各专业标高、路径、间距等关系，把问题解决在施工之前，避免不必要的返工和修改；最后，各专业班组推行样板化施工和工序作业指导书，做到施工有依据，检验有标准，减少整改，争取时间；做好节假日、风、冬、雨期施工物资准备，制定雨期施工措施，加强与气象部门的联系，尽量减少施工间断时间。

2. 现场准备工作

（1）清理施工场地，保证运输道路畅通。施工前，先清理需要拆除部分范围内的物资、设备；将电线、水管、设备等各类管线切断或迁移；检查周围危旧房屋或构件，必要时进行临时加固；向周围群众出安民告示，在拆除危险区周围设禁区围栏、警戒标志，派专人监护，禁止非拆除人员进入施工现场。

（2）对于生产、使用、储存化学危险品的建筑物的拆除，要经过消防、安全部门参与审核，制定保证安全的预案，经过批准后实施。

（3）搭设临时防护设施，避免拆除时的砂、石、灰尘飞扬影响生产的正常进行。

（4）在拆除危险区设置警戒区标志。

（5）接引好施工用临时电源、水源，现场照明不能使用被拆建筑物内的配电设施，应另外敷设。保证施工时水电畅通。

施工管理人员应全部到位并展开施工前各项工作，主要施工机械设备、工具到施工场，设备维护检查保养，试运转状态良好，施工项目部建立健全质保、安保体系和各项管理制度、岗位责任制度。

现场拆除施工准备工作就绪，按施工方案制定的各项措施已实施完毕，拆除施工单位经自检合格后，报业主单位检查合格。

施工现场安全防护设施、拆除工程用外立面脚手架搭设完毕，外立面脚手架要求要有足够操作的作业面，外架要求与原建筑保留结构可靠连接。高空作业人员安全防护用品、安全带符合有关规定要求。

做好与项目相关的各部门之间的协调工作。如施工用水、电设施、线路架设，开工前，施工单位对拆除区域管线情况进行检查，必须做好拆除区域水电等专业管线、线路的关闭、切断、移位、截止等工作，做好外立面结构拆除的粉尘、噪声对周边环境影响及协调工作，确保拆除的建筑垃圾现场堆放地点和外运地点的选取工作已完成。

在工程进入冲刺阶段后，除了配备比例相当的工种人员外，更重要的是充分调配相当的技术骨干及机具材料，合理安排好各道工序，做到连续生产，必要时实行施工现场三班倒，将时间、人员、机具等安排有序。夜间作业时，施工准备与预制工作应符合法律、法规要求。

开工前，确保管理团队、施工作业人员足额到岗，大型拆除机械、其他施工材料等准时进场并完成调试，不受节假日及天气原因影响，以保证工程按期进行。现场配备备用机具、专业机修人员及常用机械零部件，及时排除机械故障。施工现场安排安保人员进行24小时值班，防火防盗，以保证工程顺利进行。

3. 施工组织

在建设单位的支持下，做好群众工作，争取周边业主的配合，赢得群众的支持，派专人做好周边警戒工作。

按施工组织设计的程序安排，首先清拆原有管线，采取人工拆除，划分区域，分块、逐段、逐根进行拆除。

拆除混凝土构件时，采用人工拆除。严格控制飞石、响声、冲击波。采用湿水除尘，减少声响及冲击波，确保不扰民。

拆除外墙、隔墙时，采用人工拆除，派专人进行监测，发现情况及时联系研究，以确保施工安全。

墙体拆除后，组织工人回收构件中有价值的可利用废品。不可利用废物，用汽车外运到指定地点。

施工队伍的准备：派遣具有丰富拆除工程管理经验的项目经理和现场主要管理人员（施工员、技术员、安全员）参与项目，保证所有人员资质均符合有关规定要求，同时安排经专业培训考试合格，持证上岗并具有多年施工经验和类似工程经历的施工作业人员来完成拆除工作。

施工机具的准备：根据工程情况，安排满足工程需要的专业拆除施工机械设备进行施工。

建立完备的质量保证体系和安全保证体系，项目经理和主要管理人员严格按事先承诺到岗到位，施工现场具有各项健全的施工管理制度、质量管理制度和安全管理制度。项目部各类管理人员、施工作业人员岗位职责明确，符合有关规定要求。

根据项目特点及现场实际情况，由拆除专业技术人员编制严谨的拆除工程施工组织设计和专项施工方案，包含拆除施工方法和拆除程序，拆除机械设备的配备和使用，安全文明生产和确保施工操作人员安全的各项专业措施，以及安全事故应急救援预案等。

协助业主方组织相关征拆单位对拆除工程周边环境进行考察和评估工作，当拆除工程对周围相邻建筑安全可能产生危险时，必须采取相应的保护和防护措施，建筑物外侧有架空线路或电缆线路时，应与有关部门取得联系，采取防护措施，确认安全后方可施工。

4. 施工要求

进入施工现场，首先拆除与拆除物相连的管道、设备、电气、照明设施。

拆除建筑物内所有的门窗及其他附属结构，拆除建筑物全部腾空，拆除物及时外运，堆放在警戒线以外的安全区域。

在建筑物内设置临时消防立管，每层设置截门，实行拆除工作湿法作业，控制施工扬尘，防止砂石飞溅。

建筑物内各项构件解体后，用手推车运至外用电梯，由外用电梯运至施工现场，人工装车，自卸汽车外运到场外的垃圾堆放处。

5. 工程施工方法

（1）人工拆除

拆除对象：建筑物内隔墙、外维护墙。

拆除顺序：周边维护→清拆管线→拆除门窗→拆二次结构墙→凿混凝土构件→回收有价值废物→弃物外运。

拆除方法：人工用简单的工具，如撬棍、铁锹、大锤等，在上面几个人进行拆除，在下面几个人接运拆下来的建筑材料。隔墙的拆除一般不允许用推倒或拉倒的方法，而是由上而下拆除，如果必须采用推倒或拉倒的方法，必须有人统一指挥，待人员全部撤离到安全地方才可进行。

人工拆除就是依靠人工利用大锤、凿子、风镐、滑轮等工具将建筑物解体的方法。采用这种方法来拆除建筑物，对其周围环境来说，无较大影响，并可充分回收有用材料，如砖、钢筋等，给建设单位带来明显的回收节支效益，但是拆除过程耗时较长，如果拆除的是强度较高的钢筋混凝土建筑，所需时间会更长，且对拆除的工人具有一定的危险性，适用于强度低、楼层少的建筑物，如砖结构的平房。

（2）人工与机械相结合的方法

拆除对象：屋面。

拆除顺序：屋顶卫星电视接收装置→屋顶防水层→屋顶保温层→出屋面结构，如此逐层往下拆。

拆除方法：人工与机械配合，人工拆除屋面卫星电视接收装置及人工剔凿混凝土女儿墙，用机械将楼板保温层拆除，采用垂直机械运输渣土。

人工与机械配合拆除，它的主要优点在于机械破碎能力强，可以用于强度较大的部位，例如，结构柱、圈梁等，而人工拆除主要用于结构强度比较弱的部位，例如砖墙等。两者结合，可以提高人工拆除的速度，降低人工拆除的强度，实现最优的项目目标。

1）机械拆除

机械拆除即工人操纵起重装置、大型液压冲击锤等机械将建筑物拆除的方法，利用此种方法拆除对建筑物周围的环境也无较大影响，并可部分回收有用材料，而且由于机械的破碎能力远强于工人的敲击，因此拆除速度较人工拆除快。受所用的机械能力限制，其拆除高度也有一定的限制，一般地，当使用大型机械时，可适用高度在15m以下的建筑物。

2）控制爆破拆除

控制爆破拆除是在建筑物的主要承重部位布置炮孔，装药，利用炸药爆破释放的能量破坏建筑物的主要承重位置，使其失去承载能力而逐渐倾斜，在倾斜过程中，建筑物获得一定速度，最后触地解体。在此过程中倒塌方向、破坏范围、破碎程度及爆破危害得到控制，这种拆除方法劳动强度低，施工成本低，进度较快，能获得较好的经济效益，不过有很高的技术含量，需要钻眼装药，对技术要求较高。

人工与爆破的联合拆除，此种方法利用人工拆除降低爆破难度，在实际应用中较为安全，实际应用较多。此时的人工拆除就是在控制爆破前进行预处理，主要步骤是先利用人工拆除掉待拆建筑物的墙体，然后进行控制爆破技术拆除，在这个过程中，有可能还会再进行二次破碎的工作。

此外，爆破还与机械一起进行联合拆除，主要过程为，先用控制爆破的方法使待拆建筑物坍塌，在此过程中有可能存在碎块过大的部分，就需要再进行二次机械破碎，从而达到拆除建筑物的目的。

在施工中最为频繁使用的方法是采用人工加机械加爆破联合拆除，一般都是先用人工与机械进行预处理，之后可以用控制爆破的方法使待拆建筑物坍塌，之后进行二次机械破碎，这种方法主要适用于楼群保护性部分拆除或对块度有特别要求的建筑物的拆除。

6. 建筑物拆除方法的选择

一般来讲，人工拆除方法适用于建筑高度低、结构强度低的建筑物，对于砖结构或砖混结构的平房或2、3层左右高的楼房，多采用人工拆除方法来拆除。而采用机械拆除的，一般为钢筋混凝土、钢结构或钢骨建筑物或高层建筑物。而从人工拆除或机械拆除与控制爆破拆除对比来看，由于人工拆除或机械拆除没有爆破震动、爆破飞石或粉尘、有毒有害气体等，对建筑物的周围环境来说影响较为微小，因此，采用控制爆破拆除方法时，需充分考虑建筑物的周围环境，确定建筑物的安全范围与倒塌方向，而且要做好前期安全保障措施，选择较为合理的爆破施工方案。对于某些项目来说，若对安全保障情况没有较大把握，最好是采用人工拆除或机械拆除的方案。总之，要确保整个工程项目的安全与经济。

1.4 拆除工程安全保证措施

1. 基本要求

项目经理必须对拆除工程的安全生产负全面领导责任。项目经理部应按有关规定设专职安全员，检查落实各项安全技术措施。

施工现场必须有技术人员统一指挥，严格遵循拆除方法和拆除程序。

拆除现场施工人员，必须经过行业主管部门指定的培训机构培训，并取得资格证方可施工。

施工现场必须设置醒目的警示标志，采取警戒措施派专人负责。非工作人员不得随意进入施工现场。

建筑物拆除时，应自上而下，按顺序进行，禁止数层同时拆除。当拆除某一部分时应防止其他部分倒塌。

拆除项目竣工后，必须有验收手续，达到工完、料清、场地净，并确保周围环境整洁和相邻建筑、管线的安全。

拆除物受自然气候、环境影响较大，应密切注意，防患于未然。每个工作日结束后，工程技术人员必须去现场检查，确认拆除物是否需要加固，做到安全无隐患。

进入施工现场的人员，必须佩戴安全帽。凡在2m及以上高处作业无可靠防护设施施工人员，必须使用安全带，安全带应高挂低用，挂点牢靠。如系安全带确有困难时，必须采取切实、有效、确保安全的其他防护措施，不得冒险作业。

施工单位应为从事拆除作业的人员办理意外伤害保险。

拆除施工作业时严禁高空抛物，拆卸后的各种材料应及时分类清理，堆放在指定场地区域。施工现场应做到材料堆放整齐，周围通道、沟管保持畅通，场内无积水，建筑垃圾清运及时。

遇到六级以上大风、大雾、雷暴雨、冰雪凝冻等恶劣气候影响施工安全时，严禁进行露天拆除作业，临设及外架必须有避雷措施。防雷接地可与工程的避雷预埋件临时焊接连通，接地电阻达到规定要求，每月检测一次，发现问题及时改正。设专人掌握气象信息，及时做出大风、大雨预报，预先制定应对措施，防止发生事故。禁止在台风、暴雨等恶劣的气候下施工，台风来临前，所有的机械都要停放在安全地点，所有零星材料要加强覆盖，所有生产和生活临设要加防风缆和压盖。

当日拆除施工结束后，所有机械设备应停放在远离被拆除建筑的地方，施工期间的临时设施，应与被拆除建筑保持一定的安全距离。

特种作业人员必须持有效证件上岗作业。拆除工程施工前，必须对施工作业人员进行书面安全技术交底。

施工现场临时用电必须按照现行标准《施工现场临时用电安全技术规范》JGJ 46—2005 的有关规定执行。夜间施工必须有足够照明，电动机械和电动工具必须装设漏电保护器，其保护零线的电气连接应符合要求，对产生振动的设备，其保护零线的连接点不应少于 2 处。电源采用三相五线制，设专用接地线。总配电箱和分配电箱应设防雨罩和门锁，同时设相应漏电保护器。从配电房到现场的主线一律采用质量合格的电缆，并要正确架设，严格做到"一机一闸一漏电保护装置"，一切电气设备必须有良好的接地装置，电动机械必须定机定人专门管理，使用小型手持电动工具时均使用带漏电保护的闸箱。

拆除工程施工前，应签订施工合同和安全生产管理协议。

拆除工程施工前，应编制施工组织设计、专项安全施工方案和生产安全事故应急预案。

对危险性较大的拆除工程专项施工方案，应按相关规定组织专家论证。

拆除工程施工应按有关规定配备专职安全生产管理人员，对各项安全技术措施进行监督、检查。

拆除工程施工作业前，应对拟拆除物的实际状况、周边环境、防护措施、人员清场、施工机具及人员培训教育情况等进行检查；施工作业中，应根据作业环境变化及时调整安全防护措施，随时检查作业机具状况及物料堆放情况；施工作业后，应对场地的安全状况及环境保护措施进行检查。

拆除工程施工应先切断电源、水源和气源，再拆除设备管线设施及主体结构；主体结构拆除宜先拆除非承重结构及附属设施，再拆除承重结构。

拆除工程施工不得进行立体交叉作业。

拆除工程施工中，应对拟拆除物的稳定状态进行监测；当发现事故隐患时，必须停止作业。

对局部拆除影响结构安全的，应先加固后再拆除。

拆除地下物，应采取保证基坑边坡及周边建筑物、构筑物的安全与稳定的措施。

对有限空间拆除施工，应先采取通风措施，经检测合格后再进行作业。

当进入有限空间拆除作业时，应采取强制性持续通风措施，保持空气流通。严禁采用纯氧通风换气。

对生产、使用、储存危险品的拟拆除物,拆除施工前应先进行残留物的检测和处理,合格后方可进行施工。

拆卸的各种构件及物料应及时清理、分类存放,并应处于安全稳定状态。

2. 拆除时安全事项

工人从事拆除工作时,应该站在专门搭设的脚手架上或其他稳固的结构部分上操作。

拆除区周围应设立围栏,挂警告牌,并派专人监护,严禁无关人员逗留。

拆除过程中,现场照明不得使用被拆建筑物中的配电线,应另外设置配电线路。

拆除施工过程中,当发生重大险情或生产安全事故时,及时排除险情、组织抢救、保护事故现场,并向有关部门报告。

3. 安全管理

(1) 施工管理

施工人员进行拆除工作时,应该站在专门搭设的脚手架或者其他稳固的结构部分进行操作。拆除过程多属高空作业,工具、设备、材料杂乱,粉尘、日晒较多,作业工人应佩戴安全帽、手套、安全鞋等个人防护用品。拆除轻型结构屋面工程时,脚手架与架子必须挂牢,防止高处坠落。

拆除过程中,应有专业技术人员现场监督指导。为确保未拆除部分建筑物的稳定,应根据结构特点,有的部位应先进行加固,再继续拆除。当拆除某一部分时应防止其他部分的倒塌,把有倒塌危险的构筑物,用支柱、绳索等临时加固。

拆除作业应严格按拆除方案进行:拆除建筑物应该自上而下依次顺序进行;拆除建筑物的隔墙、楼梯和窗户等,应该和整体拆除程度相配合,不能逆序拆除;禁止数层同时拆除;拆除过程中,严禁破坏建筑物的承重支柱和横梁,拆除屋面时,一定要先拆除屋面装修层,再拆除通风道、出气管道以及其他出屋面构筑物,最后拆除女儿墙。

当用机械拆除时,根据被拆除高度选择拆除机械,不可超高作业,打击点必须选在顶层,不可选在次顶层甚至以下。镐头机作业高度不够,可以用建筑垃圾垫高机身以满足需要,但垫层高度不得超过 3m,其厚度不得小于 3.5m,两侧坡度不得大于 6°,机械解体作业时应设专职指挥员,监视被拆除物的动向,及时用对讲机指挥机械操作员进退。人机不可立体交叉作业,机械作业时,在其回旋半径内不得有人工作业。机械拆除在分段切割时,必须确保未拆除部分结构的整体完整和稳定。

拆下的物料不准在楼板上乱堆乱放。不准将墙体推倒在楼板上,防止将楼板压塌,发生事故。拆下的物料,不准向下抛掷,拆除较大构件要用吊绳或者起重机吊下运走,散碎材料用手推车运送至外用电梯处,集中清理运走。

用推倒法拆除墙时人员应避至安全地带。拆除建筑物一般不采用推倒法,遇到特殊情况墙体必须推倒时,必须遵守以下规定:①砍切墙根的深度不能超过墙厚的 1/3,墙的厚度小于两块半砖的时候,不许进行掏掘;②为防止墙壁向掏掘方向倾倒,在掏掘前,要用支撑撑牢;③建筑物墙体推倒前,应发出信号,待所有人员远离墙体高度 2 倍以上的距离后,方可进行;④在墙体推倒倒塌范围内,有其他构筑物时,严禁采用推倒方法。

(2) 动态管理

公司对工地的检查制度:每季度对所有工地进行一次全面的安全检查;每年"安全

周"活动前对所有工地进行一次全面的安全检查；每年12月底前对全年的安全生产进行全面检查评比总结。

项目部对工地的检查制度：进场后先要对所管的工地进行全面安全检查，确无隐患后方能开工；每半个月要对工地进行一次全面安全检查；每年六月"安全周"活动前要对工地进行一次全面检查；每年年底要进行一次全面检查评比。

工地自身的检查制度：工地进场后要组织全面安全检查，在做好安全工作后才能开工；工地每天要进行一次全面安全检查；工地每周要进行一次全面检查。

经常性安全检查：在施工过程中进行经常性的预防检查，能及时发现隐患，消除隐患，保证施工的正常进行，包括：班组进行班前、班后岗位安全检查；各级安全员及安全值班人员日常巡回安全检查；各级管理人员在检查生产时进行安全检查。

季节性及节假日前后安全检查：季节性安全检查是针对气候特点可能给施工带来危害而组织的安全检查；节假日（特别是重大节日，如：元旦、劳动节、国庆节）前、后防止职工纪律松懈、思想麻痹等进行的检查；节日加班，更要重视对加班人员的安全教育，同时认真检查安全防范措施的落实。

拆除工程施工组织设计和专项安全施工方案，应经审批后实施；当施工过程中发生变更情况时，应履行相应的审批和论证程序。

拆除工程施工前，应对作业人员进行岗前安全教育和培训，考核合格后方可上岗作业。

拆除工程施工前，必须对施工作业人员进行书面安全技术交底，且应有记录并签字确认。

拆除工程施工必须按施工组织设计、专项安全施工方案实施；在拆除施工现场划定危险区域，设置警戒线和相关的安全警示标志，并应由专人监护。

拆除工程使用的脚手架、安全网，必须由专业人员按专项施工方案搭设，经验收合格后方可使用。

安全防护设施验收时，应按类别逐项查验，并应有验收记录。

拆除工程施工作业人员应按现行标准《建筑施工作业劳动防护用品配备及使用标准》JGJ 184—2009 的规定，配备相应的劳动防护用品，并应正确使用。

当遇大雨、大雪、大雾或六级及以上风力等影响施工安全的恶劣天气时，严禁进行露天拆除作业。

当日拆除施工结束后或暂停施工时，机械设备应停放在安全位置，并应采取固定措施。

拆除工程施工必须建立消防管理制度。

拆除工程应根据施工现场作业环境，制定相应的消防安全措施。现场消防设施应按现行标准《建设工程施工现场消防安全技术规范》GB 50720—2011 的规定执行。

当拆除作业遇有易燃易爆材料时，应采取有效的防火防爆措施。

对管道或容器进行切割作业前，应检查并确认管道或容器内无可燃气体或爆炸性粉尘等残留物。

施工现场临时用电应按现行标准《施工现场临时用电安全技术规范》JGJ 46—2005 的规定执行。

当拆除工程施工过程中发生事故时，应及时启动生产安全事故应急预案，抢救伤员、保护现场，并应向有关部门报告。

4. 监控措施

拆除施工作业全过程中，必须严格对如下内容进行监控：

坚持从上至下逐层拆除，严禁立体交叉同时拆除。在无特殊情况和需要时，均不宜采用推（拉）的拆除方法；

坚持先拆内隔墙，再拆外围护墙，严禁顺序颠倒；

坚持慎重过细地拆除以上部墙体为压重悬臂部件（构件）和各类架空、竖向构件、管件；

屋面装修层的拆除过程中，应严格按照先装修层，后出屋面结构，再女儿墙的顺序进行作业，必须严格禁止拆除作业人员直接站立在出屋面结构或女儿墙截面上作业，同时要特别注意落实好作业的安全防护；

在拆除楼梯装修层时，为保证楼梯梁及板的结构的安全，不得使用大锤或风镐进行作业，必须采用人工剔凿的方法，只能使用小锤、小钎子进行作业，上层楼梯面层未拆除前，决不允许进行下节楼梯面层的拆除；

在拆除过程中，在各楼层的临边洞口，要做好防护，并有专人看管，并应落实防护措施；对拆下的板面上的余渣物料，及时逐层下置到底层并清理；

坚持检查落实拆除施工全过程中对周围环境的安全保护和文明拆除的措施，实现拆除施工单位对作业安全负责和业主单位安全监控管理双控制。外任何无关人员不得进入拆除区的警戒范围，在被拆工程内和可能波及的危险区域内不得有人员居住和歇息；

自始至终坚持管好用电、用火、用电机具的安全，非持证电工不得从事装拆生产用电和生活用电；

所有拆除人员和现场驻地管理人员必须落实使用安全帽、安全带、口罩、防尘眼镜、工作鞋、手套等劳动安全防护用品，不准赤脚、赤膊进行作业。

工程施工组织设计中应包括相应的文明施工、绿色施工管理内容：

（1）施工总平面布置应按设计要求进行优化，减少占用场地。

（2）拆除工程施工，应采取节水措施。

（3）拆除工程施工，应采取控制扬尘和降低噪声的措施。

（4）施工现场严禁焚烧各类废弃物。

（5）电气焊作业应采取防光污染和防火等措施。

（6）拆除工程的各类拆除物料应分类，宜回收再生利用；废弃物应及时清运出场。

（7）施工现场应设置车辆冲洗设施，运输车辆驶出施工现场前应将车轮和车身等部位清洗干净。运输渣土的车辆应采取封闭或覆盖等防扬尘、防遗撒的措施。

（8）拆除工程完成后，应将现场清理干净。裸露的场地应采取覆盖、硬化或绿化等防扬尘的措施。对临时占用的场地应及时腾退并恢复原貌。

5. 做好拆除作业后的安全工作

卸下来的各种材料应及时清理，按品种、类别堆放在平整的地面上，高度应符合安全规定，并留有一定间距，防止倒塌伤人。

拆除堆放的材料场地，要专人看管，加强治安保卫。禁止外来人员特别是小孩入内玩要。严禁烟火，应配有一定的消防器材，以防万一。

对于拆除生产、使用、储存危险物品场所用料、器材、设备，不要与一般物料混杂存放，应放置到安全场所，或采取清洗措施，或安全销毁。

拆除的区域，对电线、煤气管道、上下水管、供热设备管道等干线应再进行一次检查，以防留下隐患，并要设明显标记。

在保证安全的前提下，拆迁工程要和建筑工程的施工相互衔接好。拆迁场地在全部清理出场料后，再按照施工要求进行新的工程建筑施工。

6. 人工拆除相关要求

进行人工拆除作业时，楼板上严禁人员聚集或堆放材料，作业人员应站在稳定的结构或脚手架上操作，被拆除的构件应有安全的放置场所。

人工拆除施工应从上至下、逐层拆除、分段进行，不得垂直交叉作业。作业面的孔洞应封闭。作业人员使用手持机具时，严禁超负荷或带故障运转。

人工拆除建筑墙体时，严禁采用掏掘或推倒的方法。

拆除管道及容器时，必须在查清残留物的性质，并采取相应措施确保安全后，方可进行拆除施工。

7. 机械拆除相关要求

拆除土石围堰时，应从上至下，逐层、逐段进行。

机械拆除时，严禁超载作业或任意扩大使用范围作业。

拆除混凝土围堰、岩坎围堰、混凝土心墙围堰时，应先按爆破法破碎混凝土（或岩坎、混凝土心墙）后，再采用机械拆除的顺序进行施工。

拆除混凝土过水围堰时，宜先按爆破法破碎混凝土护面后，再采用机械进行拆除。

拆除钢板（管）桩围堰时，宜先采用振动拔桩机拔出钢板（管）桩后，再采用机械进行拆除。振动拔桩机作业时，应垂直向上，边振边拔；拔出的钢板（管）桩应码放整齐、稳固；应严格遵守起重机和振动拔桩机的安全技术规程。

8. 爆破拆除相关要求

爆破拆除工程的设计必须按《爆破安全规程》GB 6722—2014 规定级别做出安全评估，并经当地有关部门审核批准后方可实施。

爆破拆除单位必须持有所在地公安部门核发的《爆炸物品使用许可证》，承担相应等级的爆破拆除工程。爆破拆除工程的设计人员应具有爆破工程技术人员作业证，从事爆破拆除施工的作业人员亦应持证上岗。

购买爆破器材，必须向工程所在地公安部门申请《爆炸物品购买许可证》，到指定的供应点进行购买，爆破器材严禁赠送、转让、转卖、转借。

运输爆破器材时，必须要向所在地法定部门申请领取《爆破物品运输许可证》，并按照规定的路线运输，派专人进行押送。

爆破器材的临时保管地点，必须要经当地法定部门批准，严禁同室保管与爆破器材无关的物品。

爆破拆除的预拆除是指爆破实施前有必要进行部分拆除的施工。预拆除施工可以减少钻孔和爆破装药量，清除下层障碍物（如非承重的墙体），有利建筑塌落破碎解体，烟囱定向爆破时开凿定向窗口有利于倒塌方向准确。

对烟囱、水塔类构筑物采用定向爆破拆除工程时，爆破拆除设计应控制建筑倒塌时的触地震动。必要时应在倒塌范围铺设缓冲材料或开挖防震沟。

爆破拆除建筑施工时，应对爆破部位进行覆盖和遮挡防护，覆盖材料和遮挡设施应牢固可靠。

爆破拆除工程的设计和施工，必须按照《爆破安全规程》GB 6722—2014 有关爆破实施操作的规定进行。

1.5 拆除工程计算规则

1. 砌体拆除

各种砌体拆除，包括内、外装饰面层厚度，按实拆体积以立方米计算，不扣除 $0.3m^2$ 以内孔洞和构件所占的体积。

空花格砖墙拆除按其外形体积以立方米计算；如有实砌体时，按墙体实砌体积与空花格砖墙分别计算。

锅台、炉灶、土炕拆除按其外形体积以立方米计算。

旧砖墙剔除灰缝按垂直投影面积以立方米计算，不扣除门窗洞口及空圈所占面积，但其侧边面积也不增加。

2. 混凝土及钢筋混凝土拆除

现浇混凝土及钢筋混凝土基础、柱、墙、梁、板，均按实拆体积以立方米计算。

钢筋混凝土整体楼梯、阳台底板、雨篷拆除，均按水平投影面积以平方米计算。

栏板拆除含扶手，按延长米计算。

挑檐、天沟拆除按实拆体积以立方米计算。

池槽拆除按外形体积以立方米计算。

预制钢筋混凝土单梁、屋面梁按实拆体积以立方米计算。

预制钢筋混凝土大型屋面板、平板、空心板、槽形板、加气混凝土板拆除，按实拆面积以平方米计算。

预制窗台板、蹲台板按实拆面积以平方米计算；隔断板拆除按单面面积以平方米计算。

预制过梁、沟盖板及零星构件按实拆体积以立方米计算。对于预制构件中外形体积大于混凝土净体积 5 倍者，可按外形体积以立方米计算。

预制钢筋混凝土门窗框拆除按其外围实拆长度以延长米计算。

3. 木结构拆除

各种屋架（包括人字屋架、中式屋架、半屋架等）拆除按不同跨度以榀计算。

木基层拆除时，工程量按以下规定计算：

（1）檩木按根计算；

（2）封檐板、博风板按延长米计算；

（3）屋面板、挂瓦条、油毡拆除均按实拆平方米计算；

天棚拆除不论整体拆除或分项拆除，均按水平投影面积以平方米计算，不扣除室内柱子所占面积。

保温天棚拆除，包括龙骨、面层、填充料的拆除，其工程量按水平投影面积以平方米计算，不扣除室内柱子所占面积。

纸顶棚包括顶棚架拆除，按水平投影面积以平方米计算，不扣除室内柱子所占面积。

木门窗整樘拆除按樘计算，门窗框单独拆除按个计算，门扇、窗扇拆除按扇计算。

四面亮天窗拆除洞口水平投影面积在 $5m^2$ 以内，老虎嘴天窗拆除洞口面积在 $2m^2$ 以内，均按座计算。

厂库房大门、冷藏门、防火门、保温门包括框扇整樘拆除，按洞口面积以平方米计算。

隔墙、隔断拆除包括龙骨及门窗拆除，其工程量按边框外围尺寸乘以高度以平方米计算。单面拆除执行单面拆除定额，工程量按单面面积计算，双面拆除执行双面拆除定额，工程量也按单面面积计算。

厕所木隔断（包括铁件）拆除，其工程量按下横档底面至上横档顶面的高度乘以实拆长度以平方米计算，隔断门并入隔断工程量内计算。

窗帘盒拆除包括窗帘轨、棍、托架按套计算。

木窗台板拆除按块计算。

暖气罩拆除按平方米计算。其中独立暖气罩按边框外围尺寸以平方米计算；连墙裙暖气罩按其两端龙骨间距宽度乘以高度以平方米计算。

护墙板、装饰带拆除按实际拆除面积以平方米计算。

门窗贴脸、挂镜线、线条拆除按延长米计算。

木地板拆除包括踢脚线按实拆面积以平方米计算。踢脚线按平方米计算后，其工程量并入木地板工程量内。

木楼梯整体拆除按水平投影面积以平方米计算。

单拆木栏杆、木扶手按斜长以延长米计算。

4. 屋面拆除

屋面拆除按实拆面积以平方米计算。不扣除天窗、房上烟囱、风帽底座、风道、斜沟等所占面积。

屋面块料面层拆除，按实拆面积以平方米计算。

屋面保温层不分厚度，按实拆面积以平方米计算。

5. 屋面排水拆除

屋面排水的落水口弯头、落水斗拆除按个计算；镀锌铁皮落水管（含出水口）拆除按延长米计算。

白铁檐沟、斜沟按实拆长度以延长米计算。

6. 金属结构构件拆除

钢屋架拆除分跨度按榀计算。

普通钢门、钢窗拆除按樘计算。

铝合金门窗拆除工程量按以下规定计算：

（1）铝合金平开门，分单扇、双扇按樘计算。

（2）铝合金推拉门、铝合金地弹门，分洞口面积按樘计算。

（3）无框全玻地弹门，分单扇、双扇、四扇按樘计算。

（4）无框全玻门钢架按座计算。

（5）铝合金固定窗、平开窗、推拉窗，分洞口面积按樘计算。

（6）铝合金橱窗、全玻落地窗按正立面投影面积计算。

铝合金扣板隔断、铝合金玻璃隔墙、不锈钢玻璃隔墙、隔断拆除，按实拆面积以平方米计算。

铝合金、轻钢龙骨雨篷及檐口顶棚拆除按实拆面积以平方米计算。

钢梁、柱、支撑及扶梯、楼梯等均按吨计算。

铁烟囱拆除按座计算。

铝合金、不锈钢栏板、栏杆（带扶手）及围墙铁栏杆拆除均按延长米计算。

厂库房及围墙钢大门拆除按洞口面积以平方米计算。

零星钢构件拆除按拆除质量以吨计算。

7. 楼地面拆除

混凝土垫层拆除一律按实拆面积乘以厚度以立方米计算。

整体面层、块料面层拆除按实拆面积以平方米计算。

明沟（断面面积 $0.1m^2$ 以内）拆除按实拆体积以立方米计算。

楼梯、台阶块料面层拆除按水平投影面积以平方米计算。

踢脚线拆除按实拆延长米计算。

8. 装饰面拆除

抹灰面砂浆面层铲除均按平方米计算，其具体计算方法规定如下：

（1）内墙面抹灰砂浆铲除：按净宽乘以净高尺寸计算面积。扣除门窗洞口和空圈所占的面积，不扣除踢脚线及 $0.3m^2$ 以内孔洞所占的面积，洞口侧壁面积也不增加。墙垛和附墙烟囱侧壁面积并入墙面工程量内。

（2）外墙面抹灰砂浆铲除：按外墙面的垂直投影面积以平方米计算。不扣除门窗洞口和 $0.3m^2$ 以内孔洞所占面积，洞口侧壁面积也不增加。附墙垛和附墙烟囱、垃圾道侧壁面积，并入墙面工程量内。

（3）室内梁面抹灰砂浆铲除按展开面积以平方米计算，工程量并入天棚内。

（4）室内天棚面抹灰砂浆铲除按实铲面积以平方米计算。

各种装饰抹灰砂浆铲除按实铲面积以平方米计算。

各种块料面层拆除按实拆面积以平方米计算。

抹灰面粉刷、喷涂及油漆皮按实际刮铲面积以平方米计算。梁按展开面积并入天棚内，天棚按刮铲面积计算。

木材面、金属面铲旧油皮按实铲面积以平方米计算。

墙、柱装饰面拆除，不论整体拆除或分项拆除，均按实拆面积以平方米计算。

墙、柱面艺术造型软包块、条拆除，按实拆块、条面积以平方米计算。

门扇软包、包铁皮拆除，定额是按单面拆除以扇为单位计算。

门扇双面饰面板拆除，工程量按扇计算；如只拆一面时，定额人工乘以系数 0.7。

门锁拆除不分类型以把计算。

卷闸门窗按实拆面积计算，卷闸箱按展开面积计算，卷闸装置按组计算。

阳台、窗钢护栏及木封闭阳台拆除，按正、侧立面外围面积以平方米计算。

9. 构筑物拆除

化粪池拆除按座计算。

砖地沟拆除按实体体积以立方米计算。

砖砌烟囱囱身拆除，按实拆体积以立方米计算。

刺丝网围墙拆除，按地面至最上一道刺丝间的高度乘以长度，以平方米计算。

10. 其他拆除

简易车（库）棚拆除按建筑面积以平方米计算。

1.6 建筑工程识图概述

1. 建筑工程施工图的用途与内容

建筑工程施工图是表示工程项目总体布局，建筑物的外部形状、内部布置、结构构造、内外装修、材料做法以及设备、施工等要求的图样。

（1）用途

1）指导施工；

2）编制施工图预算；

3）安排材料、设备；

4）非标准构件的制作。

（2）内容

1）图纸目录（即首页图）；

2）设计总说明；

3）建筑施工图（简称建施）；

4）结构施工图（简称结施）；

5）设备施工图（简称设施）。

2. 建筑工程施工图的特点

（1）施工图中的各图样，主要是用正投影法绘制的。

（2）绘图比例较小，多采用统一规定的图例或代号来表示。

（3）施工图中的不同内容，使用不同的线型。

3. 建筑工程施工图的识图方向

（1）熟悉拟建工程的功能。

了解本工程类型、基本组成及装修。

（2）细阅说明书、目录。

了解图纸有多少类别，每类有多少张。

（3）先整体后局部，先建筑后结构，先平面后立面。

（4）先图标、文字，后图样；先图形，后尺寸。

4. 建筑工程施工图所含内容

一套完整的施工图，根据其专业内容或作用不同，一般包括：

（1）图纸目录

包括每张图纸的名称、内容、图纸编号等，表明该工程施工图由哪几个专业的图纸及哪些图纸所组成，以便查找。

（2）设计总说明

主要说明工程的概况和总的要求。内容一般应包括：设计依据（如设计规模、建筑面积以及有关的地质、气象资料等）；设计标准（如建筑标准、结构荷载等级、抗震要求等）；施工要求（如施工技术、材料要求以及采用新技术、新材料或有特殊要求的做法说明）等。以上各项内容，对于简单的工程，可分别在专业图纸上写成文字说明。

（3）建筑施工图

包括总平面图、平面图、立面图、剖面图和构造详图。表示建筑物的内部布置情况，外部形状，以及装修、构造、施工要求等。

（4）结构施工图

包括结构平面布置图和各构件的结构详图，表示承重结构的布置情况、构件类型、尺寸大小及构造做法等。

（5）设备施工图

包括给水排水、采暖通风、电气等设备的平面布置图、系统图和详图。表示上、下水及暖气管线布置，卫生设备及通风设备等的布置，电气线路的走向和安装要求等。

5. 阅读建筑工程施工图的一般方法

一幢建筑物从施工到建成，需要有全套的建筑施工图纸作为指导。一般一套图纸有几十张或几百张。阅读这些施工图纸要先从大方向看，然后再依次阅读细小部位。先粗看后细看，平面图、立面图、剖面图和详图应结合看。具体来说，要先从建筑平面图看起。若建筑工程施工图第一张是总平面图，要看清楚新建建筑物的具体位置和朝向，以及周围建筑物、构筑物、设施、道路、绿地等的分布或布置情况；建筑平面图，要看清建筑物平面布置和单元平面布置情况，以及各单元户型情况；平面图与立面图对照，看外观及材料做法；配合剖面图看内部分层结构，最后看详图了解必要的细部构造和具体尺寸与做法。

在阅读建筑工程施工图时，也应注意以下几个问题：

具备用正投影原理读图的能力，掌握正投影基本规律，并会运用这种规律在头脑中将平面图形转变成为立体实物。同时，还要掌握建筑物的基本组成，熟悉房屋建筑基本构造及常用建筑构配件的几何形状与组合关系等。

建筑物的内、外装修做法以及构件、配件所使用的材料种类繁多，它们都是按照建筑制图国家标准规定的图例符号表示的，因此，必须先熟悉各种图例符号。

图纸上的线条、符号、数字应互相核对。要把建筑施工图中的平面图、立面图、剖面图和详图对照查看清楚，必要时还要与结构施工图中的所有相应部位核对一致。

读建施图，了解工程性质，不但要看图，还要看相应的文字说明。

6. 总平面图的基本内容

表明红线范围、新建、拟建的各种建筑物及构筑物的具体位置，以及新建道路和各种管线系统的总体布局。

表明原有房屋、道路的位置，作为新建工程的定位依据，如利用道路的转折点或是原有房屋的某拐角点作为定位依据。

表明标高。如建筑物的首层地面标高，室外场地整平标高，道路中心线的标高。通常把总平面图上的标高全部推算成绝对标高。根据标高可以看出地势坡向、水流方向，并可计算出施工中土方填挖数量。

用风向玫瑰图表示总平面范围内整体朝向和该地区各个方向风频。

表明绿化布置情况，如哪些是草坪、树丛、乔木、灌木、松墙等；表明花坛、桌、凳、长椅、矮墙、林荫小路、栏杆等各种实物的具体位置、尺寸、做法及建造要求和选材说明。

同一张总平面图内，若需要表示的内容过多，则可以分别画几张总平面布置图；若在总平面图中表示不清楚道路网的全部内容，则还要画纵剖面图和横剖面图；引进的电缆线、供热、供煤气管线、自来水管线及向外连通的污水管线等，都应分别画出总平面图，甚至还要画配合管线纵断面图；地形若起伏变化较大，除了总平面图外，还要画竖向设计图。从风向玫瑰图既可以看到地区内建筑物朝向，又可知道本地段内的常年风向频率大小。风向玫瑰图折线上的点离圆心的远近，表示从此点向圆心方向刮风的频率大小。实线表示常年风，虚线表示夏季风。

1.7 建筑拆除工程文明施工概述

1. 基本概念

项目文明施工是指保持施工场地整洁、卫生，施工组织科学，施工程序合理的一种施工活动。实现文明施工，不仅要着重做好现场的场容管理工作，而且还要相应做好现场材料、设备、安全、技术、保卫、消防和生活卫生等方面的管理工作。一个工地的文明施工水平是该工地乃至所在企业各项管理工作水平的综合体现。

2. 要求与内容

（1）基本要求

施工现场要建立文明施工责任制，划分区域，明确管理负责人，实行挂牌制，做到现场清洁整齐。

施工现场场地平整，道路坚实畅通，有排水措施，基础、地下管道施工完后要及时回填平整，清除积土。

现场施工临时水电要有专人管理，不得有长流水、长明灯。

施工现场的临时设施，包括生产、办公、生活用房、仓库、料场、临时上下水管道以及照明、动力线路，要严格按施工组织设计确定的施工平面图布置、搭设或埋设整齐。

工人操作地点和周围必须清洁整齐，做到活完脚下清，工完场地清，丢撒在楼梯、楼板上的杂物和垃圾要及时清除。

建筑物内清除的垃圾渣土，要通过临时搭设的竖井、利用电梯井或采取其他措施稳妥下卸，严禁从门窗口向外抛掷。

施工现场不准乱堆垃圾及余物。应在适当地点设置临时堆放点，并定期外运。清运垃圾及流体物品，要采取遮盖防漏措施，运送途中不得遗撒。

根据工程性质和所在地区的不同情况，采取必要的围护和遮挡措施，并保持外观整洁。

针对施工现场情况设置宣传标语和黑板报，并适时更换内容，切实起到表扬先进、促进后进的作用。

施工现场，严禁居民、家属、小孩在施工现场穿行、玩耍。

施工现场应采取不扰民措施，针对施工特点设置防尘和防噪声设施，夜间施工必须由当地主管部门批准后方可进行。

（2）工作内容

企业应通过培训教育，提高现场人员的文明意识和素质，并通过建设现场文化，使现场成为企业对外宣传的窗口，树立良好的企业形象。项目经理部应按照文明施工标准，定期进行评定、考核和总结。

文明施工应包括下列工作：

1）进行现场文化建设。

2）规范场容，保持作业环境整洁卫生。

3）创造有序的施工条件。

4）减少对居民和环境的不利影响。

3. 文明施工目标

现场布局合理，环境整洁，物流有序，标识醒目，标牌规范；达到"一通、二无、三整齐、四清洁、五不漏"的标准，创建工程文明工地。具体内容如下：

（1）一通：交通平整畅通，交通标志明显。

（2）二无：无头（无砖头、无木材头、无钢筋头、无焊接头、无电线转电缆头、无钢管），无底（无砂底、无碎石底、无灰底、无砂浆底、无垃圾废土底）。

（3）三整齐：钢材、水泥、砂石料等材料按规格、型号、品种堆放整齐；构件、模板、方木、脚手架堆码整齐；机械设备、车辆摆置整齐。

（4）四清洁：施工现场清洁，环境道路清洁，机具设备清洁，现场办公室、休息室、库房内外清洁。

（5）五不漏：不漏油、不漏水、不漏风、不漏气、不漏电。

4. 具体措施

施工现场要有防尘、防噪声和不扰民措施，夜间未经许可不得施工，不得在现场焚烧有毒、有害物质。

施工生活区的大门和门柱应牢固、美观，高度不低于 2.1m。

施工现场围墙应封闭严密、完整、牢固、美观，上口要平，外立面要直，高度不低于 1.8m。

施工现场应在大门外附近明显处设置宽 0.7m，高 0.5m 的施工标牌，写明工程名称、拆除施工单位名称和施工项目经理、拆（竣）工日期、监督电话等内容。字体应书写正确、规范、工整、美观，并经常保持整洁完好，设置高度底边距地面不得低于 1.2m。

大门内应有施工平面布置图，比例合适，内容齐全，以结构施工期平面图为主，也可以分基础期、结构期分别设置平面图。平面图布置合理并与现场实际相符，还应有安全生产管理制度板，消防保护制度板，场容卫生环保制度板，内容简明实用，字迹工整规范。

施工区域和生产区域应明确划分，并应划分责任区设标志牌，分片包干到人。

施工现场的各种标语牌、字体应书写正确规范，工整美观并经常保持整洁完好。

建筑工程文明施工，要对以下几个方面进行较好的控制：

（1）食堂污水的排放控制

施工现场临时食堂，要设置简易有效的隔油池，产生的污水经下水管道排放前要经过隔油池。平时加强管理，定期掏油，防止污染。

禁止将有毒废弃物用作土方回填，以免污染地下水和环境。

（2）人为噪声的控制措施

施工现场提倡文明施工，建立健全控制人为噪声的管理制度。尽量减少人为的大声喧哗，增加全体施工人员防噪声扰民的自觉意识。

（3）强噪声作业时间的控制

进行强噪声作业的，严格控制作业时间，晚间作业不超过 22 时，早晨作业不早于 7 时，特殊情况需连续作业（或夜间作业）的，应尽量采取降噪措施，事先做好周围群众的工作，并报工地所在地的区、县环保局备案方可施工。

（4）强噪声机械的降噪措施

涉及产生强噪声的成品、半成品加工，制作作业（如预制构件、木门制作等），应尽量放工厂、车间完成，减少因施工现场加工制作产生的噪声。

尽量选用低噪声或备有消声降噪的机械棚，以减少强噪声的扩散。

现场施工工具要经常检查维修，保持正常运转，采取有效措施尽量使噪声强度在《建筑施工场界环境噪声排放标准》GB 12523—2011 规定的噪声限值范围内。

中午和夜间加班使用噪声源机具施工，要遵守当地政府的规定，提前向环保部门办理申报手续。

开展卫生防病宣传教育，配备保健医药箱和经过培训的急救人员，有急救设备和器材。

5．文明施工标准

（1）现场围挡标准

市区内主要街路两侧的施工现场应当采用标准定型钢板围挡，下设 0.5m 高的砖墙底座，并进行抹面着色处理，总高度不得低于 2.5m。一般街路两侧施工现场的围挡总高度不得低于 1.8m。

市区内禁止采用砖墙围挡。

凡利用围挡做商业广告的须经相关单位审批。

（2）封闭管理标准

现场进出口处必须设置开启式大门，同时设置企业标志，做到整洁、美观。有门卫及门卫制度。进出口处要设置高压洗车水枪和冲洗场地。运输车辆必须冲洗干净后方能上路行驶，禁止往街路上甩泥带土。装运建筑材料、建筑垃圾及工程残土的车辆，应当采取有效措施，保证行驶途中不污染道路和环境。不超载行驶，以保证车辆的安全。

现场的工作人员应当佩戴工作卡，并用不同颜色区分管理人员和作业人员。

（3）材料堆放标准

建筑材料、构件、器具必须按总平面布置图所标定的位置进行堆放。

料堆要整齐、牢固，要设置标有名称、品种、规格、产地等内容的标牌。

易燃、易爆、易中毒的物品要分类存放，做好标志，设专人管理。

要做到工完、料净、场地清。

因故不能及时清运的建筑垃圾须归方码垛，并做标识。

所有的材料堆放不得侵占市政道路及公用设施。确需临时占用的，应当经市建委审批后方可按规定的时限占用。

（4）现场防火标准

要建立消防制度，成立现场消防组织机构。要制定切实可行的消防措施，合理地配备消防器材，并且定期复检，确保齐全有效。

加强安全防火宣传教育，必须设置消防保卫牌，其内容要切合现场实际并符合有关要求。

高层建筑（30m 以上）施工时应当设置符合消防要求的消防水源及足够扬程的水泵，并逐层设置消防栓。

动火须办理消防部门审批手续，并有监护措施。

（5）治安综合治理标准

生活区要为职工设置学习和娱乐场所，建立治安保卫制度，制定治安防范措施，责任分解落实到人。

要经常对职工进行法制教育，严禁在现场打架斗殴及进行黄、赌、毒等非法活动。

（6）现场标牌标准

现场必须设置"五牌二图"（图 1-2），即工程概况牌、管理人员名单及监督电话牌、安全生产牌、消防保卫牌、文明施工牌、施工现场总平面布置图、安全警示标志平面布置图。"五牌二图"要统一型号。

图 1-2　五牌二图

"五牌二图"应当设置在大门内侧附近或在办公室前的报刊栏上。

现场明显处，要书写或悬挂安全标语。要建立宣传栏，定期宣传安全生产、文明施工等知识。

要按安全警示标志平面布置图所标志的位置，正确悬挂各种警示标志牌。个别危险区要设置警戒线并设专人负责。

（7）生活设施标准

临时建筑物（图 1-3）、构筑物，包括办公用房、宿舍、食堂、仓库、卫生间、淋浴间及消防的水池等要求稳固、安全、整洁。积极推广、使用专用标准化的暂设设备。

图 1-3　临时建筑物

食堂、淋浴间、卫生间等要建立卫生责任制度，设有专人负责管理。

食堂的灶台和内墙面要全部粘贴卫生瓷砖，外墙面抹灰刷白，必须做水泥砂浆地面，天棚要整洁、牢固、卫生。炊事员要持健康证上岗，应当身穿白色工作服，保持良好个人卫生。

必须设置饮用开水装置，由专人负责。

职工淋浴间，必须做水泥砂浆地面，内墙面贴卫生瓷砖，保证用水。

要及时处理、外运生活垃圾，并设有专门容器，不得外溢。

（8）社区服务标准

粉尘控制。由于特殊原因未做到硬地化处理的部位，要定期压实地面和洒水，应当对珍珠岩粉、木工作业、建筑垃圾等产生的粉尘采取有效措施。

禁止在现场焚烧有毒、有害、有恶臭气味的物质，要使用封闭式的沥青锅熬制沥青。

装卸水泥、白灰等有粉尘的材料时，应当采取有效措施防止产生扬尘。

在施工期间，严禁向建筑物抛掷垃圾。

噪声控制。施工企业应当采取低噪声的工艺和施工方法，当建筑施工作业的噪声可能超标而又无法避免时，应当采取封闭等隔声措施进行作业。

在市区内，禁止晚10时后、早7时前进行产生噪声的建筑施工作业，由于施工不能中断的技术原因和其他特殊情况确需连续施工作业时，应当向环保部门申请。

（9）保健急救标准

现场应当设置保健药箱，要配备担架、氧气袋、止血带等安全、适用、可靠的急救设施。

应当设置经培训的急救人员。对触电、中毒、高处坠落等意外伤害人员能实施急救。

要利用宣传栏及时宣传流行性疾病的预防知识，在班组开展安全活动的同时，向职工进行卫生知识教育。

6. 绿色施工保证措施

（1）工作目标

环境保护目标：努力降低对环境的影响，节约资源，创造优美、和谐、文化、蓝天的

"绿色花园式工地"。

职业健康目标：创造舒适生产生活环境，建立防控"严重流行性传染病"各项措施，杜绝疫情在工地上出现，保证人员健康、安全。

在组织施工中，认真贯彻执行住房和城乡建设部、住房和城乡建设局、环境保护局、安全生产监督管理局等关于施工现场文明施工管理的各项规定，贯彻《建设工程施工现场环境与卫生标准》JGJ 146—2013 的相关规定。

（2）组织管理

"绿色施工"管理机构图如图 1-4 所示。

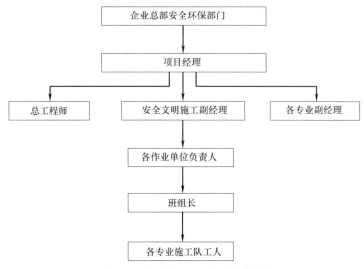

图 1-4 "绿色施工"管理机构图

建立"绿色施工"生产责任制。项目经理部文明施工负责人与各施工单位负责人签订文明施工责任书，施工单位文明施工负责人与外施工队签订责任书，使文明施工管理工作层层负责，责任落实到人，做到凡事有人管，事事有落实，违规必追究。

成立由项目经理为首，各施工单位负责人参加的文明施工管理领导小组和扰民工作组，组织领导施工现场文明施工管理工作。

根据现场情况，项目经理部成立 15～20 人的场容清洁队，配备专用洒水车及其他保洁工具，每天负责清扫场内交通道路和办公区域并洒水降尘。

（3）工作制度

建立并执行施工现场文明施工工作检查制度。文明施工管理领导小组下设检查组，每半月组织一次对各施工单位施工现场文明施工的联合检查，根据检查情况按"施工现场检查记录表"评比打分，对检查中所发现的问题，开出"隐患问题通知单"，各施工单位在收到"隐患问题通知单"后，定时间、定人、定措施予以解决，检查有关部门监督落实问题的解决情况。

在项目实施过程中推行文明施工方案会签制，根据合同内容、施工范围、施工区域等划分文明施工责任区，从制度上落实文明施工工作，保证文明施工切实落实到位。

对进场的所有的施工人员进行有关文明施工、场纪场规等教育。

严格遵守劳动法，严格执行"工间休息制度"，科学地安排生产，保护劳动者的合法权利。

在施工现场,通过出版内部安全报纸、黑板报、广播等多种形式,进行持续的文明教育宣传活动;提高大家的安全文明意识、自身的文化素质,整体提升现场的安全文明施工水平。

(4)"绿色施工"管理措施

1)大门、围墙、道路管理措施

施工现场的围挡结构、大门、广告标志等,应依照设计标准,并充分考虑建设单位提出的具体要求,使得外部形象做到美观大方、统一规范,同周边环境协调一致。

在主要大门口明显处设置标牌,标牌写明工程名称、拆除面积、拆除单位、工地负责人、开工日期、竣工日期等内容,字迹书写规范、美观,并经常保持整洁完好。

施工现场的道路根据建设单位的要求铺设。道路统一按要求硬化。现场出入口设置洗车池,所有车辆进出场都经过洗车池清洗车轮。施工现场外的道路要做好保护,在必要情况下(如短时有大量重荷载车辆进出时)在道路上铺临时密目网,这样可以有效防止路面磨损。

现场设置各类标志牌,如表1-1所示。

现场各类标志牌　　　　　　　　　　　　　　表1-1

标志牌	说　　明
现场导向牌	按照标准,在工地入口及主要道路设置施工现场导向牌
操作规程牌	对于炮机、挖掘机、铲车、自卸汽车、电气焊等机具集中于较固定处,在醒目位置挂设相应机具的安全操作规程牌
安全警示牌	机具、电箱、拆除作业现场、大门入口、再生骨料处理现场等位置挂相应的安全警示牌,脚手架挂验收合格牌
设备牌	移动式分晒系统、移动式破碎站、移动式制砖机、起重设备,挂验收合格牌、操作规程牌、机械性能牌和安全警示牌

2)施工现场场容管理措施

施工现场平面布置要严格执行施工方案中的施工平面布置图,对施工区统一规划和管理,避免各自为政的混乱局面,确保施工区有序,创造整洁、有序、安全的作业环境。在征求建设单位的同意后才可搭设现场各临时设施。

施工现场严禁施工人员随意出入,访客来访有记录,从业人员佩戴工作卡。施工作业区有显著警示标识,并设专人监护。

安排专人对拆除过程中的安全网进行清理,保证使用中的安全网干净整洁,对于破损的应及时更换。经常检查脚手架外立挂的密目安全网,对破损的、没有绑扎严实的应及时修复,使脚手架外立面形象整齐有序。

3)施工现场建筑废弃物、再生骨料及产品的管理措施

施工现场内各种料具按施工平面布置图的指定位置存放,并分规格码放整齐、牢固,做到一头齐、一条线。再生骨料露天堆放时需采用彩条布进行全覆盖,避免扬尘,减少对环境的影响。建筑物拆除后及时分拣,有使用价值的废料及时回收、利用,建筑废弃物采用洒水降尘。

复习思考题

1-1　简述拆除工程施工方法并简要说明各方法适用范围。

1-2　简述拆除工程的施工特点。

1-3　简述拆除工程现场准备过程中较为重点的工作内容。

1-4　简述拆除工程中人工拆除的相关要求。

1-5　简述拆除工程中机械拆除的相关要求。

1-6　简述拆除工程中爆破拆除的相关要求。

1-7　简述拆除工程中文明施工的主要目标。

第 2 章　建筑工程识图

本章学习目标

通过本章的学习，可以初步掌握建筑工程识图相关概述、术语符号，掌握建筑工程图使用的方法与步骤。能够简单地对建筑施工图、结构施工图进行识读。

重点掌握：建筑施工图、结构施工图识图。

一般掌握：建筑工程图的常见符号与术语、识图的方法与步骤等相关内容。

本章学习导航

本章学习导航如图 2-1 所示。

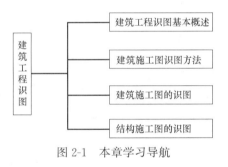

图 2-1　本章学习导航

2.1　建筑工程识图基本概述

建筑是建筑物与构筑物的总称，是人们为了满足社会生活需要，利用所掌握的物质技术手段，并运用一定的科学规律、风水理念和美学法则创造的人工环境。建筑物有广义和狭义两种含义。广义的建筑物是指人工建筑而成的所有东西，既包括房屋，又包括构筑物。狭义的建筑物是指房屋，不包括构筑物。

房屋是指有基础、墙、顶、门、窗，能够遮风避雨，供人在内居住、工作、学习、娱乐、储藏物品或进行其他活动的空间场所。构筑物是指房屋以外的建筑物，人们一般不直接在其内部进行生产和生活活动，如烟囱、水塔、桥梁、水坝等。人们对建筑物本身的基本要求是安全、适用、经济和美观，其中，安全的最基本要求是不会倒塌，没有严重污染；适用的基本要求主要包括防水、隔声、保温、隔热、日照、采光、通风、功能齐全和空间布局合理等。

根据建筑物的使用性质，可将建筑物分为居住建筑、公共建筑、工业建筑和农业建筑四大类。居住建筑和公共建筑通常统称为民用建筑。居住建筑可分为住宅和集体宿舍两类。公共建筑是指办公楼、商店、旅馆、影剧院、体育馆、展览馆、医院等。工业建筑是指工业厂房、仓库等。农业建筑是指种子库、拖拉机站、饲养牲畜用房等。

不同种类的建筑，其表现形式和所采用的建筑材料不尽相同，但其设计、施工的过程以及组成建筑物的内涵基本上是一致的。以下将以民用建筑为例，研究建筑物的组成及其作用。

2.1.1 概述

1. 建筑物的组成及作用

民用建筑是由若干个大小不等的室内空间组合而成的，而其空间的形成，则又需要各种各样的实体来组合，这些实体称为建筑构配件。一般民用建筑由基础、墙体和柱、楼地板层、屋顶、门窗、楼梯等主要构配件组成，附属的建筑物构件和配件还包括走廊、散水、踢脚、勒脚、阳台、烟道、女儿墙、雨篷等，各个组成部分的位置及细部名称，如图 2-2 所示。

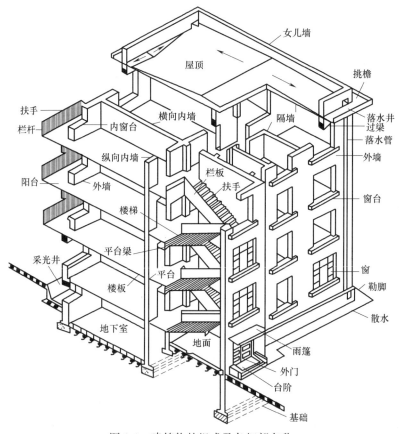

图 2-2 建筑物的组成及各细部名称

（1）基础

基础是建筑物的组成部分，是建筑物地面以下的承重构件，它支承着其上部建筑物的全部荷载，并将这些荷载及基础自重传给下面的地基。基础必须坚固、稳定而可靠。

（2）墙体和柱

墙体和柱均是建筑物的竖向承重构件，它支承着屋顶、楼板等，并将这些荷载及自重传给基础。建筑物的墙体具有承重、维护、分隔及装饰作用。建筑物的墙体必须具备足够的强度和稳定性，同时满足保温、隔热、防止产生凝结水等方面的性能，还须具有一定的隔声性能和防火性能。

墙体按在建筑物中所处的位置可分为外墙和内墙。外墙位于建筑物四周，是建筑物的维护构件，起着挡风、遮雨、保温、隔热及隔声等作用。内墙位于建筑物内部，主要起分隔内部空间的作用，也可起到一定的隔声、防火等作用。

墙体按在建筑物中的方向可分为纵墙和横墙，如图 2-3 所示。

纵墙是指沿建筑物长轴方向布置的墙。横墙是指沿建筑物短轴方向布置的墙，其中外横墙通常称为山墙。

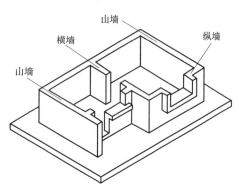

图 2-3　纵墙和横墙

墙体按受力情况可分为承重墙和非承重墙。承重墙是指直接承受梁、楼板和屋顶等传下来的荷载的墙。非承重墙是指不承受外来荷载的墙。在非承重墙中，仅承受自身质量并将其传给基础的墙，称为承自重墙。仅起到分隔空间作用，自身质量由楼板或梁来承担的墙，称为隔墙。在框架结构中，墙体不承受外来荷载，其中填充柱之间的墙，称为填充墙。悬挂在建筑物外部以装饰作用为主的轻质墙板组成的墙，称为幕墙。

墙体按使用的材料可分为砖墙、石块墙、小型砌块墙及钢筋混凝土墙。

墙体按构造可分为实体墙、空心墙和复合墙。实体墙是用黏土砖和其他实心砌块砌筑而成的墙。空心墙是墙体内部中有空腔的墙，这些空腔可以通过砌块方式形成，也可以用本身布孔的材料组合而成，如空心砌块等。复合墙是指用两种以上材料组合而成的墙，如加气混凝土复合板材墙。

柱是建筑物中直立的起支持作用的构件，它承担、传递梁和板两种构件传来的荷载。

（3）楼地板层

地板层是指建筑物底层的地坪，主要作用是承受人、家具等荷载，并将这些荷载均匀地传给地基。常见的地板层由面层、垫层和基层组成。

楼板层是分隔建筑物上下层空间的水平承重构件，主要作用是承受人、家具等荷载，并将这些荷载及自重传给承重墙或梁、柱、基础。楼板层的基本构造由面层、结构层和顶棚组成，如图 2-4 所示。

（4）屋顶

屋顶是建筑物顶部起到覆盖作用的维护构件，一般由屋面板、保温层、防水层等组成。按照屋顶的排水坡度，屋顶的类型主要包括平屋顶和坡屋顶，如图 2-5、图 2-6 所示。平屋顶通常是指排水坡度小于 5% 的屋顶，常用坡度为 2%～3%。坡屋顶通常是指排水坡度大于 10% 的屋顶。随着科学技术的发展，建筑行业也出现了许多新型的屋顶结构形式，如拱结构、薄壳结构、悬索结构、网架结构等，这类屋顶多用于较大跨度的公共建筑。

屋面的防水方式主要包括卷材防水和刚性防水。卷材防水屋面一般由多层材料叠合而成，其基本构造由结构层、找坡层、找平层、结合层、防水层和保护层组成。刚性防水屋

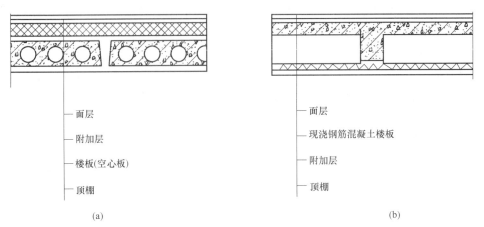

(a)   (b)

图 2-4　楼板层的基本组成

面层

附加层

楼板(空心板)

顶棚

面层

现浇钢筋混凝土楼板

附加层

顶棚

图 2-5　平屋顶

图 2-6　坡屋顶

面是指以刚性材料作为防水层的屋面,有防水砂浆、细石混凝土、配筋细石混凝土等防水屋面。

（5）门窗

门和窗是房屋建筑围护结构中的两个必不可少的配件。门的主要作用是交通联系，兼作采光和通风。窗的主要作用是采光和通风，同时两者还兼有分隔、保温、隔声、防水、防火及防盗等围护功能，也是建筑造型和装饰的重点部位。

门的类型主要包括平开门、弹簧门、推拉门、折叠门、转门及卷帘门等。门的高度不宜小于 2100mm，有亮子时一般为 2400～3000mm。单扇门的宽度一般为 700～1000mm，双扇门的宽度一般为 1200～1800mm。

窗的类型主要包括固定窗、平开窗、推拉窗、立转窗、上悬窗、中悬窗、下悬窗及百叶窗等。平开木窗高度一般为 800～1200m，宽度不大于 500mm。上下悬窗的高度一般为 300～600mm。推拉窗高度一般不大于 1500mm。

（6）楼梯

楼梯是建筑物中作为楼层间垂直交通用的构件，它用于楼层之间和高差较大时的交通联系。在把电梯、自动扶梯作为主要垂直交通工具的多层和高层建筑中也要设置楼梯。多层和高层建筑尽管采用电梯作为主要垂直交通工具，但仍然要保留楼梯供火灾时逃生使用。

楼梯由连续梯级的梯段（又称梯跑）、平台（休息平台）和围护构件等组成，如图 2-7 所示。每个梯段上的踏步数目不得超过 18 级，不得少于 3 级。楼梯平台按其所处位置分为楼层平台和中间平台。栏杆（扶手）是设置在梯段和平台临空侧的围护构件，应有一定的强度和刚度，并应在上部设置供人们手扶持用的扶手。扶手是设在栏杆顶部供人们上下楼梯倚扶的连续配件。楼梯的最低和最高一级踏步间的水平投影距离为梯长，梯级的总高为梯高。

楼梯按梯段可分为单跑楼梯、双跑楼梯和多跑楼梯。图 2-8 为常见的楼梯形式。梯段的平面形状有直线的、折线的和曲线的。单跑楼梯最为简单，适合于层高较低的建筑。双跑楼梯最为常见，有双跑直上、双跑曲折和双跑对折（平行）等，适用于一般民用建筑和工业建筑。三跑楼梯有三折式、丁字式和分合式等，多用于公共建筑。剪刀楼梯是由一对方向相反的双跑平行梯组成，或由一对互相重叠而又不连通的单跑直上梯构成，剖面呈交叉的剪刀形，能同时通过较多的人流并节省空间。螺旋转梯是以扇形踏步支承在中立柱上，虽行走欠舒适，但节省空间，适用于人流较少、使用不频繁的场所。圆形、半圆形和弧形楼梯由曲梁或曲板支承，踏步略呈扇形，花式多样，造型活泼，富有装饰性，适用于公共建筑。

楼梯是建筑中的小建筑，它体量相对较

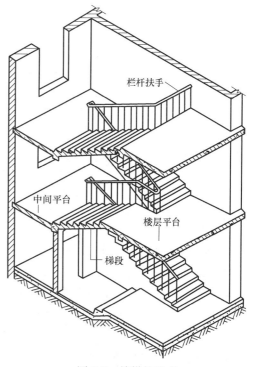

图 2-7　楼梯的组成

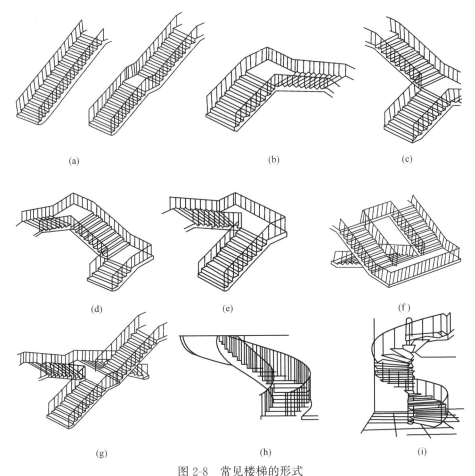

图 2-8　常见楼梯的形式

(a) 直行（单跑、双跑）；(b) 折角式；(c) 双分折角式；(d) 三跑式；
(e) 双跑式；(f) 双分平行式；(g) 剪刀式；(h) 弧形；(i) 螺旋形

小，结构形式相对简单，因此楼梯造型受到的限制相对较小。建筑师在创作中可以把楼梯当成一种空间的装饰品来设计，可以在满足其功能的情况下充分发挥建筑师的想象力。在进行楼梯设计时，必须考虑楼梯本身及其周围空间的关系，即楼梯"内与外"的两个因素。"内部"是指楼梯本身的结构及构造方式、材料的选择、楼梯踏步及栏杆扶手的处理。而"外部"是指其周围空间的特征。只有两者统一考虑，才能使它们完美结合。

　　在当今很多公共建筑中，楼梯往往是建筑设计的一个重点，起到点缀空间的作用，而空间也提供了一个舞台来展示楼梯的造型美感，尤其在相对巨大的中庭空间，楼梯也许成为空间的主角，来组织交通及搭配中庭空间的整体造型。

　　(7) 散水和泛水

　　散水是与外墙勒脚垂直交接倾斜的室外地面部分，是房屋等建筑物周围用砖石或混凝土铺成的保护层，用以排除雨水，保护墙基免受雨水侵蚀。散水的宽度应根据土壤性质、气候条件、建筑物的高度和屋面排水形式确定，一般为 600～1000mm。当屋面采用无组织排水时，散水宽度应大于檐口挑出长度 200～300mm。为保证排水顺畅，一般散水的坡度为 3%～5%，散水外缘高出室外地坪 30～50mm。散水常用材料为混凝土、水泥砂浆、卵石、块石等。散水设计的具体规定可参考国家标准《建筑地面设计规范》GB 50037—2013。

在年降雨量较大的地区可采用明沟排水，明沟是将雨水导入城市地下排水管网的排水设施。一般在年降雨量为900mm以上的地区采用明沟排除建筑物周边的雨水。明沟宽一般为200mm左右，材料为混凝土、砖等。

在建筑施工中，为防止房屋沉降后散水或明沟与勒脚结合处出现裂缝，在此部位应设缝，用弹性材料进行柔性连接。屋顶坡面、雨水管及外墙根部的散水等组成了建筑物的排水系统。

泛水是指屋面女儿墙、挑檐或高低屋面墙体的防水做法，其主要作用是保证女儿墙、挑檐和高低屋面墙不受雨水冲刷。

泛水施工时，需将屋面的卷材连续铺至垂直墙面上，形成卷材防水，泛水高度不小于350mm。同时在屋面与垂直女儿墙面的交接缝处，砂浆找平层应抹成圆弧形或45°斜面，上刷卷材胶粘剂，使卷材胶粘密实，避免卷材架空或折断，并加铺一层卷材。将泛水上口的卷材收头固定，以防止卷材在垂直墙面上下滑。

（8）踢脚

踢脚又称踢脚板或踢脚线，它是外墙内侧和内墙两侧与室内地坪交接处的构造。踢脚的主要作用是防止扫地时污染墙面，同时防潮和保护墙角。踢脚材料一般与地面相同。

踢脚线除了具有保护墙面的功能之外，还对美观性有重要影响。它是地面的轮廓线，视线经常会很自然地落在上面。造型漂亮、做工精致的踢脚线，往往能起到点睛的作用。

（9）勒脚

勒脚是建筑物外墙的墙脚，即建筑物的外墙与室外地面或散水部分的接触墙体部位的加厚部分。勒脚的主要作用是防止地面水、屋檐滴下的雨水对墙面的侵蚀，从而保护墙面，保证室内干燥，提高建筑物的耐久性，同时它还有美化建筑外观的作用。

勒脚经常采用抹水泥砂浆、水刷石或加大墙厚的办法施工而成。勒脚的高度一般为室内地坪与室外地坪的高差，也可以根据立面的需要而提高勒脚的高度尺寸。

（10）阳台

露台又称阳台或阴台，是一种从大厦外壁凸出，由圆柱或托架支承的平台，沿其边侧建栏杆，以防止物件和人落出平台范围，其实为建筑物的延伸。尽管露台和阳台泛指同一种建筑物，但其实两者有细微分别，无顶也无遮盖物的平台称露台，有遮盖物的平台称阳台。

阳台是居住者呼吸新鲜空气、晾晒衣物、摆放盆栽的场所，其设计需要兼顾实用与美观的原则。阳台设计风格多种多样，其中以简洁、清新、柔和为主要特点的日式阳台设计是比较常见的。中式或者西式的阳台设计一般都与室内的装饰风格相协调。中式阳台设计以假山、盆景、灯笼这类设计元素为主，讲究将自然的山水风光浓缩在一处。西式的阳台设计常用喷泉、雕塑等。阳台中的绿色植物大多经过精心修剪，并选用不同的花卉，以营造出浪漫雅致的气氛。几种风格都各具特色。

从建筑外立面和阳台的外形来看，最常见的阳台形式包括凸阳台、凹阳台和半凸半凹阳台，如图2-9所示。凸阳台是以向外伸出的悬挑板、悬挑梁板作为阳台的地面，再由各式各样的围板、围栏组成的一个半室外空间，空间比较独立，能够灵活布局。凹阳台是指占用住宅套内面积的半开敞式建筑空间，与凸阳台相比，凹阳台无论从建筑本身还是人的感觉上更显得牢固可靠，安全系数可能会大一些，当然没有了转角、直角，景观、视野上则窄得多了。半凸半凹阳台是指阳台的一部分悬在外面，另一部分占用室内空间，它集凸、凹两类阳台的优点于一身，阳台的进深和宽度都达到了足够的长度，使用、布局更加灵活自如，空间显得有所变化。为避免雨水泛入室内，阳台地面应低于室内楼层地面30～60mm，向排水方向做平缓斜坡，外缘设挡水边坎，将水导入雨水管排出。

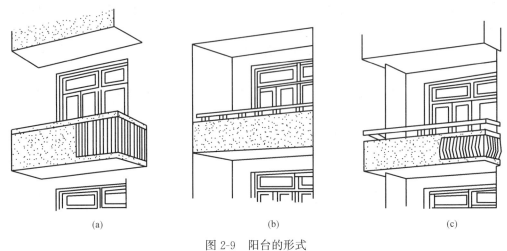

图 2-9　阳台的形式
(a) 凸阳台；(b) 凹阳台；(c) 半凸半凹阳台

（11）烟道

烟道是废气和烟雾排放的管状装置。住宅烟道是指用于排除厨房烟气或卫生间废气的竖向管道制品，也称排风道、通风道或住宅排气道。住宅烟道是住宅厨房、卫生间共用排气管道系统的主要组成部分。

（12）女儿墙

女儿墙在古代时称为"女墙"，包含着窥视之义，是仿照女子"睥睨"之形态，在城墙上筑起的墙垛，因此，后来便演变成一种建筑专用术语，在现存的明清古建筑物中还能看到。

在建筑专用术语中，女儿墙的含义指的是建筑物屋顶外围的矮墙，如图 2-10 所示。其中，可以上人的女儿墙的作用是保护人员的安全，并对建筑立面起装饰作用；而不上人的女儿墙除立面装饰作用外，还起固定油毡的作用。女儿墙的高度取决于是否上人，不上人的女儿墙高度应不小于 800mm，而上人的女儿墙高度应不小于 1300mm。

如今女儿墙已成为建筑的专用术语，伴随着社会的发展和进步，女儿墙的浪漫和诗情画意也不再是人们津津乐道的内容了，只是国家建筑规范中 900mm 高、砖混结构式的一堵矮墙而已。它回归了建筑的本源，在建筑物上起着它应起的作用。一般在一些单元楼的屋顶上，女儿墙成为建筑施工工序中必不可少并且具有封闭性的一部分。

（13）雨篷

雨篷是设置在建筑物进出口上部的遮雨和遮阳篷，它是建筑物入口处和顶层阳台上部用以遮挡雨水和保护外门免受雨水侵蚀的水平构件，如图 2-11 所示。

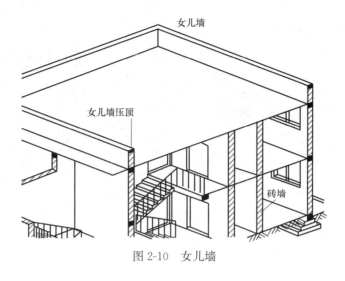

图 2-10　女儿墙

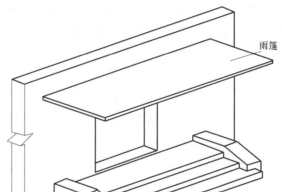

图 2-11　雨篷

2. 常用建筑名词与术语

（1）开间和进深

住宅设计中，住宅的宽度是指一间房屋内的一面墙的定位轴线到另一面墙的定位轴线之间的实际距离，因为是就一自然间的宽度而言，故又称开间，如图 2-12 所示。

住宅的进深，在建筑学上是指一间独立的房屋或一幢居住建筑从前墙定位轴线到后墙定位轴线之间的距离。进深大的住宅可以有效地节约用地，但为了保证建成的住宅可以有良好的自然采光和通风条件，住宅的进深在设计上有一定的要求，不宜过大。目前，我国大量城镇住宅房间的进深一般要限定在 5m 左右，不能任意扩大。

（2）层高和净高

层高是指住宅高度以"层"为单位计量，它通常包括下层地板面或楼板面到上层楼板面之间的距离。

在《住宅设计规范》GB 50096—2011 中规定，住宅层高宜为 2.80m。

有些建筑物无法测量出层高，如地下室的入口处、窑洞等建筑物。为保证最基本的活

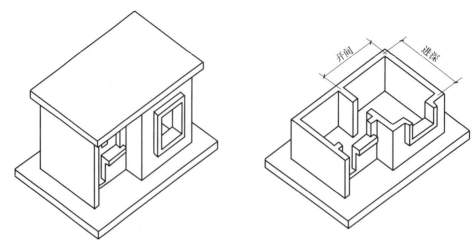

图 2-12　开间和进深示意图

动空间，建筑物空间的高度应使用楼层净高这一标准取代层高标准。净高指下层地板面或楼板上表面到上层楼板下表面之间的距离，净高与层高的关系可以用公式来表示：净高＝层高－楼板厚度，即层高和楼板厚度的差称为净高。

（3）柱、主梁和次梁

柱是建筑物中垂直的主要构件，承托它上方物件的质量。主梁指的是在上部结构中，支承各种荷载并将其传递至柱、平台的梁。次梁在主梁的上部，主要起传递荷载的作用，在主梁和次梁的交接处，可以把主梁看成是次梁的支座。

在框架梁结构中，主梁搁置在框架柱上，次梁搁置在主梁上，如图 2-13 所示。

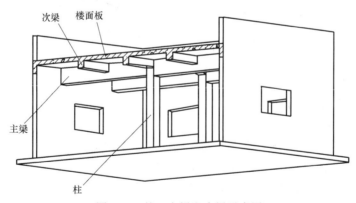

图 2-13　柱、主梁和次梁示意图

（4）过梁和圈梁

当墙体上开设门窗洞口，且墙体洞口大于 300mm 时，为了支承洞口上部砌体传来的各种荷载，并将这些荷载传给门窗等洞口两边的墙，常在门窗洞口上设置横梁，该梁称为过梁，如图 2-14（a）所示。过梁的形式有钢筋砖过梁、砌砖平拱过梁、砖砌弧拱过梁、钢筋混凝土过梁、砖砌楔拱过梁、砖砌半圆拱过梁及木过梁等。

圈梁是在房屋的檐口、窗顶、楼层、吊车梁顶或基础顶面标高处，沿砌体墙水平方向设置封闭状、按构造配筋的混凝土梁式构件，如图 2-14（b）所示。圈梁通常设置在基础墙、檐口和楼板处,其数量和位置与建筑物的高度、层数、地基状况和地震强度有关。圈梁是沿建筑物外墙四周及部分内横墙设置的连续封闭的梁,其目的是为了增强建筑的整体刚度及墙身的稳定性。圈梁可以减少因基础不均匀沉降或较大振动荷载对建筑物的不利影响及其所引起的墙身开裂。在抗震设防地区,利用圈梁加固墙身就显得更加必要。因为圈梁是连续围合的梁,故也称为环梁。

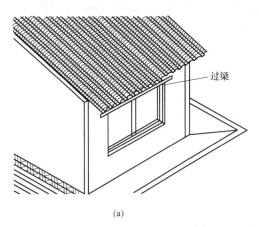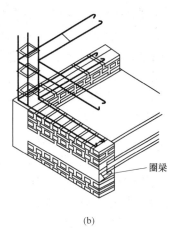

(a)　　　　　　　　　　　　　　　　　(b)

图 2-14　过梁和圈梁

(a) 过梁;(b) 圈梁

(5) 道路红线、建筑红线和用地红线

道路红线是指规划的城市道路(含居住区级道路)用地的边界线。

建筑红线也称"建筑控制线",是指城市规划管理中控制城市道路两侧沿街建筑物或构筑物(如外墙、台阶等)靠临街面的界线。任何临街建筑物或构筑物不得超过建筑红线。

用地红线是指各类建筑工程项目用地使用权属范围的边界线。

(6) 建筑高度

建筑高度指建筑物室外地坪面至外墙顶部的总高度。计算建筑高度时,应遵循以下规则:

烟囱、避雷针、旗杆、风向器、天线等在屋顶上的凸出构筑物不计入建筑高度。

楼梯间、电梯塔、装饰塔、眺望塔、屋顶窗、水箱间等建筑物在屋顶上凸出部分的水平投影面积合计小于标准层面积 25% 的,不计入建筑高度、层数。

平顶房屋按建筑室外设计地面处至屋面面层计算。

坡顶房屋建筑按外墙散水至建筑屋檐和屋脊平均高度计算。

(7) 建筑面积、使用面积、使用率、辅助面积和结构面积

建筑面积也称建筑展开面积,是指住宅建筑外墙勒脚以上外围水平面测定的各层平面面积之和。它是表示一个建筑物建筑规模大小的经济指标。建筑面积由使用面积、辅助面积和结构面积组成。

使用面积是指建筑物各层平面中直接为生产或生活使用的净面积之和。计算住宅使用面积,可以比较直观地反映住宅的使用状况。

使用率是使用面积与建筑面积之比,用百分数表示。使用率可反映商品房使用面积的

大小，具有一定参考性。

辅助面积是指建筑物各层平面为辅助生产或生活活动所占的净面积的总和，如居住建筑中的楼梯、走道、厕所及厨房等。

结构面积是指建筑物各层平面中的墙、柱等结构所占面积的总和。

（8）房屋层数

房屋层数是指房屋的自然层数，一般按室内地坪±0.000以上计算，其中采光窗在室外地坪以上的半地下室，其室内层高在2.20m以上（不含2.20m）的，计算自然层数。房屋总层数为房屋地上层数与地下层数之和。假层、附层（夹层）、插层、阁楼（暗楼）、装饰性塔楼以及凸出屋面的楼梯间、水箱间不计层数。

（9）砖混结构、框架结构和钢结构

砖混结构是混合结构的一种，是采用砖墙来承重，梁柱板等构件采用钢筋混凝土的混合结构体系。也就是说砖混结构是以小部分钢筋混凝土及大部分砖墙承重的结构。砖混结构在做建筑设计时，楼高不能超过6层，其隔声效果中等。

框架结构是指由梁和柱以刚接或者铰接相连接而成构成承重体系的结构，即由梁和柱组成框架共同抵抗使用过程中出现的水平荷载和竖向荷载。采用框架结构的房屋墙体不承重，仅起到围护和分隔作用，一般用预制的加气混凝土、膨胀珍珠岩、空心砖或多孔砖、浮石、蛭石、陶粒等轻质板材砌筑或装配而成。

钢结构是以钢材制作为主的结构，是主要的建筑结构类型之一。钢结构与普通钢筋混凝土结构相比，其具有匀质、高强、施工速度快、抗震性好和回收率高等优越性，钢比砖石和混凝土的强度和弹性模量要高出很多倍，因此在荷载相同的条件下，钢构件的质量轻。从破坏形态方面看，钢结构事先有较大变形预兆，属于延性破坏结构，能够预先发现危险，从而有效避免。

（10）容积率、建筑密度和绿地率

容积率指项目用地范围内总建筑面积与项目总用地面积的比值，即"容积率＝总建筑面积/土地面积"。对于发展商来说，容积率决定地价成本在房屋中占的比例，而对于住户来说，容积率直接涉及居住的舒适度。容积率越高，居民的舒适度越低。反之，则舒适度越高。

建筑密度是指建筑物的覆盖率，具体指项目用地范围内所有建筑的基底总面积与规划建设用地面积之比，它可以反映出一定用地范围内的空地率和建筑密集程度。建筑密度是反映建筑占地面积比例的一个概念。建筑密度大，说明用地中房子盖得"满"，反之则说明房子盖得"稀"。

绿地率是指居住区用地范围内各类绿地的总和与居住区用地的比率。绿地率所指的"居住区用地范围内各类绿地"主要包括公共绿地、宅旁绿地等。

（11）建筑模数

建筑工业化指用现代工业的生产方式来建造房屋，它的内容包括4个方面，即建筑设计标准化、构件生产工厂化、施工机械化及管理科学化。为保证建筑设计标准化和构件生产工厂化，建筑物及其各组成的尺寸必须统一协调，为此我国制订了《建筑模数协调标准》GB/T 50002—2013作为建筑设计的依据。

建筑模数是指建筑设计中，为了实现工业化大规模生产，使不同材料、不同形式和不同制造方法的建筑构配件、组合件具有一定的通用性和互换性，统一选定的协调建筑尺度的增值单位。

在建筑模数协调中选用的基本尺寸单位，其数值为100mm，符号为M，即1M＝100mm，当前世界上大部分国家均以此为基本模数。基本模数的整数值称为扩大模数。整数除基本模数的数值称为分模数。模数是一种度量单位，这个度量单位的数值扩展成一个系列就构成了模数系列。模数系列可由基本模数M的倍数得出。模数可作为建筑设计依据的度量，它决定每个建筑构件的精确尺寸，决定体系中和建筑物内建筑构件的位置。建筑设计中的主要建筑构件如承重墙、柱、梁、门窗洞口都应符合模数化的要求，严格遵守模数协调规则，以利于建筑构配件的工业化生产和装配化施工。

建筑模数主要的类型如下：

① 基本模数

基本模数的数值规定为100mm，表示符号为M，即1M等于100mm，整个建筑物或其中一部分以及建筑组合件的模数化尺寸均应是基本模数的倍数。

② 扩大模数

扩大模数指基本模数的整倍数。扩大模数的基数应符合以下规定：

水平扩大模数为2M、3M、6M、9M、12M……其相应的尺寸分别为200mm、300mm、600mm、900mm、1200mm……

③ 分模数

分模数指整数除基本模数的数值。分模数的基数应符合以下规定：

分模数的基数应为M/10、M/5、M/2。

④ 模数数列

模数数列应根据功能性和经济性原则确定。

建筑物的开间或柱距，进深或跨度，梁、板、隔墙和门窗洞口宽度等分部件的截面尺寸宜采用水平基本模数和水平扩大模数数列，且水平扩大模数数列宜采用$2n\mathrm{M}$、$3n\mathrm{M}$（n为自然数）。

建筑物的高度、层高和门窗洞口高度等宜采用竖向基本模数和竖向扩大模数数列，且竖向扩大模数数列宜采用$n\mathrm{M}$。

构造节点和分部件的接口尺寸等宜采用分模数数列，且分模数数列宜采用M/10、M/5、M/2。

（12）标志尺寸、制作尺寸、实际尺寸和技术尺寸

为了保证建筑制品、构配件等有关尺寸的统一协调，《建筑模数协调标准》GB/T 50002—2013对建筑各部位尺寸进行分割，并确定各部件的尺寸和边界条件，规定了标志尺寸、制作尺寸、实际尺寸、技术尺寸及其相互间的关系。

① 标志尺寸

标志尺寸是用以标注建筑物定位线或基准面之间的垂直距离以及建筑构配件、建筑分部件、有关设备安装基准面之间的尺寸。标志尺寸应符合模数数列的规定。

② 制作尺寸

制作尺寸是制作部件或分部件所依据的设计尺寸。

③ 实际尺寸

实际尺寸是建筑构配件、建筑组合件、建筑制品等生产制作后的实际尺寸。这一尺寸因生产误差造成与设计的构造尺寸有差值，这个差值应符合施工验收规范的规定。

④ 技术尺寸

技术尺寸是指在模数尺寸条件下，非模数尺寸或生产过程中出现误差时所需的技术处理尺寸。

（13）构造柱和马牙槎

为提高多层建筑砌体结构的抗震性能，建筑规范要求应在房屋的砌体内适宜部位设置钢筋混凝土柱并与圈梁连接，共同加强建筑物的稳定性，这种钢筋混凝土柱通常就被称为构造柱，如图 2-15 所示。构造柱主要不是承担竖向荷载的，而是抗击剪力、地震作用等横向荷载的。构造柱通常设置在楼梯间的休息平台处、纵横墙交接处、墙的转角处，墙长达到 5m 的中间部位也要设构造柱。

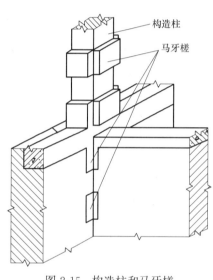

图 2-15　构造柱和马牙槎

马牙槎是砖墙留槎处的一种砌筑方法，如图 2-15 所示。

当砌体不能同时砌筑时，在交接处一般要预留马牙槎，以保持砌体的整体性与稳定性。马牙槎常用在构造柱与墙体的连接中，是指构造柱上凸出的部分，其目的是在浇筑构造柱时使墙体与构造柱结合得更牢固，更利于抗震。

（14）地貌、地物和地形

地貌是地表面高低起伏的自然形态。地物是地表面自然形成和人工建造的固定性物体。不同地貌和地物的错综结合，就会形成不同的地形，如平原、丘陵、山地、高原及盆地等。

2.1.2　建筑工程图的分类特点

建筑工程图是用于表示建筑物的内部布置情况、外部形状以及装修、构造、施工要求等内容的有关图纸。在建筑工程项目立项时，它是审批建筑工程项目的主要依据。在建筑工程施工时，它是备料和施工的主要依据。当建筑工程竣工时，要按照建筑工程图的设计要求进行质量检查和验收，并以此评价工程质量优劣。建筑工程图还是编制工程概算、预算和决算及审核工程造价的依据，建筑工程图是具有法律效力的技术文件。

1. 建筑工程图的分类

建造一幢房屋从设计到施工，要由许多专业和工种共同配合来完成。按专业分工的不同，建筑工程图可分为建筑施工图、结构施工图和设备施工图。

建筑施工图简称为"建施"，它主要用来表示房屋的规划位置、外部造型、内部布置、内外装修、细部构造、固定设施及施工要求等。它包括施工图首页、总平面图、平面图、立面图、剖面图和详图。

结构施工图简称为"结施"，它主要表示房屋承重结构的布置，构件类型、数量、大小及做法等。它包括基础平面图，基础剖面图，屋盖结构布置图，楼层结构布置图，柱、梁、板配筋图，楼梯图，结构构件图或表以及必要的详图。

设备施工图简称为"设施"，它主要表示各种设备、管道和线路的布置、走向以及安装施工要求等。设备施工图又分为给水排水施工图、供暖施工图、通风与空调施工图、电气施工图等。设备施工图一般包括平面布置图、系统图和详图。

由此可以看出，一套完整的建筑工程图，其内容和数量很多。而且工程的规模和复杂程度不同，工程的标准化程度不同，都可导致图样数量和内容的差异。为了能准确地表达建筑物的形体，设计时图样的数量和内容应完整、详尽和充分，一般在能够清楚表达工程对象的前提下，一套图样的数量及内容越少越好。

2. 建筑工程图的特点

建筑工程图是以投影原理为基础，按国家规定的制图标准，把已经建成或尚未建成的建筑工程的形状、大小等准确地表达在平面上的图样，并同时标明工程所用的材料以及生产、安装等要求。它是工程项目建设的技术依据和重要的技术资料。建筑工程图包括方案设计图、各类施工图和工程竣工图。由于工程建设各个阶段的任务要求不同，各类图纸所表达的内容、深度和方式也有差别。

方案设计图主要是为征求建设单位的意见和供有关领导部门审批服务；施工图是施工单位组织施工的依据；竣工图是工程完工后按实际建造情况绘制的图样，作为技术档案保存起来，以便于需要的时候随时查阅。

3. 建筑工程图的作用

建筑工程图是审批建筑工程项目的依据；在生产施工中，建筑工程图是备料和施工的依据；当工程竣工时，要按照工程图的设计要求进行质量检查和验收，并以此评价工程质量优劣；建筑工程图还是编制工程概算、预算和决算及审核工程造价的依据；建筑工程图是具有法律效力的技术文件。

2.1.3 建筑工程图中常见的术语

在建筑工程识图过程中了解描述建筑工程图的各类专业术语，有利于更好地读懂工程图，与其他人员进行沟通交流。以下主要是《房屋建筑制图统一标准》GB/T 50001—2017中对各类专业术语的解释。

（1）图纸幅面
图纸宽度与长度组成的图面。

（2）图线
起点和终点间以任何方式连接的一种几何图形，形状可以是直线或曲线，连续或不连续线。

（3）字体
文字的风格式样，又称书体。

（4）比例
图中图形与其实物相应要素的线性尺寸之比。

（5）视图
将物体按正投影法向投影面投射时所得到的投影称为视图。

（6）轴测图

用平行投影法将物体连同确定该物体的直角坐标系一起沿不平行于任一坐标平面的方向投射到一个投影面上所得到的图形，称作轴测图。

（7）透视图

根据透视原理绘制出的具有近大远小特征的图像，以表达建筑设计意图。

（8）标高

以某一水平面作为基准面，并作零点（水准原点）起算地面（楼面）至基准面的垂直高度。

（9）工程图纸

根据投影原理或有关规定绘制在纸介质上的，通过线条、符号、文字说明及其他图形元素表示工程形状、大小、结构等特征的图形。

（10）计算机辅助设计

利用计算机及其图形设备帮助设计人员进行设计工作，简称CAD。

（11）计算机辅助制图文件

利用计算机辅助制图技术绘制的，记录和存储工程图纸所表现的各种设计内容的数据文件。

（12）计算机辅助制图文件夹

在磁盘等设备上存储计算机辅助制图文件的逻辑空间。又称为计算机辅助制图文件目录。

（13）图库文件

可以在一个以上的工程中重复使用的计算机辅助制图文件。

（14）工程图纸编号

用于表示图纸的图样类型和排列顺序的编号，亦称图号。

（15）协同设计

通过计算机网络与计算机辅助设计技术，创建协作设计环境，使设计团队各成员围绕共同的设计目标与对象，按照各自分工，并行交互式地完成设计任务，实现设计资源的优化配置和共享，最终获得符合工程要求设计成果文件的设计过程。

（16）计算机辅助制图文件参照方式

在当前计算机辅助制图文件中引用并显示其他计算机辅助制图文件（被参照文件）的部分或全部数据内容的一种计算机辅助制图技术。

（17）图层

计算机辅助制图文件中相关图形元素数据的一种组织结构。属于同一图层的实体具有统一的颜色、线型、线宽、状态等属性。

（18）文件级协同

协同设计的初级方式，所有协同设计的工作基于项目工作文件开展，专业间以外部引用或互提文件作为协同工作的推进手段。

（19）图层级协同

协同设计的高级方式，所有协同设计的工作在互提文件的基础上，通过图层过滤器对图层进行过滤，保留必要的图层，再进行协同设计。

（20）数据级协同

协同设计的最高级方式，所有协同设计的工作在数据共享的基础上实现，通过建立底层数据的一致性，使各专业及各终端间的数据实现连续协调。

（21）图层过滤器

计算机辅助制图常用软件中的功能，可以根据颜色、线型、线宽、状态等属性对图层进行过滤，保留或不保留位于该图层上的图元信息。

2.1.4　建筑工程图中的常用符号

建筑施工图作为专业的建筑工程图样，具有严格的符号使用规则，这些专用的建筑符号是保证不同的建筑工程师能够读懂图纸的必要手段。下面简单介绍建筑施工图中比较常用的符号。

1. 剖切符号

剖切符号宜优先选择国际通用方法表示，如图 2-16 所示，也可采用常用方法表示，如图 2-17 所示，同一套图纸应选用一种表示方法。

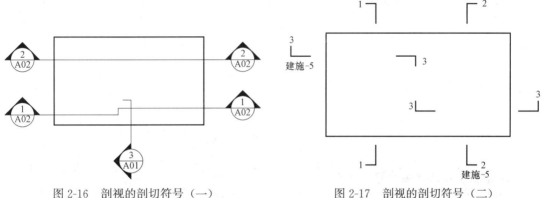

图 2-16　剖视的剖切符号（一）　　　　　图 2-17　剖视的剖切符号（二）

剖切符号标注的位置应符合下列规定：

建（构）筑物剖面图的剖切符号应注在±0.000 标高的平面图或首层平面图上；

局部剖切图（不含首层）、断面图的剖切符号应注在包含剖切部位的最下面一层的平面图上。

采用国际通用剖视表示方法时，剖面及断面的剖切符号应符合下列规定：

剖面剖切索引符号应由直径为 8～10mm 的圆和水平直线以及两条相互垂直且外切圆的线段组成，水平直径上方应为索引编号，下方应为图纸编号。线段与圆之间应填充黑色并形成箭头表示剖视方向，索引符号应位于剖线两端；断面及剖视详图剖切符号的索引符号应位于平面图外侧一端，另一端为剖视方向线，长度宜为 7～9mm，宽度宜为 2mm。

剖切线与符号线线宽应为 0.25b。

需要转折的剖切位置线应连续绘制。

剖切符号的编号宜由左至右、由下向上连续编排。

采用常用方法表示时，剖面的剖切符号应由剖切位置线及剖视方向线组成，均应以粗实线绘制，线宽宜为 b。剖面的剖切符号应符合下列规定：

剖切位置线的长度宜为6～10mm；剖视方向线应垂直于剖切位置线，长度应短于剖切位置线，宜为4～6mm。绘制时，剖视剖切符号不应与其他图线相接触。

剖视剖切符号的编号宜采用粗阿拉伯数字，按剖切顺序由左至右、由下向上连续编排，并应注写在剖视方向线的端部。

需要转折的剖切位置线，应在转角的外侧加注与该符号相同的编号。

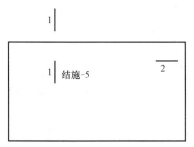

图 2-18　断面的剖切符号

断面的剖切符号应仅用剖切位置线表示，其编号应注写在剖切位置线的一侧；编号所在的一侧应为该断面的剖视方向，其余同剖面的剖切符号，如图 2-18 所示。

当与被剖切图样不在同一张图内时，应在剖切位置线的另一侧注明其所在图纸的编号，如图 2-18 所示，也可在图上集中说明。

索引剖视详图时，应在被剖切的部位绘制剖切位置线，并以引出线引出索引符号，引出线所在的一侧应为剖视方向，如图 2-19 所示。

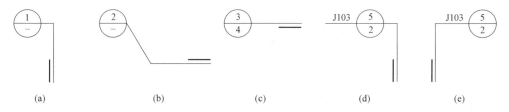

图 2-19　用于索引剖视详图的索引符号

2. 索引符号与详图符号

图样中的某一局部或构件，如需另见详图，应以索引符号索引，如图 2-20（a）所示。索引符号应由直径为 8～10mm 的圆和水平直线组成，圆及水平直径线宽宜为 0.25b。索引符号编写应符合下列规定：

当索引出的详图与被索引的详图同在一张图纸内，应在索引符号的上半圆中用阿拉伯数字注明该详图的编号，并在下半圆中间画一段水平细实线，如图 2-20（b）所示。

当索引出的详图与被索引的详图不在同一张图纸中，应在索引符号的上半圆中用阿拉伯数字注明该详图的编号，在索引符号的下半圆用阿拉伯数字注明该详图所在图纸的编号，如图 2-20（c）所示。数字较多时，可加文字标注。

当索引出的详图采用标准图时，应在索引符号水平直径的延长线上加注该标准图集的编号，如图 2-20（d）所示。需要标注比例时，应在文字的索引符号右侧或延长线下方，与符号下对齐。

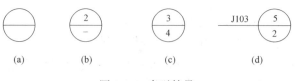

图 2-20　索引符号

当索引符号用于索引剖视详图时，应在被剖切的部位绘制剖切位置线，并以引出线引出索引符号，引出线所在的一侧应为剖视方向，如图 2-21 所示。

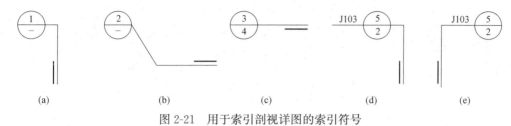

图 2-21　用于索引剖视详图的索引符号

零件、钢筋、杆件及消火栓、配电箱、管井等设备的编号宜以直径为 4～6mm 的圆表示，圆线宽为 $0.25b$，同一图样应保持一致，其编号应用阿拉伯数字按顺序编写（图 2-22）。

详图的位置和编号应以详图符号表示。详图符号的圆直径应为 14mm，线宽为 b。详图编号应符合下列规定：

当详图与被索引的图样同在一张图纸内时，应在详图符号内用阿拉伯数字注明详图的编号，如图 2-23 所示。

当详图与被索引的图样不在同一张图纸内时，应用细实线在详图符号内画一水平直径，在上半圆中注明详图编号，在下半圆中注明被索引的图纸的编号，如图 2-24 所示。

图 2-22　零件、钢筋　　　　图 2-23　与被索引图样同在　　　图 2-24　与被索引图样不在
　　　　等的编号　　　　　　　　一张图纸内的详图索引　　　　同一张图纸内的详图索引

3. 引出线

引出线线宽应为 $0.25b$，宜采用水平方向的直线，或与水平方向成 30°、45°、60°、90°的直线，并经上述角度再折成水平线。文字说明宜注写在水平线的上方，如图 2-25（a）所示，也可注写在水平线的端部，如图 2-25（b）所示。索引详图的引出线，应与水平直径线相连接，如图 2-25（c）所示。

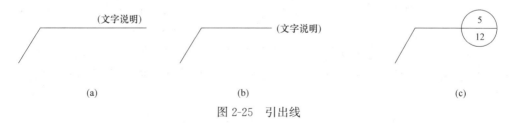

图 2-25　引出线

同时引出的几个相同部分的引出线，宜互相平行，如图 2-26（a）所示，也可画成集中于一点的放射线，如图 2-26（b）所示。

多层构造或多层管道共用引出线，应通过被引出的各层，并用圆点示意对应各层次。文字说明宜注写在水平线的上方，或注写在水平线的端部，说明的顺序应由上至下，并应与被说明的层次对应一致；如层次为横向排序，则由上至下的说明顺序应与由左至右的层次对应一致，如图 2-27 所示。

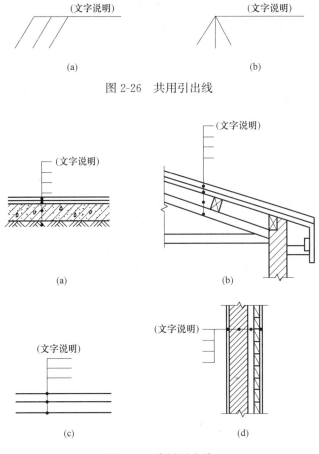

图 2-26　共用引出线

图 2-27　多层引出线

4. 其他符号

对称符号应由对称线和两端的两对平行线组成。对称线应用单点长画线绘制，线宽宜为 $0.25b$；平行线应用实线绘制，其长度宜为 6～10mm，每对的间距宜为 2～3mm，线宽宜为 $0.5b$；对称线应垂直平分于两对平行线，两端超出平行线宜为 2～3mm，如图 2-28 所示。

连接符号应以折断线表示需连接的部分。两部位相距过远时，折断线两端靠图样一侧应标注大写英文字母表示连接编号。两个被连接的图样应用相同的字母编号，如图 2-29 所示。

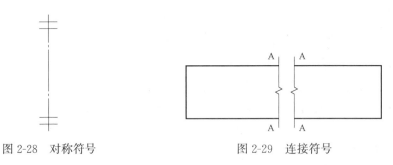

图 2-28　对称符号　　　　　　　图 2-29　连接符号

指北针的形状宜符合图 2-30 的规定，其圆的直径宜为 24mm，用细实线绘制；指针尾部的宽度宜为 3mm，指针头部应注"北"或"N"字。需用较大直径绘制指北针时，指针尾部的宽度宜为直径的 1/8。

指北针与风玫瑰结合时宜采用互相垂直的线段，线段两端应超出风玫瑰轮廓线 2～3mm，垂点宜为风玫瑰中心，北向应注"北"或"N"字，组成风玫瑰所有线宽均宜为 0.5b。

对图纸中局部变更部分宜采用云线，并宜注明修改版次。修改版次符号宜为边长 0.8cm 的正等边三角形，修改版次应采用数字表示，如图 2-31 所示。变更云线的线宽宜按 0.7b 绘制。

 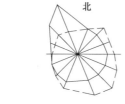

图 2-30　指北针、风玫瑰

图 2-31　变更云线
注：1 为修改次数。

5. 定位轴线

定位轴线应用 0.25b 线宽的单点长画线绘制。

定位轴线应编号，编号应注写在轴线端部的圆内。圆应用 0.25b 线宽的实线绘制，直径宜为 8～10mm。定位轴线圆的圆心应在定位轴线的延长线上或延长线的折线上。

除较复杂需采用分区编号或圆形、折线形外，平面图上定位轴线的编号，宜标注在图样的下方及左侧，或在图样的四面标注。横向编号应用阿拉伯数字，从左至右顺序编写；竖向编号应用大写英文字母，从下至上顺序编写，如图 2-32 所示。

英文字母作为轴线号时，应全部采用大写字母，不应用同一个字母的大小写来区分轴线号。英文字母的 I、O、Z 不得用作轴线编号。当字母数量不够使用时，可增用双字母或单字母加数字注脚。

组合较复杂的平面图中定位轴线可采用分区编号，如图 2-33 所示。编号的注写

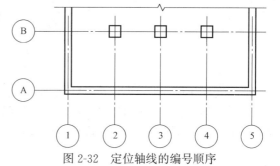

图 2-32　定位轴线的编号顺序

形式应为"分区号-该分区定位轴线编号"，分区号宜采用阿拉伯数字或大写英文字母表示；多子项的平面图中定位轴线可采用子项编号，编号的注写形式为"子项号-该子项定位轴线编号"，子项号采用阿拉伯数字或大写英文字母表示，如"1-1"、"1-A"或"A-1"、"A-2"。当采用分区编号或子项编号，同一根轴线有不止 1 个编号时，相应编号应同时注明。

附加定位轴线的编号应以分数形式表示，并应符合下列规定：

两根轴线的附加轴线，应以分母表示前一轴线的编号，分子表示附加轴线的编号，编

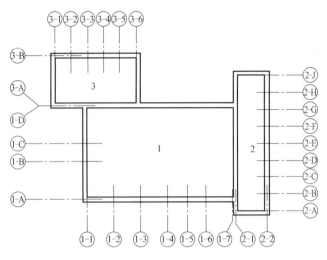

图 2-33　定位轴线的分区编号

号宜用阿拉伯数字顺序编写；

　　1 号轴线或 A 号轴线之前的附加轴线的分母应以 01 或 0A 表示。

　　一个详图适用于几根轴线时，应同时注明各有关轴线的编号，如图 2-34 所示。

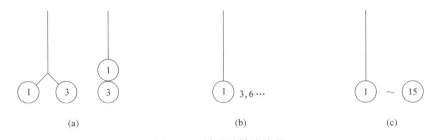

图 2-34　详图的轴线编号
（a）用于 2 根轴线时；（b）用于 3 根或 3 根以上轴线时；
（c）用于 3 根以上连续编号的轴线时

　　通用详图中的定位轴线，应只画圆，不注写轴线编号。

　　圆形与弧形平面图中的定位轴线，其径向轴线应以角度进行定位，其编号宜用阿拉伯数字表示，从左下角或 $-90°$（若径向轴线很密，角度间隔很小）开始，按逆时针顺序编写；其环向轴线宜用大写英文字母表示，从外向内顺序编写，如图 2-35、图 2-36 所示。弧形平面图的圆心宜选用大写英文字母编号（I、O、Z 除外），有不止 1 个圆心时，可在字母后加注阿拉伯数字进行区分，如 P1、P2、P3。

　　折线形平面图中定位轴线的编号可按图 2-37 的形式编写。

2.1.5　建筑工程图中的其他注意事项

1. 图纸幅度

　　一般情况下，图纸幅面及图框尺寸均应符合表 2-1 的规定。表中 b 为幅面短边尺寸，l 为幅面长边尺寸，c 为图框线与幅面线间宽度，a 为图框线与装订边间宽度。

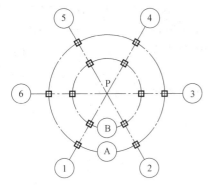

图 2-35　圆形平面定位轴线的编号

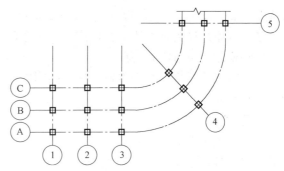

图 2-36　弧形平面定位轴线的编号

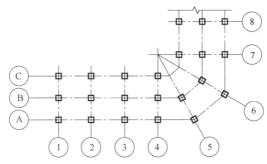

图 2-37　折线形平面定位轴线的编号

幅面及图框尺寸（mm）　　　　　　　　　　　　　　　表 2-1

幅面代号 尺寸代号	A0	A1	A2	A3	A4
$b \times l$	841×1189	594×841	420×594	297×420	210×297
c	10			5	
a	25				

　　需要微缩复制的图纸，其一个边上应附有一段准确米制尺度，四个边上均应附有对中标志，米制尺度的总长应为 100mm，分格应为 10mm。对中标志应画在图纸内框各边长的中点处，线宽应为 0.35mm，并应伸入内框边，在框外应为 5mm。对中标志的线段，应于图框长边尺寸 l_1 和图框短边尺寸 b_1 范围取中。

图纸长边加长尺寸（mm）　　　　　　　　　　　　表 2-2

幅面代号	长边尺寸	长边加长后的尺寸
A0	1189	1486(A0+1/4l)　1783(A0+1/2l)　2080(A0+3/4l)　2378(A0+l)
A1	841	1051(A1+1/4l)　1261(A1+1/2l)　1471(A1+3/4l)　1682(A1+l)　1892(A1+5/4l) 2102(A1+3/2l)
A2	594	743(A2+1/4l)　891(A2+1/2l)　1041(A2+3/4l)　1189(A2+l)　1338(A2+5/4l) 1486(A2+3/2l)　1635(A2+7/4l)　1783(A2+2l)　1932(A2+9/4l)　2080(A2+5/2l)
A3	420	630(A3+1/2l)　841(A3+l)　1051(A3+3/2l)　1261(A3+2l)　1471(A3+5/2l) 1682(A3+3l)　1892(A3+7/2l)

图纸的短边尺寸不应加长，A0～A3 幅面长边尺寸可加长，但应符合表 2-2 的规定。有特殊需要的图纸，可采用 $b×l$ 为 841mm×891mm 与 1189mm×1261mm 的幅面。

图纸以短边作为垂直边应为横式，以短边作为水平边应为立式。A0～A3 图纸宜横式使用；必要时，也可立式使用。

一个工程设计中，每个专业所使用的图纸，不宜多于两种幅面，不含目录及表格所采用的 A4 幅面。

2. 图纸编排顺序

工程图纸按专业顺序编排，顺序为图纸目录、设计说明、总图、建筑图、结构图、给水排水图、暖通空调图、电气图等。

各专业的图纸，应按图纸内容的主次关系、逻辑关系进行分类，做到有序排列。

3. 比例

一般情况下，绘图所用的比例根据图样的用途与被绘对象的复杂程度，从表 2-3 中选用，并优先采用表中常用比例。

绘图所用的比例　　　　　　　　　　　　　　　　　　　表 2-3

常用比例	1：1、1：2、1：5、1：10、1：20、1：30、1：50、1：100、1：150、1：200、1：500、1：1000、1：2000
可用比例	1：3、1：4、1：6、1：15、1：25、1：40、1：60、1：80、1：250、1：300、1：400、1：600、1：5000、1：10000、1：20000、1：50000、1：100000、1：200000

2.2　建筑施工图识图方法

房屋建筑工程图是工程技术的"语言"，它能够准确地表达建筑物的外形轮廓、尺寸大小、结构构造、装修做法等，故要求有关施工人员必须熟悉建筑工程施工图的全部内容。建筑施工图简称"建施"，一般由设计部门的建筑专业人员进行设计绘图。建筑施工图主要反映一个工程的总体布局，表明建筑物的外部形状、内部布置情况以及建筑构造、装修、材料、施工要求等，用来作为施工定位放线、内外装饰做法的依据，同时也是结构施工图和设备施工图的依据。建筑施工图主要包括首页（图纸目录、设计总说明、门窗表等）、建筑总平面图、建筑平面图、建筑立面图、建筑剖面图等基本图纸，以及楼梯、门窗、台阶、散水和浴厕等建筑详图与材料、做法说明等。

2.2.1　建筑施工图

建筑施工图的内容包括总平面图、建筑设计总说明、门窗表、各层建筑平面图、各朝向建筑立面图、剖面图、各种详图，图纸的数量根据建筑物的复杂程度、工艺要求等数量有多有少。

（1）建筑设计总说明

建筑设计总说明无论内容多少，必须注明设计依据、建筑规模、建筑标高、装饰装修做法、施工工艺要求等内容。

设计依据，包括政府的有关批文和许可，如建筑项目的立项依据、规划许可等。

建筑规模，主要包括建筑的占地面积和建筑面积。两者区别是：占地面积指建筑物底层外墙皮之内所有面积总和，而建筑面积是指整栋建筑物的外墙皮之内的各层面积之和。

建筑标高，分为相对标高和绝对标高，建筑说明中要注明相对标高和绝对标高之间的换算关系，我国以青岛黄海平均海平面的高度为零点标高的称为绝对标高，以室内底层地面为零点标高即为相对标高。

装饰装修做法，主要是读懂建筑制图的主要符号和数字的意义，尤其是一些具体做法是通过标准图集来指示的。

（2）总平面图

总平面图是标明工程所在位置的总体情况、地形地貌、新建建筑物的位置朝向、新建建筑物和原有建筑物及道路的关系等内容的图样，在《总图制图标准》GB/T 50103—2010 中规定，其比例采用 1∶500，1∶1000，1∶2000 等绘制，最常接触到的是 1∶500 的比例，与自然资源部门提供的地形图比例相一致。

在总平面图中，新建建筑物用粗实线表示，原有建筑物用细实线表示，预拆除的建筑物用细实线上打叉号表示，建筑物的坐标用测量坐标或者施工坐标表达，设计标高和原地面标高的关系中"－"表示挖方，"＋"表示填方，通过这些建筑专用图例，就可以清楚地表示建筑的工程性质、新旧建筑物的位置及相互关系、新建筑物的外部环境、工程的地貌、原始标高和设计标高的变化、新建建筑物的定位依据和朝向。此外还可以了解建筑的周边及配套设施、交通和绿化情况等。

（3）平面图

平面图是假想从门窗洞口略向上部位将房屋水平剖切，移走剖切面上面的部分，将剩余部分做水平正投影得到的图样，主要包括底层平面图、标准层平面图、顶层平面图和屋顶平面图，有的建筑可能还会有地下层平面图和设备层平面图。

底层平面图是房屋建筑施工图中最重要的图纸之一，应重点表达出建筑物朝向、平面布置、主要承重部位轴线分布、不同用途房间的标高、墙厚和柱断面尺寸、门窗尺寸和位置、楼梯的设置位置和进深以及上下行方向和步数、其他附属设施平面位置。在建筑平面图中有 3 道尺寸线，最里面一道尺寸线表示门窗尺寸和洞间墙尺寸；中间尺寸为轴线尺寸，即房间的开间和进深，或者柱子的间距；最外面的一道尺寸为总尺寸，是从一端外墙皮到另一端外墙皮间的尺寸。

标准层平面图与底层平面图表达内容相近，区别主要体现在房间布局的变化、墙体厚度的变化、门窗的改变、楼梯行进方向变化、雨篷和室外台阶及散水的变化、剖切符号和其他符号的变化以及材料的变化等方面。

屋顶平面图主要表示屋面排水情况、屋面细部做法、突出屋面的物体如天窗、烟囱、水箱等。

（4）立面图

立面图是表达建筑立面设计的重要图纸，是表示建筑物的外墙面特征的正投影图，立面图的命名，可以按照朝向来命名，如南立面图；也可以按照两端轴线命名，如①～⑩立面图。

立面图要表达建筑物的外部形状、各部位立面标高和尺寸、外墙面细部做法、外墙面材料和装饰做法等。立面尺寸一般也是 3 道尺寸线：最里面一道尺寸线是门窗洞口与楼地面相对位置，中间一道尺寸线为层高，最外面一道为总高度尺寸。

（5）剖面图

剖面图是将房屋垂直剖切得到的图样，表示房屋内部的分隔分层、屋顶的坡度和屋面保温隔热情况等。凡是剖切到的部位或者未被剖到但能够直接看到的部位都应表达出来。

（6）建筑详图

建筑物体量庞大，一些细小部位无法表达清楚，可以另绘制详图，详图与平、立、剖面图的联系是用索引符号链接的。详图一般包括外墙身详图、楼梯详图、门窗详图以及其他需要详细标明的部位详图等。

2.2.2　建筑施工图识图方法与步骤

首先要把设计说明书看明白，这对理解后面的图纸有很大作用。

（1）按顺序进行

拿到施工图纸后，需要根据图纸的顺序进行查看，先看建筑设计总说明，了解该建筑的基本情况、施工材料和注意事项，然后再看平面图、立面图、剖面图，最后看结构图，这样能够对整个建筑有个大致了解，从而了解设计者的思想和意图。

（2）牢记主要尺寸

施工图上有各种各样的尺寸，将所有尺寸记住具有一定难度，但对建筑物的主要尺寸，例如房屋的层高、基础尺寸、开间的进深等尺寸要牢牢记住，这样能够减少施工中所犯的错误。

（3）弄清相互关系

在看施工图纸时需要弄清每张图纸之间的联系和相互关系，将施工说明中的做法和图纸对照，同时做好洞、沟、槽等的预留，这是减少和避免差错的重要步骤。

（4）抓住重点

在看施工图时，需要抓住每张图的重点才能减少差错，再结合施工中容易出现的问题，进行纠正，例如平面图中首先看指北针，弄清房屋朝向，立面图主要记住门窗洞口标高，结构图中需要了解墙、梁、柱等设计要求。

（5）图表对照法

看施工图时，如果出现无法详细表达的表格，需要采用图表对照法，将图中的数据与表格中的数据做对照，看是否有错误。

（6）了解建筑特点

不同的建筑类型在施工特点上也有所不同，因此需要了解建筑特点，才能更快地抓住图纸的关键点。

建筑工程图，主要分两大部分，一部分是建筑方案方面的图纸，是看这座建筑的外观是什么样子的，而另外一部分是结构方面的图纸，具体到钢筋的分布和受力的合理性。

在工程开工之前，需识图、审图，再进行图纸会审工作。如果有识图、审图经验，掌握一些要点，则事半功倍。识图、审图的程序是：熟悉拟建工程的功能，熟悉、审查工程平面尺寸，熟悉、审查工程立面尺寸，检查施工图中容易出错的部位有无错误，检查有无改进的地方。

1）熟悉拟建工程的功能

图纸到手后，首先了解本工程的功能是什么，是车间还是办公楼，是商场还是宿舍。了解功能之后，再联想一些基本尺寸和装修，例如卫生间地面一般会贴地砖、做块料墙裙，卫生间、阳台楼地面标高一般会低几厘米；车间的尺寸一定满足生产的需要，特别是满足设备安装的需要等等。最后识读建筑说明，熟悉工程装修情况。

2）熟悉、审查工程平面尺寸

建筑工程施工平面图一般有3道尺寸，第1道尺寸是细部尺寸，第2道尺寸是轴线间尺寸，第3道尺寸是总尺寸。检查第1道尺寸相加之和是否等于第2道尺寸、第2道尺寸相加之和是否等于第3道尺寸，并留意边轴线是否是墙中心线。识读工程平面图尺寸，先识建施平面图，再识本层结施平面图，最后识水电空调安装、设备工艺、第二次装修施工图，检查它们是否一致。熟悉本层平面尺寸后，审查是否满足使用要求，例如检查房间平面布置是否方便使用、采光通风是否良好等。识读下一层平面图尺寸时，检查与上一层有无不一致的地方。

3）熟悉、审查工程立面尺寸

建施图一般应包括正立面图、剖立面图、楼梯剖面图，这些图有工程立面尺寸信息；建施平面图、结施平面图上，一般也标有本层标高；梁表中，一般有梁表面标高；基础大样图、其他细部大样图，一般也有标高注明。通过这些施工图，可掌握工程的立面尺寸。正立面图一般有3道尺寸，第1道是窗台、门窗的高度等细部尺寸，第2道是层高尺寸，并标注有标高，第3道是总高度。审查方法与审查平面各道尺寸一样，第1道尺寸相加之和是否等于第2道尺寸，第2道尺寸相加之和是否等于第3道尺寸。检查立面图各楼层的标高是否与建施平面图相同，再检查建施的标高是否与结施标高相符。建施图各楼层标高与结施图相应楼层的标高应不完全相同，因为建施图的楼地面标高是工程完工后的标高，而结施图中楼地面标高仅为结构面标高，不包括装修面的高度，同一楼层建施图的标高应比结施图的标高高几厘米。

熟悉立面图后，主要检查门窗顶标高是否与其上一层的梁底标高相一致；检查楼梯踏步的水平尺寸和标高是否有错，是否出现碰头现象；当中间层出现露台时，检查露台标高是否比室内低；检查卫生间、浴室楼地面是否低几厘米，若不是，检查有无防溢水措施；最后与水电空调安装、设备工艺、第二次装修施工图相结合，检查建筑高度是否满足功能需要。

4）检查施工图中容易出错的地方有无错误

熟悉建筑工程尺寸后，再检查施工图中容易出错的地方有无错误，主要检查内容如下：

① 检查女儿墙混凝土压顶的坡向是否朝内；

② 检查砖墙下是否有梁；

③ 结构平面中的梁，在梁表中是否全标出了配筋情况；

④ 检查主梁的高度有无低于次梁高度的情况；

⑤ 梁、板、柱在跨度相同、相近时，有无配筋相差较大的地方，若有，需验算；

⑥ 当梁与剪力墙同一直线布置时，检查是否有梁的宽度超过墙的厚度；

⑦ 当梁分别支承在剪力墙和柱边时，检查梁中心线是否与轴线平行或重合，检查梁

宽有无突出墙或柱外，若有，应提交设计处理；

⑧ 检查室内出露台的门上是否设计有雨篷，检查结构平面上雨篷中心是否与建施图上面的中心线重合；

⑨ 检查结构说明与结构平面、大样、梁柱表中内容以及与建施说明有无相互矛盾之处；

⑩ 单独基础系双向受力，沿短边方向的受力钢筋一般置于长边受力钢筋的上面，检查施工图的基础大样图中钢筋位置是否画错。

5）审查原施工图有无可改进的地方

主要从有利于该工程的施工、有利于保证建筑工程质量、有利于工程美观3个方面对原施工图提出改进意见。

① 从有利于工程施工的角度提出改进施工图意见

结构平面上会出现连续框架梁相邻跨度较大的情况，当中间支座负弯矩筋分开锚固时，会造成梁柱接头处钢筋太密，振捣混凝土困难，可在设计时使能连通的负筋尽量连通。

当支座负筋为通长时，就造成了跨度小梁宽较小的梁面钢筋太密，无法振捣混凝土，在保证梁负筋的前提下，保持各跨梁宽一致，只对梁高进行调整，以便于面筋连通和浇捣混凝土。

当结构造型复杂，某一部位结构施工难以一次完成时，需向设计单位确定混凝土施工缝如何留置。

露台面标高降低后，若露台中间有梁，且此梁与室内相通时，梁受力筋在降低处是弯折还是分开锚固，需提请设计单位处理。

② 从有利于建筑工程质量方面，提出修改施工图意见

当施工图上对电梯井坑、卫生间沉池、消防水池未注明防水施工要求时，可建议在坑外壁、沉池水池内壁增加水泥砂浆防水层，以提高防水质量。

③ 从有利于建筑美观方面提出改进施工图意见

若出现露台的女儿墙与外窗相接时，检查女儿墙的高度和窗台高度关系，若女儿墙高于窗台，则相接处不美观，建议设计单位处理。

检查外墙饰面分色线是否连通，若不连通，建议到阴角处收口；当外墙与内墙无明显分界线时，应与设计单位确认墙装饰延伸到内墙何处收口最为美观，外墙突出部位的顶面和底面是否同外墙一样装饰。

当柱截面尺寸随楼层的升高而逐渐减小时，若柱突出外墙成为立面装饰线条，为使该线条上下宽窄一致，建议对突出部位的柱截面不缩小。

当柱布置在建筑平面砖墙的转角位，而砖墙转角少于90°，若结构设计仍采用方形柱，可建议根据建筑平面将方形柱改为多边形柱，以免柱角突出墙外，影响使用和美观。

按照"熟悉拟建工程的功能，熟悉、审查工程平面尺寸，熟悉、审查工程的立面尺寸，检查施工图中容易出错的部位有无错误，检查有无需改进的地方"的程序和思路，有计划、全面地展开识图、审图工作。

2.3 建筑施工图的识图

2.3.1 建筑总平面图

建筑总平面图是将新建工程四周一定范围内的新建、拟建、原有和拆除的建筑物、构筑物连同其周围的地形、地物状况用水平投影方法和相应的图例所画出的工程图样，简称为总平面图或总图。建筑总平面图主要是表达了新建房屋的位置、朝向、与原有建筑物的关系，以及周围道路绿化和给水排水、供电条件等方面的情况。建筑总平面图是拟建房屋定位、施工放线、土方施工以及绘制水、电、暖等管线总平面图和施工总平面图的依据。

1. 建筑总平面图的有关规定和画图特点

（1）比例

由于建筑总平面图所包括的区域面积较大，一般都采用较小的画图比例，常用的比例有1：500、1：1000、1：2000、1：5000等。在工程实践中，由于有关部门提供的地形图一般采用1：500的比例绘制，故建筑总平面图的常用比例是1：500。

按照《总图制图标准》GB/T 50103—2010中的有关规定，建筑总平面图采用的绘图比例宜符合表2-4的规定。一个图样宜选用一种比例，铁路、道路、土方等的纵断面图，可在水平方向和垂直方向选用不同比例。

绘图比例

表 2-4

图　名	比　例
现状图	1：500、1：1000、1：2000
地理交通位置图	1：200000～1：25000
总体规划、总体布置、区域位置图	1：2000、1：5000、1：10000、1：25000、1：50000
总平面图、竖向布置图、管线综合图、土方图、铁路和道路平面图	1：300、1：500、1：1000、1：2000
场地园林景观总平面图、场地园林景观竖向布置图、种植总平面图	1：300、1：500、1：1000
铁路、道路纵断面图	垂直：1：100、1：200、1：500 水平：1：1000、1：2000、1：5000
铁路、道路横断面图	1：20、1：50、1：100、1：200
场地断面图	1：100、1：200、1：500、1：1000
详图	1：1、1：2、1：5、1：10、1：20、1：50、1：100、1：200

（2）图例

由于总平面图的绘图比例很小，图形主要是以图例的形式表示。当相关标准中所列的图例不够用时，也可自编图例，但应加以说明。在总平面图上一般应画出所采用的主要图例及其名称。

（3）图线

建筑总平面图中的图线宽度应根据图样的复杂程度和比例，按现行国家标准《房屋建筑制图统一标准》GB/T 50001—2017 中图线的有关规定选用。

（4）计量单位

建筑总平面图中的坐标、标高、距离以米为单位。坐标以小数点后 3 位数标注，不足以"0"补齐。标高、距离以小数点后两位数标注，不足以"0"补齐。详图可以用毫米为单位。

建筑物、构筑物、铁路、道路方位角（或方向角）和铁路、道路转向角的度数，宜注写到秒，特殊情况应另加说明。

铁路纵坡度宜以千分计，道路纵坡度、场地平整坡度、排水沟沟底纵坡度宜以百分计，并应取小数点后一位，不足时以"0"补齐。

（5）坐标标注

建筑总平面图中坐标的主要作用是标定平面图内各建筑物之间的相对位置及与平面图外其他建筑物或参照物的相对位置关系。一般建筑总平面图中使用的坐标有建筑坐标系和测量坐标系两种，它们都属于平面坐标系，均以方格网络的形式表示，如图 2-38 所示。

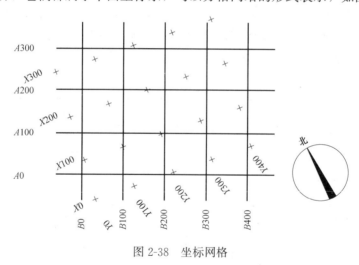

图 2-38　坐标网格

测量坐标系是与建筑地形图同比例的 50m×50m 或 100m×100m 的方格网。X 为南北方向轴线，X 的增量在 X 轴线上。Y 为东西方向轴线，Y 的增量在 Y 轴线上。测量坐标网交叉处画成十字线。

测量坐标系的原点位于大地原点（图 2-39），也称大地基准点，中华人民共和国大地原点，位于陕西省泾阳县永乐镇北流村，具体位置在：北纬 34°32′27.00″，东经 108°55′25.00″。大地原点是国家地理坐标——经纬度的起算点和基准点。大地原点是人为界定的一个点，是利用高斯平面直角坐标的方法建立的全国统一坐标系，使用的"1980 国家大地坐标系"，简称"80 系"，也称为"1980 西安坐标系"。20 世纪 70 年代，我国决定建立自己独立的大地坐标系统。通过实地考察、综合分析，最后将我国的大地原点，确定在陕西省泾阳县永乐镇北流村。

图 2-39　中国大地原点

　　建筑坐标系一般是由设计者自行制定的坐标系，两轴分别以 A、B 表示。建筑坐标系主要是在建筑物、构筑物平面两方向与测量坐标系不平行时使用。其中 A 轴相当于测量坐标系中的 X 轴，B 轴相当于测量坐标系中的 Y 轴。建筑坐标系需设计者自行选取适当位置作为坐标原点，并画垂直的细实线。如果总平面图中有两种坐标系，一般都要给出两者之间的换算公式。

　　如图 2-38 所示，建筑总平面图中的坐标网格应以细实线表示。其中，测量坐标网应画成交叉十字线，坐标代号宜用 "X，Y" 表示。建筑坐标网应画成网格通线，自设坐标代号宜用 "A，B" 表示。坐标值为负数时，应注 "－" 号；坐标值为正数时，"＋" 号可省略。

　　表示建筑物、构筑物位置的坐标应根据设计不同阶段的要求标注，当建筑物、构筑物与坐标轴线平行时，可注其对角坐标。当与坐标轴线成角度或建筑平面复杂时，宜标注 3 个以上坐标，坐标宜标注在图纸上。根据工程具体情况，建筑物、构筑物也可用相对尺寸定位。建筑物、构筑物、铁路、道路和管线等应标注以下部位的坐标或定位尺寸：

　　① 建筑物、构筑物的外墙轴线交点；

　　② 圆形建筑物、构筑物的中心；

　　③ 皮带走廊的中线或其交点；

　　④ 铁路道岔的理论中心，铁路、道路的中线或转折点；

　　⑤ 管线（包括管沟、管架或管桥）的中线交叉点和转折点；

　　⑥ 挡土墙起始点、转折点、墙顶外侧边缘（结构面）。

　　建筑总平面图中坐标的读取方法与数学中的平面坐标系的读取方法是一样的。假设已知建筑物的四角的坐标，就可通过三角关系的计算得出建筑物的长、宽或与其他建筑物的距离等。

（6）尺寸标注

建筑总平面图中尺寸标注的内容包括新建建筑物的总长和总宽；新建建筑物与原有建筑物或道路的间距；新增道路的宽度等。

（7）标高标注

建筑总平面图中标注的标高应为绝对标高，当标注相对标高时，则应注明相对标高与绝对标高的换算关系。其中绝对标高的零点在我国青岛附近黄海的平均海平面，其他各地标高都以它作为基准。

在建筑物的施工图上要注明许多标高，如果全用绝对标高，不但数字烦琐，而且不容易得出各部分的高差。因此，除总平面图外，一般都采用相对标高，即把底层室内主要地坪标高定为相对标高的零点，并在建筑工程的总说明中说明相对标高和绝对标高的关系，由建筑物附近的水准点来测定拟建工程的底层地面的绝对标高。

建筑物、构筑物、铁路、道路、水池等应按以下规定标注有关部位的标高：

① 建筑物应标注室内±0.000处的绝对标高，在一栋建筑物内宜标注一个±0.000标高，当有不同地坪标高以相对±0.000的数值标注。

② 建筑物室外散水应标注建筑物四周转角或两对角的散水坡脚处标高。

③ 构筑物应标注其有代表性的标高，并用文字注明标高所指的位置。

④ 铁路应标注轨顶标高。

⑤ 道路应标注路面中心线交点及变坡点标高。

⑥ 挡土墙应标注墙顶和墙趾标高，路堤、边坡应标注坡顶和坡脚标高，排水沟应标注沟顶和沟底标高。

⑦ 场地平整应标注其控制位置标高，铺砌场地应标注其铺砌面标高。

总平面图中的标高符号应按现行国家标准《房屋建筑制图统一标准》GB/T 50001—2017的有关规定进行标注。

（8）建（构）筑物名称和编号。

建筑总平面图上的建筑物、构筑物应注写名称，名称宜直接标注在图上。当图样比例小或图面无足够位置时，也可编号列表标注在图内。当图形过小时，可标注在图形外侧附近处。

一个工程中，整套总图图纸所注写的场地、建筑物、构筑物、铁路、道路等的名称应统一，各设计阶段的上述名称和编号应一致。

（9）地形

地面上高低起伏的形状称为地形。地形是用等高线来表示的。等高线是预定高度的水平面与所表示表面的截交线。

在总平面图中，有时为了表明复杂的地表起伏变化状态，可假想用一组高差相等的水平面去截切地形表面，画出一圈一圈的截交线就是等高线。

阅读地形图是土方工程设计的前提，因此会看地形图非常必要。地形图的阅读主要是根据地面等高线的疏密变化大致判断出地面地势的变化。等高线的间距越大，说明地面越平缓；相反等高线的间距越小，说明地面越陡峭。从等高线上标注的数值可以判断出地形是上凸还是下凹。数值由外圈向内圈逐渐增大，说明此处地形为上凸；相反数值由外圈向内圈减小，则说明此处地形为下凹。

（10）指北针或风向玫瑰图

总平面图应按上北下南方向绘制。根据场地形状或布局，可向左或右偏转，但不宜超过45°。总平面图中应绘制指北针或风向玫瑰图，由于风向玫瑰图也能表明房屋和地物的朝向情况，因此，在已经绘制了风向玫瑰图的图样上则不必再绘制指北针。在建筑总平面图上，通常应绘制当地的风向玫瑰图。没有风向玫瑰图的城市和地区，则在建筑总平面图上画出指北针。

（11）绿化规划与补充图例

以上所列的内容并不是完整的，在实际工程设计中，往往还需要完成绿化设计、规划设计和补充图例等工作。

2. 建筑总平面图识读示例

【例2-1】 如图2-40所示为某住宅小区的总平面图，位于东滨路和前海路交汇处的西南角，选用绘图比例是1∶500。图中用粗实线画出的图形分别是两栋相同的新建住宅A及6栋相同的新建住宅B的外形轮廓。细实线绘制的是原有住宅和会所的外形轮廓，以及围墙、绿化和地下车库入口等。中粗虚线绘制的是计划扩建的建筑物。

从图2-40中可知，总平面图是按上北下南的方向绘制，图中所示该地区全年最大的

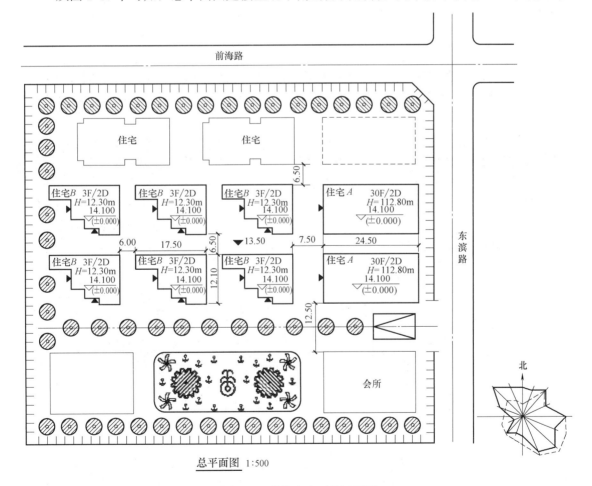

总平面图 1:500

图2-40 某住宅小区总平面图

65

风向频率为西北风和东南风，夏季最大的风向频率为东南风。新建住宅的室内地坪，标注在建筑图±0.000处的绝对标高是14.100m。室外地坪的绝对标高为13.500m，标注符号与室内标高符号是不一样的。

从图2-40中的尺寸标注可知，新建住宅A的总长为24.50m，总宽为12.10m，住宅的入口设计在西面。新建住宅B的总长为17.50m，总宽也同样为12.50m，住宅的入口设计在西面和南面。新建住宅的位置可用定位尺寸确定。定位尺寸应标注与原有建筑物的间距，新建建筑物A与其南面原有会所的间距为12.50m，与其北面原有建筑的间距为6.50m，与新建建筑物B的间距为7.50m。新建建筑物B与其北面原有建筑物的间距为6.50m，新建住宅之间的间距分别为6.00m和6.50m。

由新建建筑物的标注可知，住宅A的总高为112.80m，其中，地上30层，地下2层。住宅B总高为12.30m，其中，地上3层，地下2层。

从图2-40中可知，该小区实行了人车分流，其中地下车库出入口设计在小区的大门口处，面向东滨路。

从图2-40中还可以了解到周围环境的情况。如新建建筑物B的西南面有一待拆的房屋。小区的南面有一绿化场地，种植了常绿阔叶乔木、棕榈植物和花卉等，绿化场地中央还设计了一处喷泉。小区的南面、北面、西面和中央都种植了数量众多的常绿阔叶乔木。

2.3.2 建筑平面图

建筑平面图是房屋的水平剖面图，也就是假想用一个水平剖切平面沿门窗洞口的位置剖开整幢房屋，将剖切平面以下部分向水平投影面进行投影所得到的图样，如图2-41所示。

建筑平面图（图2-42）反映了建筑物的平面形状和平面布置，包括墙、柱和门窗以及其他建筑构配件的位置和大小。它是墙体砌筑、门窗安装和室内装修的重要依据，是施工图中最基本的图样之一。

对于多层建筑，原则上应画出每一层的平面图，并在图的下方标注图名，图名通常按层次来命名，如底层平面图或首层平面图、二层平面图等。沿底层门窗洞口切开后得到的平面图称为底层平面图。沿二层门窗洞口切开后得到的平面图称为二层平面图，依次可以

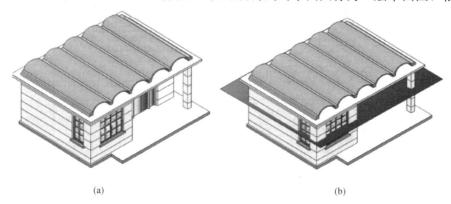

(a)　　　　　　　　　　　　　　　(b)

图2-41　建筑平面图（一）

(a) 房屋建筑立体图；(b) 沿门窗洞口水平剖切

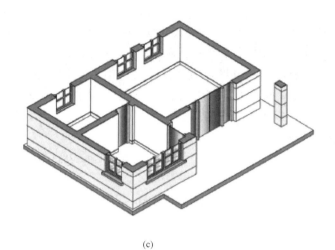

(c)

图 2-41　建筑平面图（二）

（c）剖切后的房屋建筑

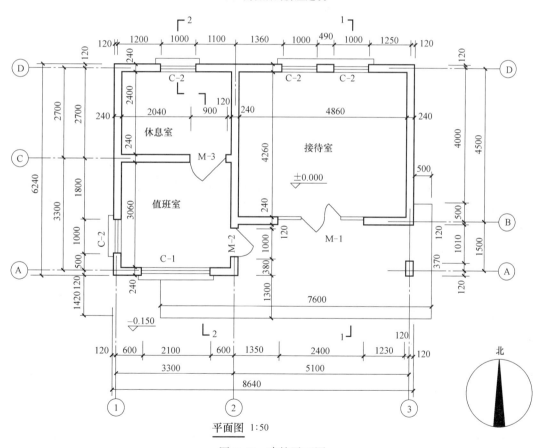

平面图 1:50

图 2-42　建筑平面图

得到三层、四层的平面图。房屋屋顶的水平投影图称为屋顶平面图，也可称为天面平面图。习惯上，如果有两层或更多层的平面布置完全相同，则可用一个平面图表示，图名为 $X \sim Y$ 层平面图，也可称为标准层平面图。

建筑平面图除了表示本层的内部情况外，还需表示下一层平面图中未反映的可见建筑构配件。底层平面图需表达室外台阶、散水、明沟和花池等，底层平面图已经表达清楚的配件如台阶等，在二层平面图中就无需重复绘制。二层平面图除表示二层的内部结构外，还需表示底层平面图中未表示的可见建筑构配件，如雨篷等。二层以上的平面图依此类推。阳台或女儿墙压顶在立面图中需要绘制清楚，但在平面图中可以省略不画。

1. 建筑平面图的有关规定和画图特点

（1）一般规定

① 平面图的方向宜与总平面图方向一致。平面图的长边宜与横式幅面图纸的长边一致。

② 在同一张图纸上绘制多于一层的平面图时，各层平面图宜按层数由低向高的顺序从左至右或从下至上布置。

③ 除顶棚平面图外，各种平面图应按正投影法绘制。

④ 建筑平面图应在建筑物的门窗洞口处水平剖切俯视，屋顶平面图应在屋面以上俯视，图内应包括剖切面及投影方向可见的建筑构造以及必要的尺寸和标高等，表示高窗、洞口、通气孔、槽、地沟及起重机等不可见部分时，应采用虚线绘制。

⑤ 建筑平面图应注写房间的名称或编号。编号注写在直径为 6mm 细实线绘制的圆圈内，并在同张图纸上列出房间名称表。

⑥ 平面较大的建筑物，可分区绘制平面图，但每张平面图均应绘制组合示意图。各区应分别用大写拉丁字母编号。在组合示意图中需提示的分区应采用阴影线或填充的方式表示。

⑦ 顶棚平面图宜采用镜像投影法绘制。

（2）比例与图例

建筑平面图的比例应根据建筑物的大小和复杂程度选定，常用比例为 1：50、1：100、1：200 等，其中使用率比较高的比例是 1：100。建筑平面图的绘图比例宜符合表 2-5 的规定。由于绘制建筑平面图的比例较小，因此，平面图内的建筑构造与配件一般用图例表示。

比例 表 2-5

图名	比例
建筑物或构筑物的平面图、立面图、剖面图	1：50、1：100、1：150、1：200、1：300
建筑物或构筑物的局部放大图	1：10、1：20、1：25、1：30、1：50
配件及构造详图	1：1、1：2、1：5、1：10、1：15、1：20、1：25、1：30、1：50

（3）定位轴线

定位轴线确定了房屋承重构件的定位和布置，同时也是其他建筑构配件的尺寸基准线。建筑平面图中定位轴线的编号确定后，其他各种图样中的轴线编号应与之相符。

（4）图线

① 建筑平面图中被剖切到的墙、柱的断面轮廓线用粗实线绘制。

② 砖墙一般不画图例，钢筋混凝土的柱和墙的断面通常涂黑表示。

③ 平面图中没有剖切到的可见轮廓线，如窗台、台阶、明沟和阳台等可用中粗实线

绘制。当绘制较简单的图样时，也可用细实线绘制。

④ 尺寸线、尺寸界限、索引符号、标高符号、详图材料做法引出线、粉刷线、保温层线、地面、墙面的高差分界线等用中实线绘制。当绘制较简单的图样时，也可用细实线绘制。

⑤ 尺寸起止符号用中粗实线绘制。

⑥ 楼梯、窗户等图例用细实线绘制。

⑦ 定位轴线用细单点长画线绘制。

平面图中图线的宽度应根据图样的复杂程度和比例，并按现行国家标准《房屋建筑制图统一标准》GB/T 50001—2017 中的有关规定选用（表 2-6）。当绘制较简单的图样时，可采用两种线宽的线宽组。

平面图中常用线型 表 2-6

名称		线型	线宽	用途
实线	粗		b	①平、剖面图中被剖切的主要建筑构造(包括构配件)的轮廓线 ②建筑立面图或室内立面图的外轮廓线 ③建筑构造详图中被剖切的主要部分的轮廓线 ④建筑构配件详图中的外轮廓线 ⑤平、立、剖面的剖切符号
	中粗		$0.7b$	①平、剖面图中被剖切的次要建筑构造(包括构配件)的轮廓线 ②建筑平、立、剖面图中建筑构配件的轮廓线 ③建筑构造详图及建筑构配件详图中的一般轮廓线
	中		$0.5b$	小于 $0.7b$ 的图形线、尺寸线、尺寸界限、索引符号、标高符号、详图材料做法引出线、粉刷线、保温层线、地面、墙面的高差分界线等
	细		$0.25b$	图例填充线、家具线、纹样线等
虚线	中粗		$0.7b$	①建筑构造详图及建筑构配件不可见的轮廓线 ②平面图中的梁式起重机(吊车)的轮廓线 ③拟建、扩建建筑物的轮廓线
	中		$0.5b$	投影线、小于 $0.7b$ 的不可见轮廓线
	细		$0.25b$	图例填充线
单点长画线	粗		b	起重机(吊车)轨道线
	细		$0.25b$	中心线、对称线、定位轴线
波浪线	细		$0.25b$	①部分省略表示时的断开界线，曲线形构件的断开界限 ②构造层次的断开界限

（5）门窗布置及编号

平面图中的门和窗均按图例绘制，门线可用 90°或 45°的中实线（或细实线）表示开启方向，入户大门、卫生间门和厨房门的门槛线可用细实线绘制。门和窗的代号分别用

"M"和"C"表示，当设计选用的门和窗是标准设计时，也可选用门窗标准图集中的门窗型号或代号来标注。门窗代号的后面都注有编号，编号用阿拉伯数字表示，同一类型和大小的门窗用同一代号和编号。为了方便工程预算、订货与加工，通常还需要绘制门窗明细表，列出该房屋所选用的门窗编号、洞口尺寸、数量、所采用的标准图集和编号等。

（6）尺寸与标高标注

建筑平面图标注的尺寸有外部尺寸和内部尺寸。

建筑平面图一般应在图形的四周沿横向和竖向分别标注互相平行的 3 道外部尺寸。其中，第 1 道尺寸是门窗定位尺寸及门窗洞口尺寸，它是与建筑物外形距离较近的一道尺寸，以定位轴为基准标注出墙垛的分段尺寸。第 2 道尺寸为轴线尺寸，它标注轴线之间的距离（即房间的开间或进深尺寸）。第 3 道尺寸为房屋建筑的总长和总宽尺寸。

除以上 3 道尺寸外，建筑平面图中还包括表示门窗洞、孔洞、墙厚、房间净空和固定设施等的大小和位置的内部尺寸。

平面图中还应标注楼、地面标高，以表明该楼、地面相对首层地面的零点标高（±0.000）的相对标高。注写的标高为装修后完成面的相对标高。

（7）指北针

指北针应绘制在建筑物±0.000 标高的平面图上，并放在明显位置，所指的方向应与总平面图一致。

（8）其他规定

① 平面图中的楼梯间是用图例按实际梯段的水平投影画出，同时还应标注"上"与"下"的关系。

② 建筑剖面图的剖切符号，如 1-1、2-2 等，应标注在首层平面图上。

③ 当平面图上某一部分另有详图表示时，应画上索引符号。

④ 对于部分用文字能表示清楚，或者需要说明的问题，可在图上用文字说明。

2. 建筑平面图识读示例

【例 2-2】 如图 2-43～图 2-46 所示为某住宅小区 B 型住宅的建筑平面图，现以首层平面图、二层平面图、三层平面图和天面平面图的顺序识读。

（1）识读首层平面图

如图 2-43 所示为该住宅的首层平面图，用 1∶100 的比例绘制。从指北针可知，该住宅坐北朝南，两个入户大门分别在南面和西面。住宅的门外有平台和台阶，屋内有客厅、餐厅、厨房、车库、卫生间和杂物间等房间。客厅和餐厅的地面标高为±0.000，车库的地面标高为－0.450，比客厅地面低 450mm。房屋的两扇入户大门外的平台标高为－0.020，比客厅地面低 20mm。室外地面的标高为－0.600，表示室内外地面的高度差为 600mm。

房屋的定位轴线以墙中和外墙面定位，横向轴线为①～⑤轴线，纵向轴线为成Ⓐ～Ⓕ轴线。房屋建筑施工图的墙与轴线的位置一般有两种情况，一种是墙中心线与轴线重合，另一种是外墙面与轴线重合。本例墙与轴线的位置包含以上两种情况。

平面图中剖切到的墙体用粗实线绘制，墙厚为 180mm。涂黑部分是钢筋混凝土柱，正方形的称为方柱，尺寸为 400mm×400mm。长方形的柱称为扁柱，其尺寸为 180mm×600mm。T 形和 L 形柱统称为异形柱。承重柱是房屋建筑的主要承重构件，其断面尺寸

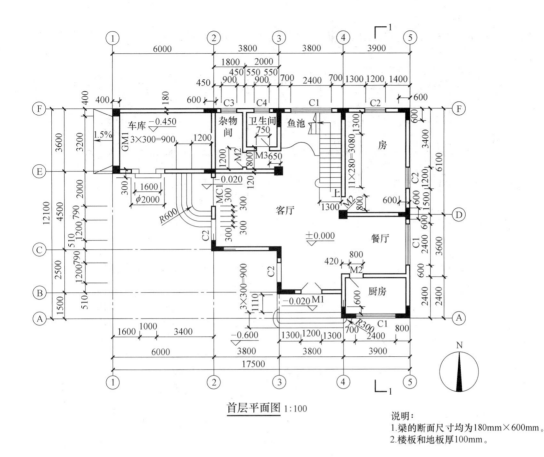

图 2-43　某住宅首层平面图

通常经受力计算分析后在结构施工图中标注。

平面图的左方和下方标注了 3 道尺寸，其中，第 1 道尺寸为细部尺寸，是门窗洞的尺寸或柱间墙尺寸等，如图 2-43 中下方的 C1 窗洞宽为 2400mm，距离⑤轴线的距离为 800mm，距离④轴线的距离为 700mm。第 2 道尺寸为定位轴线之间的尺寸，反映了房屋定位轴线的间距，其中，横向轴线之间的间距为开间，纵向轴线之间的间距为进深，如①轴和②轴的间距为 6000mm，为开间尺寸。最外的第 3 道尺寸为房屋的总体尺寸，反映了住宅的总长和总宽，本例房屋建筑总长为 17500mm，总宽为 12100mm。

卫生间外墙处的 C4 窗户图例用细实线绘制，表示为高窗，窗宽为 900mm。图 2-43 中，M1 和 MC1 入户大门外的台阶尺寸为 3×300mm＝900mm，表示该台阶每一踏面宽为 300mm，共有 3 个踏面，台阶总宽为 900mm。

客厅的北面设计了一个鱼池，鱼池的上方有一折角楼梯，由此可以通向二楼。楼梯的拐角平台距离Ｆ轴的内墙面为 1300mm，楼梯的尺寸为 11×280mm＝3080mm，表示楼梯的每一踏面宽为 280mm，共有 11 个踏面，楼梯总长为 3080mm。

图 2-43 中剖切符号 1-1 表示建筑剖面图的剖切位置。图名中"1∶100"的字高要比"首层平面图"的字高小一号。

（2）识读二层平面图

如图 2-44 所示为该住宅的二层平面图，用 1∶100 的比例绘制。与首层平面图对比，

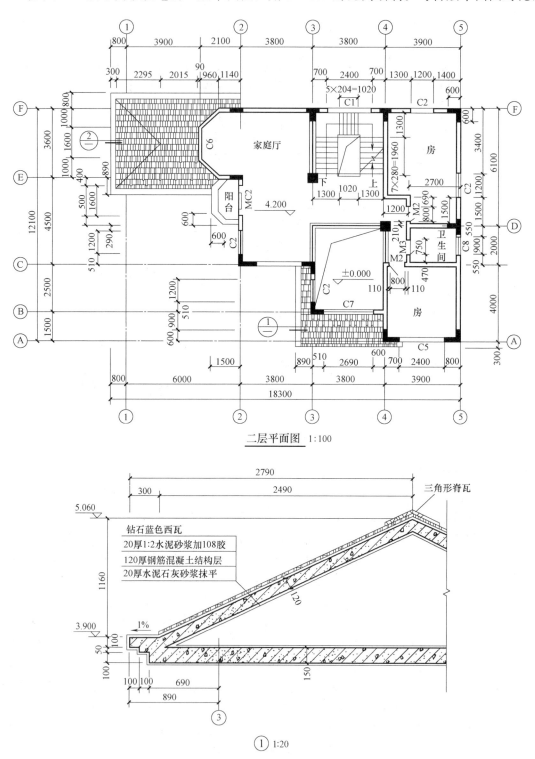

二层平面图 1:100

图 2-44　某住宅楼二层平面图（一）

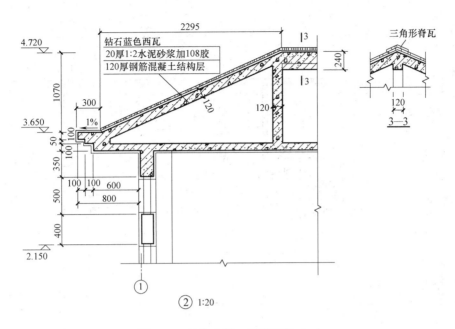

图 2-44 某住宅楼二层平面图（二）

减去了室外的台阶和指北针等附属设施，但是新增了阳台和雨篷等建筑构配件。二层平面图的室内布置有家庭厅、卫生间、房和楼梯间等。建筑的西面有阳台，阳台通过门 MC2 与家庭厅连通在一起。家庭厅和房的标高为 4.200m，这也是二层楼面标高。

楼梯的表示方法与首层平面图不同，不仅要画出本层"上"的部分楼梯踏步，还要将本层"下"的楼梯踏步画出。楼梯的形式为折角楼梯，楼梯的拐角平台距⑤轴的内墙面为 1300mm，楼梯的尺寸为 7×280mm＝1960mm，表示楼梯的每一踏面宽为 280mm，共有 7 个踏面，楼梯总长为 1960mm。拐角楼梯的尺寸为 5×204mm＝1020mm，表示楼梯的每一踏面宽为 204mm，共有 5 个踏面，楼梯总长为 1020mm。

根据建筑图例所示，⑧轴、⑩轴与③轴、④轴交汇处为坑槽结构，本例为中空的"客厅上空"，也就是说该处下面为首层的客厅，客厅的部分空间高度为两层通高，显示了该住宅的气派。

入户大门的雨篷处有索引符号，表示索引剖面详图，该详图编号为 1，画在本张图纸上，该详图详细地表达了入户大门雨篷的尺寸、构造及其做法。车库大门的雨篷处也有索引符号，表示索引剖面详图，该详图编号为 2，画在本张图纸上，该详图详细地表达了车库雨篷的尺寸、构造及其做法。两处雨篷都在平面图中绘制了建筑图例，表示其使用了钻石蓝色西瓦。

二层楼面的标高为 4.200，表示该楼层与首层地面的相对标高，即房屋建筑的首层高度为 4.200m。其他图示内容与首层平面图相同。

（3）识读三层平面图

如图 2-45 所示为该住宅的三层平面图，用 1∶100 的比例绘制。屋内布置有厅、房、楼梯间和卫生间等。西面有较大的 L 形阳台，分别通过 MC3、M3 与房、厅连通在一起。厅和房的标高为 7.800m。

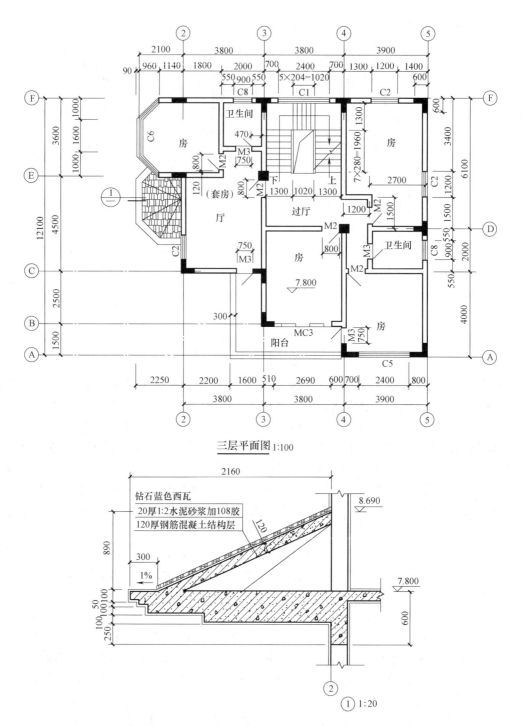

图 2-45 某住宅楼三层平面图

楼梯的表示方法与二层平面图相同,不仅要画出本层"上"的部分楼梯踏步,还要将本层"下"的楼梯踏步画出。楼梯的形式也是折角楼梯,楼梯的拐角平台距离⑥轴的内墙面为 1300mm,楼梯的尺寸为 7×280mm=1960mm,表示楼梯的每一踏面宽为 280mm,共有 7 个踏面,楼梯总长为 1960mm。拐角楼梯的尺寸为 5×204mm=1020mm,表示楼梯的每一踏面宽为204mm，共有5个踏面，楼梯总长为1020mm。

二楼阳台的上方的雨篷处有索引符号，表示索引剖面详图，该详图编号为1，画在本张图纸上，该详图详细地表达了该雨篷的尺寸、构造及其做法。该处雨篷结构在平面图中绘制了建筑图例，表示其使用了钻石蓝色西瓦。

三层楼面的标高为7.800，表示该楼层与首层地面的相对标高，因二层楼面的标高是4.200，相减后即得二层的高度为3.6m。其他图示内容与首层或二层平面图相同。

（4）识读天面平面图

如图2-46所示为该住宅的天面平面图，用1：100的比例绘制。天面平面图也可称为屋顶平面图，屋顶平面图一般都比较简单，也可以用1：200等较小的比例绘制。天面通过MC4与楼梯间连通在一起。

楼梯的表示方法与二层、三层平面图不同，仅画出本层"下"的楼梯踏步，表明楼梯只有下三层的梯段，没有往上走的梯段。楼梯的形式也是折角楼梯，楼梯的拐角平台距离Ⓕ轴的内墙面为1300mm，楼梯的尺寸为7×280mm=1960mm，表示楼梯的每一踏面宽

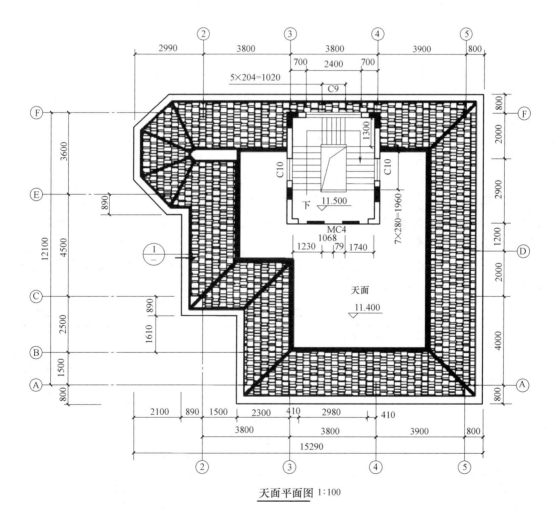

天面平面图 1:100

图2-46　某住宅天面平面图（一）

75

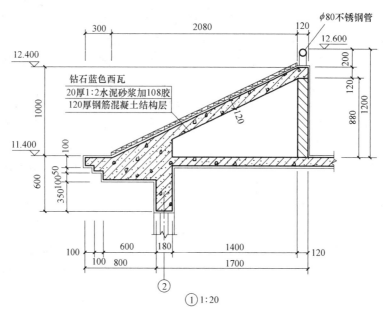

图 2-46　某住宅天面平面图（二）

为 280mm，共有 7 个踏面，楼梯总长为 1960mm。拐角楼梯的尺寸为 5×204mm＝1020mm，表示楼梯的每一踏面宽为 204mm，共有 5 个踏面，楼梯总长为 1020mm。楼梯间的标高为 11.500m，比天面高出 100mm。

坡屋面处有索引符号，表示索引剖面详图，该详图编号为 1，画在本张图纸上，该详图详细地表达了房屋檐口、女儿墙和天面的尺寸、构造及其做法。坡屋面在平面图中绘制了建筑图例，表示其使用了钻石蓝色西瓦。

天面的标高为 11.400，表示该楼层与首层地面的相对标高，因三层楼面的标高是 7.800，相减后即得三层的高度为 3.6m。其他图示内容与首层、二层或三层平面图相同。

（5）识读本例门窗表

表 2-7 门窗表列出了本例住宅楼的全部门窗的设计编号、洞口尺寸等，是工程预算、订货和加工的重要资料。例如，编号为 M1 的大门，门洞尺寸为宽 1200mm，高 3000mm。

门窗表（mm）　　　　　　　　　　　　　　表 2-7

设计编号	洞口尺寸		设计编号	洞口尺寸	
	宽	高		宽	高
M1	1200	3000	C1	2400	2400
M2	800	2100	C2	2400	2400
M3	750	2000	C3	900	2400
GM1	2890	2600	C4	900	1700
MC1	1600	2100	C5	3080	2400
MC2	1600	2100	C6	4320	2400
MC3	2690	3000	C7	2690	2400
MC4	2980	2100	C8	900	1400
			C9	2400	1600
			C10	$\phi1000$	

2.3.3 建筑立面图

建筑物是否美观，很大程度上取决于它在立面上的艺术处理，包括造型和装修是否优美等。在初步设计阶段，立面图主要是用来研究这种艺术处理的。在施工图中，它主要反映房屋的外貌、门窗形式和位置、墙面的装饰材料、做法和色彩等。

建筑立面图是在与房屋的立面平行的投影面上所做的正投影，简称为立面图。原则上东南西北每一个立面都要画出它的立面图。

有定位轴线的建筑立面图宜以该图两端的轴线编号来进行命名，如①-⑤立面图、Ⓐ-Ⓒ立面图。无定位轴线的建筑物可按平面图各面的朝向确定立面图的名称，如东立面图、南立面图等。

建筑立面图应画出可见的建筑物外轮廓线、建筑构造和构配件的投影，并注写墙面做法及必要的尺寸和标高。但由于立面图的绘图比例较小，如门窗扇、檐口构造、阳台、雨篷和墙面装饰等细部，往往只用图例表示，它们的构造和做法，一般都另有详图或文字说明。

1. 建筑立面图的有关规定和画图特点

（1）比例与图例

建筑立面图的绘图比例与建筑平面图相同，绘图比例宜符合相关规定。立面图通常采用的绘图比例有 1∶50、1∶100、1∶200 等，多用 1∶100。

（2）定位轴线

建筑立面图中一般只画出两端的定位轴线及其编号，并与平面图中的轴线编号对应。

（3）图线

为了加强建筑立面图的表达效果及其层次感，建筑立面图通常采用多种图线进行绘制。

① 建筑外形轮廓用粗实线绘制。

② 建筑立面凹凸之处的轮廓线、门窗洞以及较大的建筑构配件的轮廓线，如雨篷、阳台、台阶等均用中粗实线绘制。当绘制较简单的图样时，也可用细实线绘制。

③ 尺寸线、尺寸界限、索引符号、标高符号、详图材料做法引出线、粉刷线、保温层线、地面、墙面的高差分界线等可用中实线绘制。当绘制较简单的图样时，也可用细实线绘制。

④ 尺寸起止符号用中粗实线绘制。

⑤ 室外地坪线用特粗实线绘制。

⑥ 图例填充线用细实线绘制。

立面图中图线的宽度应根据图样的复杂程度和比例，并按现行国家标准《房屋建筑制图统一标准》GB/T 50001—2017 中的有关规定选用。当绘制较简单的图样时，可采用两种线宽的线宽组。

（4）尺寸与标高

建筑立面图宜标注室内外地坪、楼地面、地下层地面、阳台、平台、檐口、屋脊、女儿墙、雨篷、门、窗、台阶等处的标高。立面图中楼地面、地下层地面、阳台、平台、檐口、屋脊、女儿墙、台阶等处的高度尺寸及标高宜注写完成面标高及高度方向的尺寸。标高尺寸一般注写在立面图的左侧或右侧且排列整齐。立面图中有时也需要补充标注一些没有详图表示的局部尺寸，如外墙坑槽除标注标高外，还应标注其大小尺寸和定位尺寸。

（5）其他规定

① 相邻的立面图或剖面图宜绘制在同一水平线上，图内相互有关的尺寸及标高宜标注在同一竖线上。

② 室内立面图应包括投影方向可见的室内轮廓线和装修构造、门窗、构配件、墙面做法、固定家具、灯具、必要的尺寸和标高及需要表达的非固定家具、装饰物件等。室内立面图的顶棚轮廓线，可根据具体情况只表达吊平顶或同时表达吊平顶及结构顶棚。

③ 平面形状曲折的建筑物，可绘制展开立面图、展开室内立面图。圆形或多边形平面的建筑物，可分段展开绘制立面图、室内立面图，但均应在图名后加注"展开"二字。

④ 较简单的对称式建筑物或对称的构配件等，在不影响构造处理和施工的情况下，立面图可绘制一半，并应在对称轴线处画对称符号。

⑤ 在建筑立面图上，相同的门窗、阳台、外檐装修、构造做法等可在局部重点表示，绘出其完整图形，其余部分可只画轮廓线。

⑥ 在建筑立面图上，外墙表面分格线应表示清楚。应用文字说明各部位所用面材及色彩。

⑦ 建筑物室内立面图的名称，应根据平面图中内视符号的编号或字母确定。

⑧ 立面图中凡是需要绘制详图的部位都应画上索引符号。

2. 建筑立面图识读示例

【例 2-3】 识读①-⑤立面图。

如图 2-47 所示为某住宅楼的①-⑤立面图，用 1∶100 的比例绘制。该立面图是建筑

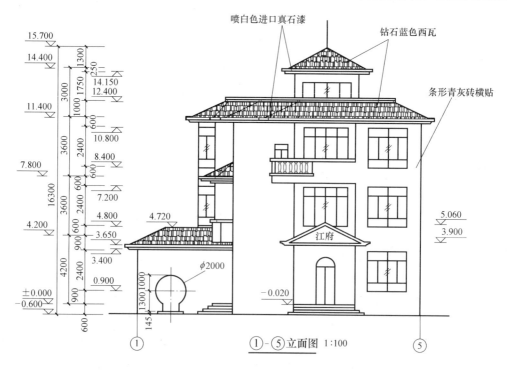

图 2-47　某住宅①-⑤立面图

物的主要立面，它反映了该建筑物的外貌特征及装饰风格。配合建筑平面图可以看出，建筑物为三层，大门在南面和西面，两扇入户大门前都有台阶，台阶踏步为4级。立面的左侧有一个从二层到三层凸出的玻璃窗户，不仅室内采光效果好，增加了房间的使用面积，也增强了建筑物的立体感。二层和三层都有阳台，阳台的上方有雨篷构筑物。屋面的女儿墙采用斜面造型，增强了建筑物的艺术效果。

立面图的左侧是车库，其侧门设计成拱门形状，拱门的上部圆弧直径为2000mm。从立面图可以看出，此房屋建筑名称为"江府"。房屋的外墙面装饰主格调采用条形青灰砖横贴，檐口喷涂白色进口真石漆，雨篷和女儿墙斜面铺贴钻石蓝色西瓦。房屋的最高处设计了避雷针，这是用来保护建筑物避免雷击的有效装置。

该立面图采用了多种线型进行绘图。房屋的外轮廓线用粗实线绘制；室外地坪线用特粗线绘制；门洞、窗洞、雨篷、台阶和阳台用中粗实线绘制；尺寸符号和标高符号用中实线绘制；门窗分隔线、阳台装饰线、避雷针、用料注释引出线和钻石蓝色西瓦建筑图例均用细实线绘制。

立面图上分别注有室内外地坪、楼面、门窗洞、雨篷、女儿墙等标高。从标高尺寸可知，该房屋室内外地面的标高差为600mm，房屋最高处的标高为15.700m，该房屋的外墙总高度为16.300m。

【例2-4】 识读Ⓕ-Ⓐ立面图。

如图2-48所示为某住宅楼的Ⓕ-Ⓐ立面图，用1∶100的比例绘制。该立面图反映了

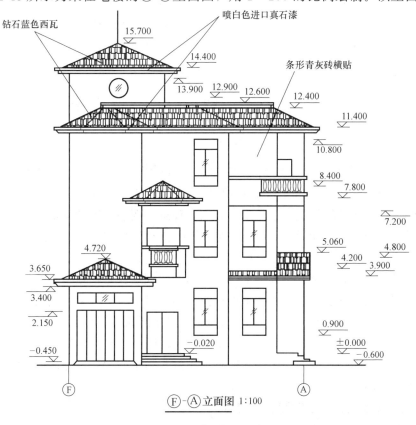

图2-48　Ⓕ-Ⓐ立面图

车库入口方向的外貌特征及装饰风格。配合建筑平面图也可看出，建筑物为三层，靠近车库的入户大门前有台阶，台阶踏步为 4 级。二层有小阳台，三层有大阳台，阳台的上方都有雨篷构筑物。

房屋的外墙面装饰主格调也采用了条形青灰砖横贴，檐口喷涂白色进口真石漆，雨篷和女儿墙斜面铺贴钻石蓝色西瓦。

该立面图也采用了多种线型进行绘图，画法同①-⑤立面图。

2.3.4 建筑剖面图

如图 2-49 所示，假想用一个或多个垂直于外墙轴线的铅垂剖切面将建筑物剖开，所得的正投影图，称为建筑剖面图，简称剖面图。剖面图用以表示房屋内部的结构或构造形式、分层情况和各部位的联系、材料及其高度等，是与平、立面图相互配合的不可缺少的重要图样之一。

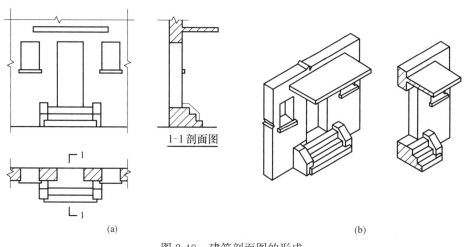

图 2-49　建筑剖面图的形成
(a) 剖面图；(b) 立体图

剖面图的数量是根据房屋的具体情况和施工实际需要而决定的。剖切面一般采用横向剖切，即平行于侧立面，必要时也可纵向剖切，即平行于正立面。

要想使剖面图达到较好的图示效果，必须合理选择剖切位置和剖切后的投射方向。剖切位置应根据图样的用途和设计深度，在平面图上选择能反映全貌、构造特征以及有代表性的部位进行剖切，并应通过门厅、门窗洞和阳台等位置。若为多层房屋，剖切位置应选择在楼梯间或层高不同、层数不同的部位。剖面图的剖切数量视建筑物的复杂程度和实际情况而定。剖面图的图名应与平面图上所标注剖切符号的编号一致，剖切符号可用阿拉伯数字、罗马数字或拉丁字母编号，如 1-1 剖面图、2-2 剖面图等。

剖面图习惯上不画基础，在基础的上部用折断线断开，室内地坪以下的基础部分，一般在结构施工图中表达。剖面图中的建筑材料图例与粉刷面层和楼地面面层线的表示原则及方法与平面图的处理相同。

1. 建筑剖面图的有关规定和画图特点

（1）比例与图例

建筑剖面图的绘图比例应与平面图、立面图一致，一般为 1：50、1：100、1：200 等比例，通常采用 1：100 的比例绘图。由于建筑剖面图的绘图比例比较小，很难将所有建筑物的细部都表达清楚，因此，剖面图的建筑构造与配件也要参照相关图例进行绘制。砖墙、钢筋混凝土构件的材料图例与建筑平面图相同。

（2）定位轴线

建筑剖面图一般只画出两端的轴线及编号，以便与平面图对照。但有时也需注出中间轴线。

（3）图线

① 被剖切到的墙身、楼面、屋面和梁的轮廓线画粗实线。

② 砖墙一般不画图例，钢筋混凝土梁、楼面、屋面和柱的断面通常涂黑表示。

③ 室内外地坪线用特粗线表示。

④ 未剖切到的可见轮廓线，如门窗洞、踢脚线、楼梯栏杆、扶手等画中粗实线。当绘制的剖面图比较简单时，也可用细实线绘制。

⑤ 尺寸线、尺寸界限、索引符号、标高符号、详图材料做法引出线、粉刷线、保温层线、地面、墙面的高差分界线等用中实线绘制。当绘制的剖面图比较简单时，也可用细实线绘制。

⑥ 图例填充线用细实线绘制。尺寸起止符号用中粗实线绘制。

⑦ 定位轴线用细单点长画线绘制。

剖面图中图线的宽度应根据图样的复杂程度和比例，并按现行国家标准《房屋建筑制图统一标准》GB/T 50001—2017 中的有关规定选用。

（4）尺寸和标高

建筑剖面图的尺寸标注与平面图一样，也包括外部尺寸和内部尺寸。外部尺寸通常分为 3 道尺寸：第 1 道尺寸为勒脚高度、门窗洞高度、洞间墙高度、檐口厚度等细部尺寸；第 2 道尺寸为层高尺寸；最外面一道尺寸称为第 3 道尺寸，表示从室外地坪到女儿墙压顶的高度，是室外地面以上的总高尺寸。这些尺寸应与立面图相吻合。内部尺寸用于表示室内门、窗、隔断、隔板、平台和墙裙等高度。

另外还需要用标高符号标出室内外地坪、各层楼面、楼梯休息平台、屋面和女儿墙压顶面等处的标高。在构造剖面图中，一些主要构件还必须标注其结构标高。剖面图中的标高尺寸有建筑标高和结构标高之分。其中建筑标高是指地面、楼面、楼梯休息平台面等完成抹面装修之后的上皮表面的相对标高。而结构标高一般是指梁、板等承重构件的下皮表面（不包括抹面装修层的厚度）的相对标高。

标注尺寸和标高时，注意要与建筑平面图、立面图相一致。

（5）其他规定

① 对于局部构造表达不清楚时，可用索引符号引出，另绘详图。某些细部的做法，如地面、楼面的做法，可用多层构造引出标注。

② 不同比例的剖面图，其抹灰层、楼地面、材料图例的省略画法，应符合以下规定：

比例大于 1：50 的剖面图，应画出抹灰层、保温隔热层等和楼地面、屋面的面层线，并宜画出材料图例。

比例等于 1：50 的剖面图，剖面图宜画出楼地面、屋面的面层线，宜绘出保温隔热层，抹灰层的面层线应根据需要而定。

比例小于 1∶50 的剖面图，可不画出抹灰层，但剖面图宜画出楼地面、屋面的面层线。

比例为 1∶200～1∶100 的剖面图，可画简化的材料图例，但剖面图宜画出楼地面、屋面的面层线。

比例小于 1∶200 的剖面图，可不画材料图例，剖面图的楼地面、屋面的面层线可不画出。

③ 楼地面、地下层地面、阳台、平台、檐口、屋脊、女儿墙、台阶等处的高度尺寸及标高宜注写完成面标高及高度方向的尺寸。

④ 标注建筑剖面图各部位的定位尺寸时，应注写其所在层次内的尺寸。

2. 建筑剖面图识读示例

【**例 2-5**】 如图 2-50 所示为本例住宅楼的建筑剖面图，图中 1-1 剖面图是按照图 2-48 首层平面图中 1-1 剖切位置绘制而成的。剖切位置通过首层的厨房、餐厅、窗洞和房，二层、三层的卫生间、窗洞和两间房，剖切后向东面进行投影得到纵向剖面图，反映了该建筑物部分内部的构造特性。

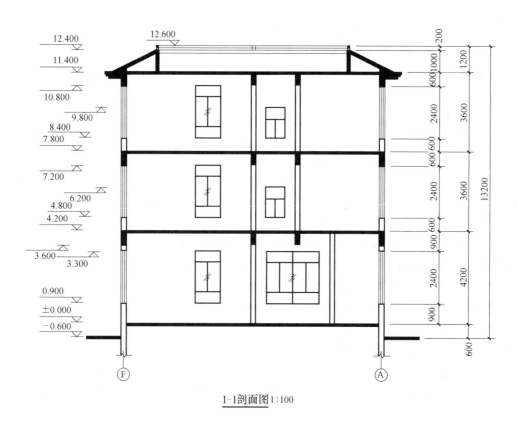

1-1剖面图 1∶100

图 2-50 某住宅建筑剖面图

1-1 剖面图的绘图比例是 1∶100，地坪线以下的基础部分不画，地梁或墙体用折断线断开，如图 2-50 所示Ⓐ轴和Ⓕ轴的位置处。剖切到的墙体用两条粗实线绘制，不画图例，表示用砖砌成。剖切到的室内外地面、楼面、屋面、梁和女儿墙坡屋面均涂黑，表示其材料为钢筋混凝土。剖面图中还画出未剖到但可见的窗和女儿墙，并标注了相应的标高尺寸。

从标高尺寸可知，住宅楼的室内外高度差为 0.6m，首层层高为 4.2m，二层、三层层高均为 3.6m，房屋总高为 13.2m。二层、三层的卫生间窗户高度为 1.4m。

从剖面图的细部尺寸可知，首层、二层和三层的大窗高为 2400mm，其中首层的窗户离地高度为 900mm，二层、三层的窗户离楼面高度均为 600mm。主梁的高度尺寸为 600mm。女儿墙的高度尺寸为 1200mm。

2.3.5 建筑详图

建筑平面图、立面图和剖面图是房屋建筑施工的主要图样，虽然它们已经将房屋的形状、结构和尺寸基本表达清楚，但由于所用的比例较小，房屋上的一些细部构造不能清楚地表示出来，如门、窗、楼梯、墙身、檐口、窗台、窗顶、勒脚和散水等。因此在建筑施工图中，除了上述 3 种基本图样外，还应当把房屋的一些细部构造，采用较大的比例（如 1∶30、1∶20、1∶10、1∶5、1∶2、1∶1 等）将其形状、大小、材料和做法详细地表达出来，以满足施工的要求，这种图样称为建筑详图，又称为大样图或节点图。

建筑详图是建筑平面图、立面图和剖面图的补充。对于套用标准图或通用详图的建筑细部和构配件，只要注明所套用图集的名称、编号或页数，则可以不再画出详图。

建筑详图所表示的细部构造，除应在相应的建筑平面图、立面图或剖面图中标出索引符号外，还需在详图的下方或右下方绘制详图符号，必要时还要注明详图的名称，以便查阅。

1. 建筑详图的分类

建筑详图是建筑施工的重要依据，详图的数量和图示内容要根据房屋构造的复杂程度而定。建筑详图可分为节点构造详图和构、配件详图两类。凡是表达房屋某一局部构造做法和材料组成的详图称为节点构造详图（如檐口、窗台、勒脚、明沟等）。凡是表明构配件本身构造的详图称为构件详图或配件详图（如门、窗、楼梯、花格、雨水管等）。一幢房屋的施工图一般需要绘制以下几种详图：外墙剖面详图、楼梯详图、门窗详图、阳台详图、台阶详图、厕浴详图、厨房详图和装修详图等。

2. 建筑详图的有关规定和画图特点

（1）比例与图名

建筑详图一般使用比较大的绘图比例进行绘图，常用的比例有 1∶50、1∶20、1∶5、1∶2 等，建筑详图的绘图比例宜符合规定。建筑详图的图名应与被索引的图样上的索引符号对应，以便对照查阅。

（2）定位轴线

在建筑详图中，一般应绘制定位轴线及其编号，以便与建筑平面图、立面图或剖面图对照。

（3）图线

① 建筑详图中的外轮廓线画粗实线。

② 建筑详图中的一般轮廓线画中粗实线。当绘制较简单的图样时，也可用细实线

绘制。

③ 建筑详图中的尺寸线、尺寸界限、标高符号、详图材料做法引出线、粉刷线、保温层线等画中实线。当绘制较简单的图样时，也可用细实线绘制。

④ 室外地坪线画特粗实线。

⑤ 图例填充线画细实线。

（4）尺寸与标高

建筑详图的尺寸标注必须完整齐全、正确无误。

（5）其他规定

① 建筑详图应把有关的用料、做法和技术要求等用文字说明。

② 楼地面、地下层地面、阳台、平台、檐口、屋脊、女儿墙、台阶等处的尺寸及标高，在建筑详图中宜标注完成面尺寸和标高。

3. 建筑详图识读示例

（1）外墙剖面详图

1）外墙剖面详图的形成

外墙剖面详图是建筑详图之一，也称为墙身大样图，它的绘图比例一般为 1：20。外墙剖面详图实际上是建筑剖面图的有关部位的局部放大图。

外墙剖面详图主要表达墙身与地面、楼面和屋面的构造连接情况以及檐口、门窗顶、窗台、勒脚、防潮层、散水和明沟的尺寸、材料和做法等构造情况，是砌墙、室内外装修、门窗安装、编制施工预算以及材料估算等的重要依据。有时在外墙剖面详图上引出分层构造，注明楼地面、屋顶等的构造情况，而在建筑剖面图中省略不标。

外墙剖面详图经常在门窗洞口断开，因此在门窗洞口处会出现双折断线，成为几个节点详图的组合。在多层房屋中，若各层的构造情况一样，可只画墙脚、檐口和中间层（含门窗洞口）3 个节点，按上下位置整体排列。有时墙身详图不以整体形式布置，而把各个节点详图分别单独绘制，也称为墙身节点详图。

在详图中，对屋面、楼层和地面的构造，一般采用多层构造说明方法来表示。

2）外墙剖面详图的图示内容

外墙剖面详图的图示内容主要包括以下 5 个方面：

① 墙身的定位轴线及编号。主要反映墙体的厚度、材料及其与轴线的关系。

② 勒脚和散水节点构造。主要反映墙身防潮做法、首层地面构造、室内外高度差、散水做法和一层窗台标高等内容。

③ 标准层楼层节点构造。主要反映标准层梁、板等构件的位置及其与墙体的联系，构件表面抹灰和装饰等内容。

④ 檐口部位节点构造。主要反映檐口部位、圈梁、过梁、屋顶泛水构造、屋面保温、防水做法和屋面板等结构构件。

⑤ 详细的详图索引符号等。

【例 2-6】 识读外墙剖面详图（图 2-51）。

如图 2-51 所示为外墙剖面详图，详图的上部是屋顶外墙剖面节点详图。从图中可知屋面的承重墙是钢筋混凝土板，上面有 20 厚的 1：3 水泥砂浆、200 厚的聚苯保温板以及 SBS 聚乙烯丙纶双面复合防水卷材等，以加强屋面的防漏和隔热。女儿墙用普通砖结构，

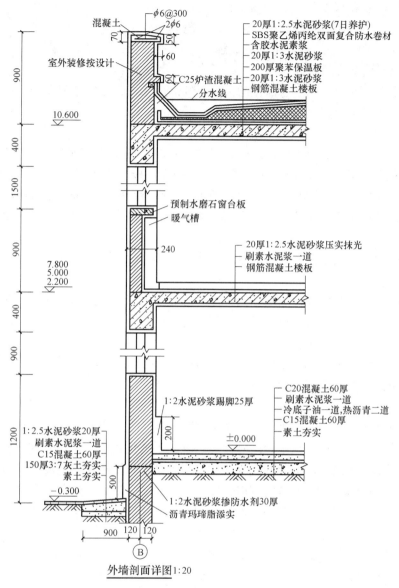

图 2-51　外墙剖面详图

压顶采用钢筋混凝土结构，女儿墙的高度为 900mm。其中压顶的高度为 70mm，女儿墙的外墙装修按照施工图的相关设计完成。屋面设计了排水用途的分水线和天沟结构。

　　详图的中间部分为楼层外墙剖面节点详图。从楼板与墙身的连接部分可知各层楼板与墙身的关系。楼板构造包括钢筋混凝土楼板、刷素水泥浆一道和 20 厚 1∶2.5 水泥砂浆压实抹光。楼板的钢筋混凝土梁的高度为 400mm。窗台距离楼面的高度为 900mm，主要使用普通砖建筑材料，还包括暖气槽、预制水磨石窗台板等构造。楼面的标高尺寸分别为 2.200，5.000 和 7.800。

　　详图的下部分为勒脚的剖面节点详图。从图中可知，室内地面为 60 厚的 C20 混凝土，其施工还包括刷素水泥浆一道、冷底子油一道、热沥青二道、60 厚的 C15 混凝土和素土夯实。室内的踢脚线采用 1：2 的水泥砂浆完成施工，踢脚线的厚度为 25mm，高度为 200mm。室外地面的散水结构在距离室内地面 300mm 处，使用了素土夯实、150 厚 3：7 灰土夯实、60 厚 C15 混凝土等完成施工，完成后的散水结构的宽度为 900mm，以防雨水或地面水对墙基础的侵蚀。

在详图中，一般都应标注各部位的标高和细部尺寸，因窗框和窗扇的形状和尺寸另有详图，故本详图可用图例简化表达。

（2）楼梯详图

楼梯是建筑物上下交通的主要设施，目前多采用预制或现浇钢筋混凝土的楼梯。楼梯主要是由楼梯段（简称为梯段）、休息平台、栏杆或栏板等组成。梯段是联系两个不同标高平面的倾斜结构，上面做有踏步，踏步的水平面称为踏面，踏步的铅垂面称为踢面。休息平台起到休息和转换梯段的作用，也简称为平台。栏板或栏杆起到围护作用，可保证上下楼梯的安全。

楼梯详图主要表示楼梯的类型、结构形式、各部位的尺寸及装修做法等，是楼梯施工放样的主要依据。

楼梯详图一般分为建筑详图与结构详图，应分别绘制并编入建筑施工图和结构施工图中。对于一些构造和装修较简单的现浇钢筋混凝土楼梯，其建筑详图与结构详图可合并绘制，编入建筑施工图或结构施工图。

楼梯的建筑详图由楼梯平面详图、楼梯剖面详图以及踏步和栏杆等楼梯节点详图构成，并尽可能地画在一张图纸内。

1）楼梯平面详图

楼梯平面详图也称为楼梯平面图，主要表明梯段的长度和宽度、上行或下行的方向、踏步数和踏面宽度、楼梯休息平台的宽度、栏杆扶手的位置以及其他一些平面形状。楼梯平面详图的形成与建筑平面图相同，最大不同之处是用较大的比例绘图（一般用 1：50 以上的比例），以便于把楼梯的构配件和尺寸详细表达。一般每一层楼都需要绘制楼梯平面详图。三层以上的房屋，若中间各层的楼梯位置及其梯段数、踏步数和大小都相同时，通常只画出首层、中间层和顶层 3 个平面图即可。

楼梯平面详图的剖切位置是在该层往上走的第一梯段的任一位置处。各层被剖切到的梯段，按照国家标准的有关规定，均在平面图中以倾斜的折断线表示，其中首层楼梯平面图中的折断符号应以楼梯平台板与梯段的分界处为起始点画出，使第一梯段的长度保持完整。在顶层楼梯剖面详图中，由于剖切平面并没有剖切到楼梯段，因此要画出完整的楼梯段。在每一梯段处应画一长箭头，并注写"上"或"下"字，表明该层楼面往上行或往下行的方向。楼梯平面详图中，梯段的上行或下行方向是以各层楼地面为基准标注的，向上者称为上行，向下者称为下行，并用长线箭头和文字在梯段上注明上行、下行的方向及踏步总数。例如，在二层楼梯平面详图中，被剖切到的梯段的箭头注写有"上"，表示从该梯段往上走可到达第三层楼面。另一梯段注有"下"，表示往下走可到达首层地面。

在楼梯平面详图中，除注明楼梯间的开间和进深尺寸、楼地面和平台面的尺寸及标高外，还需注出各细部的详细尺寸。通常用踏步数与踏步宽度的乘积来表示梯段的长度，如图 2-52 所示的楼梯首层平面图的尺寸为 12×290＝3480mm。通常 3 个楼梯平面图画在同一张图纸内，并互相对齐，这样既便于阅读，又可省略标注一些重复的尺寸。

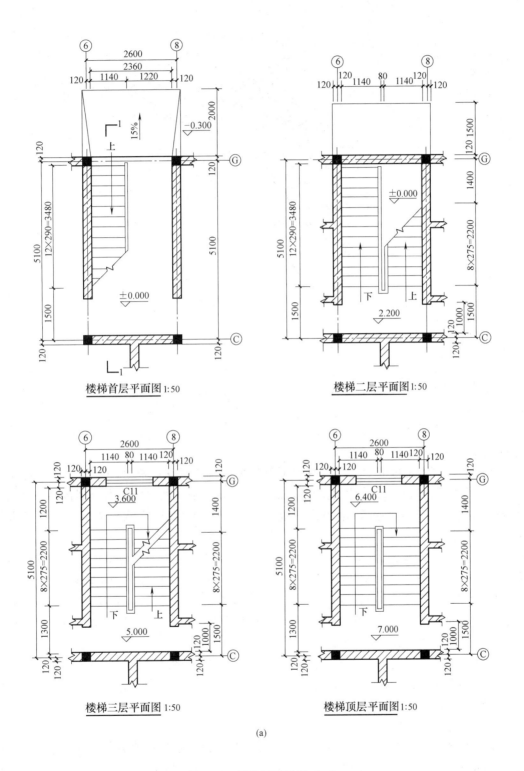

楼梯首层平面图 1:50

楼梯二层平面图 1:50

楼梯三层平面图 1:50

楼梯顶层平面图 1:50

(a)

图 2-52 楼梯平面详图（一）

（a）首层～顶层的楼梯平面详图

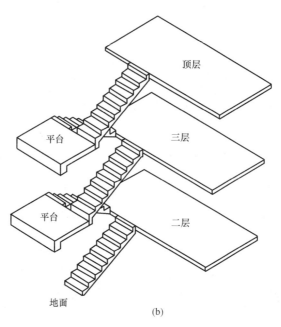

图 2-52 楼梯平面详图（二）

（b）楼梯立体参考图

如图 2-52 所示为某住宅的楼梯平面详图，从楼梯首层平面图中可知，首层到二层设有一个楼梯段，从标高 ±0.000 的地面上到 2.200 的二层楼面，共 12 个踏面，每个踏面宽为 290mm，梯段长度为 3480mm，梯段宽度为 1140mm。图中还注明了楼梯剖面详图的剖切符号，如图中的"1-1"。

从楼梯二层平面图可知，注写有"下"的梯段，表示从标高 2.200 的二层楼面下到 ±0.000 的地面。注写有"上"的梯段，表示从标高 2.200 的二层楼面上到标高 3.600 的休息平台处，共 8 个踏面，每个踏面宽为 275mm，梯段长度为 2200mm，梯段宽度为 1140mm。

从楼梯三层平面图可知，注写有"下"的梯段，表示从标高 5.000 的三层楼面经过标高 3.600 的休息平台下到标高 2.200 的二层楼面，共 8 个踏面，每个踏面宽为 275mm，梯段长度为 2200mm，梯段宽度为 1140mm。注写有"上"的梯段，表示从标高 5.000 的三层楼面上到标高 6.400 的休息平台处，共 8 个踏面，每个踏面宽为 275mm，梯段长度为 2200mm，梯段宽度为 1140mm。

楼梯顶层平面图只画有"下"的梯段，包括两端完整的梯段和休息平台，表示从标高 7.800 的顶层楼面经过标高 6.400 的休息平台下到标高 5.000 的三层楼面，每个梯段分别有 8 个踏面，每个踏面宽为 275mm，梯段长度为 2200mm，梯段宽度为 1140mm。

2）楼梯剖面详图

楼梯剖面详图也称为楼梯剖面图，它是用一假想的铅垂剖切平面，通过各层的同一位置梯段和门窗洞口，将楼梯剖开向另一未剖到的梯段方向作正投影，所得到的剖面投影图。通常采用 1∶50 的比例绘制。

楼梯的剖面详图的形成与建筑剖面图相同，它能完整、清晰地表达楼梯间内各层地面、梯段、平台和栏板等的构造、结构形式以及它们之间的相互关系。在多层房屋中，若中间各层的楼梯构造相同时，则剖面图可只画底层、中间层和顶层，中间用折断线分开。当中间各层的楼梯构造不同时，应画出各层剖面。

楼梯剖面图应能表达出楼梯的建造材料、建筑物的层数、楼梯梯段数、步级数以及楼梯的类型及其结构形式。还应注明地面、平台面、楼面等的标高和梯段、栏板的高度尺寸。梯段高度尺寸注法与楼梯平面图中的梯段长度注法相同，用梯段步级数与踢面高的乘积表示梯段高度，即"梯段步级数×踢面高＝梯段高"。

如图 2-53 所示的楼梯剖面详图的剖切位置在图 2-52 的首层楼梯平面图中，它的绘图比例为 1∶50，从该图断面的建筑材料图例可知，楼梯是一个现浇钢筋混凝土板式楼梯。

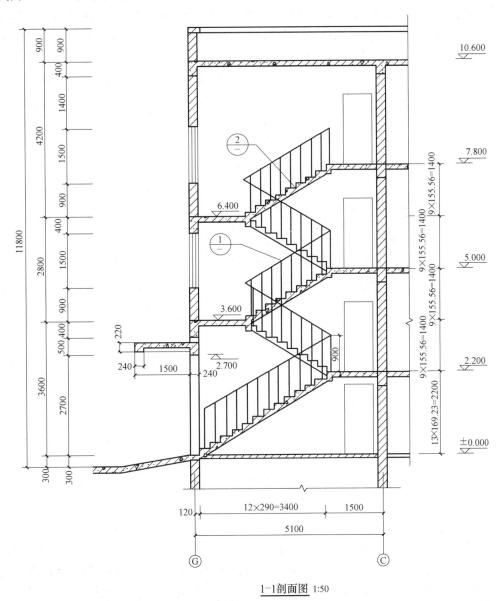

1-1剖面图 1:50

图 2-53　楼梯剖面详图

89

根据标高可知，该建筑为四层楼房，各层均由楼梯通达。其中，首层楼梯有一个梯段，其他各层均有两个梯段，被剖切到的梯段的步级数可从图中直接看出，未剖切到的梯段也可从尺寸标注中看出该梯段的步级数，如标高为 2.200 的二层楼面上到标高为 3.600 的休息平台的梯段，其尺寸为 $9 \times 155.56 \approx 1400mm$，表示步级数为 9 个，踢面高为 155.56mm，梯段高为 1400mm。栏杆高度尺寸是从踏面中间算至扶手顶面，一般为 900mm，扶手的坡度应与梯段的坡度一致。

3）楼梯节点详图

如图 2-54 所示的楼梯节点详图的索引位置在图 2-53 的楼梯剖面详图中。踏步详图②表明了楼梯踏步的截面形状、大小、材料及做法，绘图比例为 1：10。扶手详图①表明了扶手的形状、大小、材料及梯段连接的处理方法，绘图比例为 1：20。从踏步详图②中可知，踏步的宽度为 270mm，踢面高度为 156mm，楼梯栏杆使用了 $\phi16$ 的圆钢，并埋入踏步构件中，埋入构件的具体尺寸可以查阅节点详图⃝M-1。从扶手详图①中可知，扶手为木质建筑材料，其断面尺寸为 60mm×100mm，断面四周进行圆角处理，并通过 $\phi6$ 圆钢、木螺钉与楼梯栏杆连接在一起。

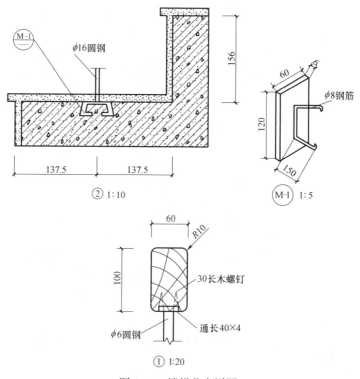

图 2-54　楼梯节点详图

（3）门窗详图

门和窗是房屋围护结构中两个重要配件，门窗按所用材料可分为木门窗、钢门窗、铝合金门窗、塑钢门窗等。房屋中常用的门窗都制订了标准图，设计时应根据实际需求优先选用标准图集中的门和窗，并只需要说明所套用的标准图集及门窗的编号，而不必另画门窗详图。

当房屋中使用自行设计的非标准门和窗时，应画出相应的门窗详图。门窗详图一般包括立面图、节点详图、断面图及五金表和文字说明等。下面以现代建筑中大量使用的铝合金门窗为例，介绍门窗详图的画法。

在建筑标准图集中没有铝合金门窗部分，这是因为铝合金型材已有定型的规格和尺寸，不能随意改变，而用铝合金型材又可以很自由地做成各种形状和尺寸的门窗。因此，绘制铝合金门窗详图，不需要绘制铝合金型材的断面图，仅画出门窗立面图，表示门窗的外形、开启方式及方向、门窗尺寸等内容。

门窗立面图的尺寸一般包括 3 类尺寸，其中第 1 类尺寸为门窗洞口尺寸，第 2 类尺寸为门窗框外包尺寸，第 3 类尺寸为门窗扇尺寸。其中门窗洞口尺寸应与建筑平面图、立面图和剖面图的洞口尺寸一致。窗框和窗扇尺寸均为成品的净尺寸。

门窗立面图上的线型，除外轮廓线用粗实线外，其余均使用细实线绘制。

如图 2-55 所示为表 2-7 中的铝合金窗详图，仅画出铝合金窗立面图，绘图比例为 1：50。设计编号为 C1 的铝合金窗，窗洞尺寸的宽度为 2400mm，高度为 2400mm，窗框外包尺寸的宽度和高度均为 2350mm，从分格情况可知，该铝合金窗为四扇窗，尺寸为宽 2350mm 和高度 1775mm，每扇窗可向左或向右推拉，上部为安装固定的玻璃。

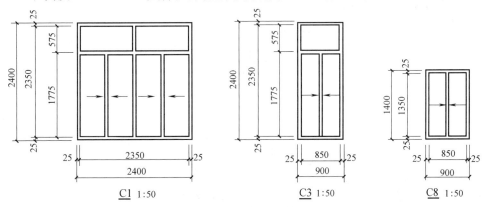

图 2-55　铝合金窗详图

设计编号为 C3 的铝合金窗，窗洞尺寸的宽度为 900mm，高度为 2400mm，窗框外包尺寸的宽度为 850mm，高度为 2350mm，从分格情况可知，该铝合金窗为两扇窗，尺寸为宽 850mm 和高度 1775mm，每扇窗可向左或向右推拉，上部为安装固定的玻璃。

设计编号为 C8 的铝合金窗，窗洞尺寸的宽度为 900mm，高度为 1400mm，窗框外包尺寸的宽度为 850mm，高度为 135mm，从分格情况可知，该铝合金窗为两扇窗，尺寸为宽 850mm 和高度 1350mm，每扇窗可向左或向右推拉。

（4）卫生间和厨房详图

卫生间和厨房是住宅中必不可少的辅助房间。卫生间和厨房详图主要用来表示厨房和卫生间的平面及空间布置，固定设备（如灶台、洗涤盆等）的布置，相对固定设备（如冰箱、洗衣机、抽油烟机等）的布置，以及设备的构造、尺寸、安装做法和装修要求等。

如图 2-56 所示的卫生间和厨房详图，厨房与餐厅通过 MC1 相通。卫生间与洗手间通过 M4 相连，它们之间用 120mm 的非承重砖墙隔开。厨房和洗手间的地面比同层的楼面低 20mm，卫生间的地面比同层楼面低 30mm，3 间房都设置了 1% 的排水坡度。厨房设

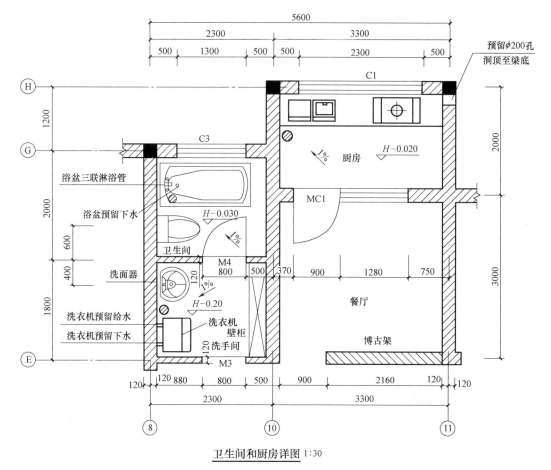

卫生间和厨房详图 1:30

图 2-56　卫生间和厨房详图

置了操作台，操作台上设置了洗菜盆和炉具，操作台的右侧墙体设置了预留 $\phi 200$ 的孔洞，作为抽油烟机的排气通道。卫生间布置了浴盆和坐便器，洗手间布置了洗面器和洗衣机等。

2.4　结构施工图的识图

2.4.1　结构施工图概述

在建筑设计中，除了画出前述的建筑施工图以外，还要根据建筑设计的要求，经过计算确定各承重构件的形状、大小以及材料和内部构造，并将结构设计的结果绘制成图样，这种图样称为结构施工图，简称结施。承重构件是指构造中用来承担主要荷载的构件，如楼板、梁、柱、墙、基础、地基都属于承重构件，如图 2-57 所示。承重构件所用的材料有钢筋混凝土、钢、木及砖石等，其中钢筋混凝土结构最为常见。

1. 结构施工图简介

结构施工图包括以下内容：

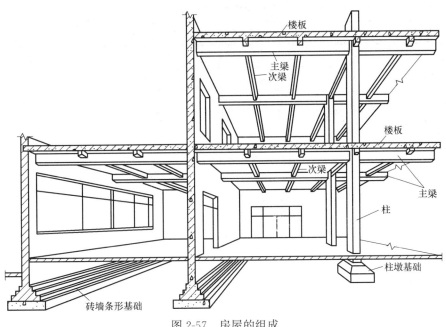

楼板
主梁
次梁
楼板
次梁
主梁
柱
柱墩基础
砖墙条形基础

图 2-57　房屋的组成

（1）结构设计说明

结构设计说明包括选用结构材料的类型、规格、强度等级，抗震设计与防火要求，以及施工方法和注意事项等。很多设计单位已把上述内容详列在一张"结构说明"图纸上，供设计者勾选。

（2）结构平面图

结构平面图包括基础平面图、楼层结构平面图、屋面结构平面图等。

（3）构件详图

构件详图包括梁、板、柱及基础结构详图，楼梯结构详图和屋架结构详图等。

结构施工图是施工放线、开挖基坑、构件制作、结构安装、计算工程量、编制预算和施工进度的依据。民用建筑一般都是采用钢筋混凝土梁板与承重砖墙混合结构。

2. 常用结构构件代号

房屋结构的基本构件，如梁、板、柱等种类繁多，布置复杂，为了图示简明扼要，并把构件区分清楚，便于制表、查阅和施工，国家标准对常用构件分别规定了代号。常用构件的名称和代号见表 2-8。

预应力钢筋混凝土构件的代号应在上列构件代号前加注"Y-"，如 Y-DL，表示预应力钢筋混凝土吊车梁。

3. 钢筋混凝土简介

混凝土是由水泥、砂子、石子和水按一定比例搅拌而成的建筑材料，凝固后坚硬如石。混凝土受压性能好，但受拉性能差，容易因受拉而断裂。为了避免混凝土因受拉而损坏，充分发挥混凝土的受压能力，常在混凝土中配置一定数量的钢筋，使其与混凝土结合成一个整体，共同承受外力，这种配有钢筋的混凝土称为钢筋混凝土。

梁、板、柱、基础、楼梯等钢筋混凝土构件通常是在施工现场直接浇制，称为现浇钢

名称	代号	名称	代号
板	B	屋架	WJ
屋面板	WB	框架	KJ
楼梯板	TB	钢架	GJ
盖板或沟盖板	GB	支架	ZJ
墙板	QB	柱	Z
梁	L	框架柱	KZ
框架梁	KL	基础	J
屋面梁	WL	桩	ZH
吊车梁	DL	梯	T
圈梁	QL	雨篷	YP
过梁	GL	阳台	YT
连系梁	LL	预埋件	M-
基础梁	JL	钢筋网	W
楼梯梁	TL	钢筋骨架	G

筋混凝土构件。如果这些构件是预先制好运到工地安装的，称为预制钢筋混凝土构件。还有一些构件，制作时通过张拉钢筋对混凝土预加一定的压力，以提高构件的抗拉和抗裂性能，称为预应力钢筋混凝土构件。

（1）混凝土强度等级和钢筋等级

按照《混凝土结构设计规范》GB 50010—2010（2015 年版）规定，普通混凝土划分为 14 个等级，即 C15、C20、C25、C30、C35、C40、C45、C50、C55、C60、C65、C70、C75、C80，数字越大表示抗压强度越高。

（2）钢筋的分类和作用

配置在钢筋混凝土中的钢筋，按其作用可分为以下 4 种（图 2-58）：

① 受力筋：构件中主要受力的钢筋，用于梁、板、柱等各种钢筋混凝土构件。

② 箍筋（钢箍）：承受一部分斜拉应力，并固定受力筋的位置，多用于梁和柱内。

③ 架立筋：用以固定梁内箍筋位置，与受力筋、箍筋一起构成钢筋骨架。

④ 分布筋：用于屋面板、楼板内，与板的受力筋垂直布置，将承受的荷载均匀地传给受力筋，并固定受力筋的位置，与受力筋一起构成钢筋网。

（3）钢筋的保护层和弯钩

为了保护钢筋，防腐蚀、防火以及加强钢筋与混凝土的黏结力，在构件中的钢筋外面要留有保护层，如图 2-58 所示。梁、柱的保护层最小厚度为 25mm，板和墙的保护层厚度为 10～15mm。保护层的厚度在结构图中不必标注。

为使钢筋与混凝土之间具有良好的黏结力，避免钢筋在受拉时滑动，应在光圆钢筋两端制成半圆弯钩或直弯钩。弯钩的形式与简化画法如图 2-59 所示。带肋钢筋与混凝土的黏结力强，两端不必弯钩。

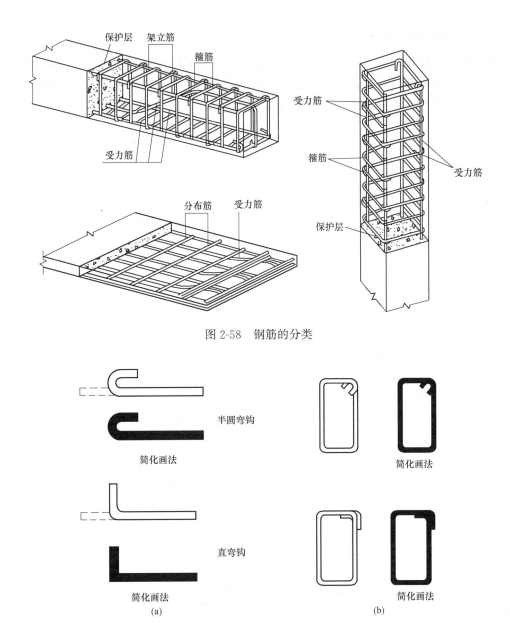

图 2-58　钢筋的分类

图 2-59　钢筋和箍筋的弯钩

（a）钢筋的弯钩；（b）箍筋的弯钩

（4）钢筋混凝土结构图的图示特点

为了突出表示钢筋的配置情况，在结构施工图上，假想混凝土为透明体，用细实线画出构件的外形轮廓，用粗实线或黑圆点（钢筋的断面）画出内部钢筋，图内不画材料图例。这种能反映构件钢筋配置的图样，称为配筋图。配筋图一般包括平面图、立面图和断面图，有时还要列出钢筋表。如果构件形状复杂，且有预埋件时，还要另画构件外形图，即模板图。

2.4.2 基础结构施工图

基础是建筑物地面以下的承重构件，它承受上部建筑的荷载并传给地基。基础的形式与上部建筑的结构形式、荷载大小以及地基的承载力有关。一般建筑常用的基础形式有条形基础、独立基础、筏板基础等，如图 2-60 所示。

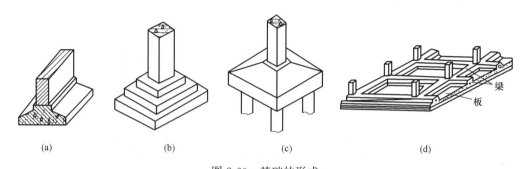

图 2-60 基础的形式

（a）条形基础；（b）独立基础；（c）独立基础；（d）筏板基础

下面以条形基础为例，介绍与基础有关的一些基本知识，如图 2-61 所示。位于基础底下的天然土壤或经过加固的岩土层垫层，称为地基。基坑是为基础施工而开挖的土坑，基础底面与土坑面之间往往铺设一层垫层，以找平坑面，砌筑基础。埋入地下的墙称为基础墙。为了满足地基承载力的要求，把基础底面做得比墙身宽，呈阶梯形逐级加宽，因基础底面比墙身宽，故称为大放脚。防潮层是防止地下水沿墙体向上渗透的一层防潮材料。

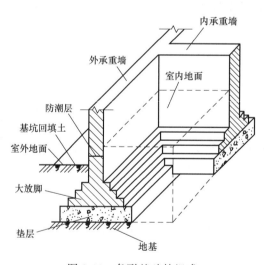

图 2-61 条形基础的组成

在房屋建筑施工过程中，首先要施工放线（即用石灰石定出房屋的定位轴线，墙身线，基础底面长、宽线），然后开挖基坑和砌筑基础。这些工作都要根据基础平面图和基础详图来进行。

1. 基础平面图

（1）图示方法及概念

基础平面图是一个水平剖面图。它是假想用一个水平面沿房屋室内地面以下（即基础墙处）把整幢房屋剖开后，移去房屋上部和基坑回填土（使整个基础裸露）后所作的水平剖面图，它是表示基础平面整体布置的图样。图 2-62 为某宿舍钢筋混凝土条形基础平面图。

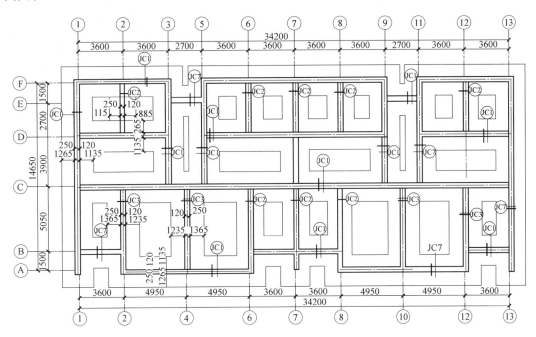

图 2-62　某宿舍基础（条形基础）平面图

基础平面图（以条形基础为例）所需表达的内容主要如下：

画出墙身线（属于剖切到的，用粗实线表示）和基础底面线（属于未剖切到但可见的轮廓线，用中实线表示）的投影。其他细部如大放脚等均可省略不画。

画出定位轴线及编号，标注两道定位尺寸。外道尺寸为最左轴线至最右轴线长度；内道尺寸为轴间尺寸。它们必须与建筑平面图保持一致。

注出基础的定型和定位尺寸。基础底面的宽度尺寸可以在基础平面图上直接注出，也可以在相应的基础断面图中查找各道不同的基础底面宽度尺寸。

注出基础编号、剖面图详图剖切符号。

标注文字说明。为便于绘图和读图，基础平面图可与相应的建筑平面图取相同的绘图比例。

（2）图示内容及读图

由图 2-62 可知，基础的断面位置注出了剖切符号，并加了标记代号，如 JC1。以轴线①为例，图中注出了左、右墙边到轴线的定位尺寸分别为 250，120（墙厚 370），基础底左、右边到轴线的定位尺寸为 1265，1135。绘图比例为 1∶100，横向轴线有①～⑬，纵向轴线有Ⓐ～Ⓕ，外围标注了两道尺寸。

2. 基础详图

基础详图主要表明基础各部分的构造和详细尺寸，通常用垂直剖面图表示。如

图 2-63 所示为图 2-62 中 JC1 的基础断面图，此基础为钢筋混凝土条形基础。基础详图包括基础的垫层、基础、基础墙（包括大放脚）、防潮层的材料和详细尺寸以及室内外地坪标高和基础底部标高。

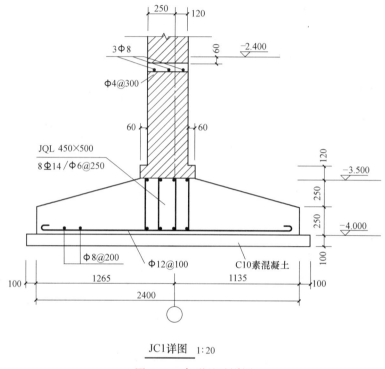

JC1详图 1:20

图 2-63　条形基础详图

详图采用的绘图比例较大，如 1∶20、1∶10 等。因此，墙身部分应画出砖墙的材料图例。基础部分由于要画出钢筋的配置，因此不再画出钢筋混凝土的材料图例。

详图的数量取决于基础构造形式的变化，凡不同的构造部分都应单独画出详图，相同部分可在基础平面图上标出相同的编号，只画出一个详图即可。条形基础详图一般只用一个断面图表达即可。对于比较复杂的独立基础，有时还要增加一个平面图才能完整地表达清楚。

如图 2-63 所示，从地下室室内地坪－2.400 到－3.500 为基础墙体（其中包含 120mm 高的大放脚），墙厚分两部分，大放脚处墙厚 490mm，大放脚以上墙厚 370mm。在距室内地坪－2.400 以下 60mm 处，为防止地下水的渗透，设有 C20 防水混凝土的防潮层，并配有纵向钢筋 3Φ8 和横向分布筋 Φ4@300。从－3.500 到－4.000 为钢筋混凝土基础，在基础底部配有一层 Φ12@100 的受力筋和 Φ8@200 的分布筋。基础内部还放置了基础圈梁，其截面尺寸为 450mm×500mm。基础底部是 100mm 厚的 C10 素混凝土垫层。

2.4.3　楼层结构平面图

房屋建筑的结构平面图是表示建筑物各承重构件平面布置的图样，除了基础平面图以外，还有楼层结构平面图、屋面结构平面图等。一般民用建筑的楼层和屋盖都是采用钢筋混凝土结构，由于楼层和屋盖的结构布置与图示方法基本相同，因此本节仅介绍楼层结构平面图。

1. 概述

楼层结构平面图是假想将房屋沿楼板面水平剖开后所得的水平剖面图，用来表示房屋中该楼层的梁、板、柱、墙等承重构件的平面布置情况或现浇楼板的构造与配筋，以及它们之间的结构关系。这种图为现场制作或安装构件提供施工依据。对多层建筑，一般应分层绘制布置图。但当一些楼层构件的类型、大小、数量、布置均相同时，可只画一个平面图，并注明"×层～×层"或"标准层"的楼层结构平面图。

楼层结构平面图主要包括以下内容：

① 标注出与建筑图一致的轴线网及轴线间尺寸，墙、柱、梁等构件的位置和编号。

② 在现浇楼板的平面图上，画出钢筋配置。

③ 注明圈梁或门窗洞过梁的编号。

④ 注出梁和板的结构标高。

⑤ 注出有关剖切符号或详图索引符号。

附注说明各种材料强度等级，板内分布筋的代号、直径、间距或数量等。

2. 楼层结构平面图识读示例

【例 2-7】 如图 2-64 所示为某教学楼二层结构平面图（局部），图中虚线表示被楼板

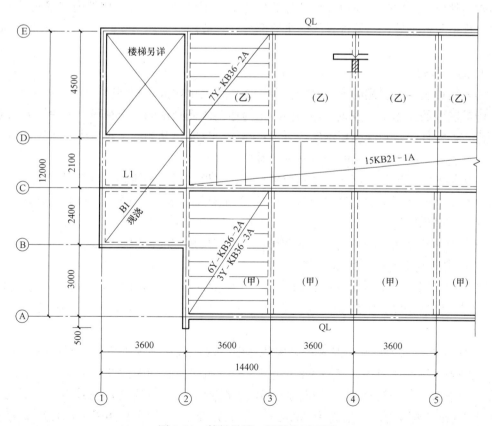

图 2-64 某教学楼二层结构平面图

遮住的墙身，粗点画线表示梁（L），墙身中间与墙身中心线重合的细点画线表示圈梁（QL），图中画有交叉对角线处为楼梯间。从图中可以看出，该教学楼为砖墙承重和钢筋混凝土梁板的混合结构。楼板除①、②和⑧、①线之间为现浇制作部分外，其余全部采用预制楼板构件。预制楼板直接注出代号、数量和规格，现浇楼板和楼梯间一般另画详图，下面仅介绍预制楼板标注的含义。

如图 2-64 所示，轴线②以右全部铺设的是预应力钢筋混凝土空心板，其标注方法是用细实线画一对角线，在对角线上标注板的代号、规格和数量等。图中显示了甲房和乙房铺设的是两种不同规格的预制板。甲房铺设的预制板是 6Y-KB36-2A/3Y-KB36-3A，乙房铺设的预制板是 7Y-KB36-2A，走廊铺设的预制板是 15KB21-1A。关于预制空心板的标注形式在各地区通用图集中均不相同，选用时必须注意。

2.4.4 钢筋混凝土构件详图

钢筋混凝土有定型和非定型两种。定型的预制或现浇构件可直接引用标准图或通用图，只需在图纸上写明选用构件所在标准图集或通用图集的名称、图集号即可。非定型的构件则必须绘制构件详图。

1. 图示内容及作用

钢筋混凝土构件详图一般包括模板图、配筋图、预埋件详图及钢筋表等。模板图主要表示柱的外形、尺寸、标高以及预埋件的位置等。配筋图着重表示构件内部的钢筋配置、形状、规格及数量等，是构件详图的主要部分，一般用平面图、立面图、断面图和钢筋表表示。

2. 图示方法

一般构件主要绘制配筋图，对较复杂的构件才画出模板图和预埋件详图。

配筋图中的立面图是假想构件的混凝土为透明体而画出的一个视图，其中钢筋用粗实线画出，而构件的轮廓线则用细实线表示；箍筋只反映出其侧面，投射成一条线，当箍筋的类型、直径、间距均相同时，可只画出其中一部分。

在构件的断面形状或钢筋数量和位置有变化之处，通常都需画一断面图（但不宜在斜筋段内截取断面）。不论钢筋的粗细，图中钢筋的横断面都用相同大小的黑圆点表示，构件的轮廓线画细实线。

立面图和断面图都应注出一致的钢筋编号和留出规定的保护层厚度。

3. 钢筋混凝土梁构件详图

梁构件详图一般包括立面图、断面图。梁的立面图主要表达梁的轮廓尺寸、钢筋位置、编号及配筋情况；梁的断面图主要表达梁的截面尺寸、形状，箍筋形式及钢筋的位置、数量。

如图 2-65 所示为一钢筋混凝土梁构件详图，内容包括配筋立面图、断面图、钢筋详图、钢筋表（钢筋详图与钢筋表两者可选其一）。从立面图和断面图中可知，①号钢筋配置在梁的下部，②号钢筋配置在梁的上部，还配置了两根弯钢筋，编号为③，箍筋$\phi 8$，间距 100mm，编号为④，梁高为 550mm，梁宽为 300mm。钢筋详图主要表达了梁中钢筋的长度尺寸，如①号钢筋总长为 5970mm。

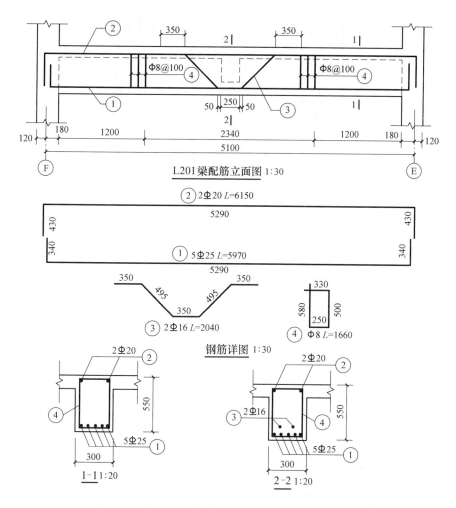

图 2-65　钢筋混凝土梁构件详图

4. 钢筋混凝土板构件详图

钢筋混凝土板构件详图一般可绘在建筑平面图上，通常只用一个平面图表示。它主要表示板中钢筋的直径、间距、等级、摆放位置等情况。

如图 2-66 所示为某钢筋混凝土板配筋图，按《建筑结构制图标准》GB/T 50105—2010 的规定，底层钢筋弯钩应向上或向左，顶层钢筋弯钩应向下或向右。由图可知，③、④号钢筋配置在板的底部，③号钢筋直径为 8mm，间距 200mm；④号钢筋直径为 6mm，间距 150mm。①、②号钢筋配置在板的顶层，①、②号钢筋规格相同，均为一级钢筋，直径 8mm，间距 200mm。

5. 钢筋混凝土柱构件详图

钢筋混凝土柱是房屋建筑结构中主要的承重构件，其构件详图一般包括立面图和断面图。柱立面图主要表达柱的高度尺寸、柱内钢筋配置及搭接情况；柱断面图主要表达柱的截面尺寸、箍筋的形式和受力筋的摆放位置及数量。断面图剖切位置应选择在柱的截面尺寸变化及受力筋数量、位置变化处。

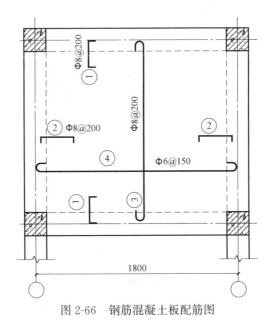

图 2-66　钢筋混凝土板配筋图

如图 2-67 所示为某住宅楼钢筋混凝土构造柱（GZ）的详图。立面图显示柱高为

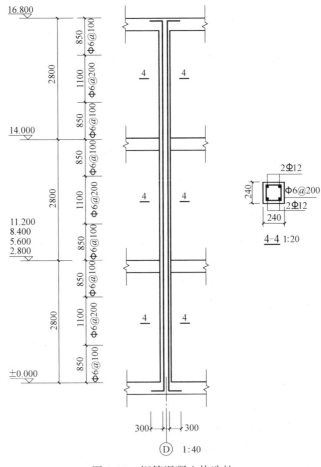

图 2-67　钢筋混凝土构造柱

16.8m，柱的截面尺寸为 240mm×240mm，柱中配有 4 根 ϕ 12 的竖向钢筋，同时配有直径 6mm 的钢筋，钢筋间距包括 100mm 和 200mm 两种。

复习思考题

2-1　简述建筑物的组成及其作用。

2-2　简述门窗的分类及基本设计要求。

2-3　简述建筑工程图的类型及其特点。

2-4　简述建筑总平面图中所用到的图线及其用途。

2-5　建筑平面图、立面图和剖面图中的图线应用有哪些具体规定？

2-6　分别绘制首层、中间层和顶层楼梯图例。

2-7　简述建筑平面图、立面图和剖面图的绘图步骤。

第3章 建筑工程拆除施工方案

本章学习目标

在 3.1 节，学生可以详细地了解人工拆除、爆破拆除、机械拆除；3.2 节是 3 种方法的前期准备工作，包括技术上、设备上、劳动力上的准备等；3.3 节主要内容是人工拆除、爆破拆除、机械拆除、爆破和机械结合的详细的施工设计；3.4 节主要内容是拆除方案后的管理工作。

重点掌握：人工拆除、爆破拆除、机械拆除的施工前准备、施工方案。

一般掌握：这 3 种方法的概述以及特点。

本章学习导航

本章学习导航如图 3-1 所示。

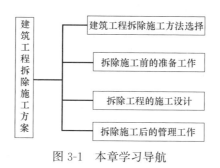

图 3-1 本章学习导航

3.1 建筑工程拆除施工方法选择

在建筑工程拆除施工中，不同特点的建筑物所应用的拆除方法是不一样的。不同的拆除方法所带来的拆除效果也是不一样的，现有的拆除方法有人工拆除法、爆破拆除法、机械拆除法 3 种方法，以下对这 3 种方法进行详细概述。

3.1.1 人工拆除法

1. 人工拆除的概念及适用范围

人工拆除是指只依靠手工加上一些简单的工具（如钢钎、锤子、风钻、手扳葫芦、钢丝绳等），主要靠锤敲、棍撬，凭体力对建（构）筑物实施解体、破碎以达到拆除的目的，采取人力拆除、人力接运的拆除方法（图 3-2）。它可适用于木结构、砖木结构、一定高度以下混合结构的民用和公共建筑物（因地方规定不同，其适用高度也不一样，比如上海地区规定采用人工拆除，只能拆除高度在 10m 以下的混合结构和砖木结构等民用建筑物）。这是最原始、最常见的施工方法，目前这种方法在房屋等建筑拆除中仍然占有重要的地位。但随着拆除对象逐步向框架结构、高层建筑过渡，以及对拆除施工安全要求的不断提高，人工拆除方式将逐步被其他高科技方法所取代。

图 3-2　人工拆除

2. 人工拆除法的特点及工作流程

（1）人工拆除法的特点

人工拆除的特点主要是用人工和简单的工具对建筑物或构筑物进行拆除、解体和破碎。拆除时间较长、速度较慢，拆除操作人员劳动强度较高，安全危险性较高，同时需要搭设一定数量的脚手架和设置相应的垂直运输设备。其优点是对可利用的拆除物资损伤较小，对周围的影响也较小。适用于拆除施工现场较小、不适于机械和爆破方法拆除的工程。

（2）人工拆除法的工作流程

砖木结构人工拆除作业流程如图 3-3 所示。

砖混结构人工拆除作业流程如图 3-4 所示。

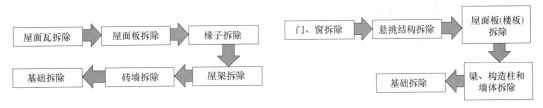

图 3-3　砖木结构人工拆除作业流程　　　　图 3-4　砖混结构人工拆除作业流程

拆除施工应是建造施工的逆顺序，只有认真贯彻逆顺序施工，才能确保施工的安全作业。拆除步骤可简单归纳成两句话：自上而下，高者在先；先次后主，闲者优先。"自上而下，高者在先"说明拆除物的上下关系，要求房屋拆除自上而下逐层进行，而拆除脚手架、楼梯、栏杆等与拆除楼层同步进行，严禁从下往上先拆除预制板，严禁预先拆除外廊、楼梯及栏杆。"先次后主，闲者优先"说明拆除物的同层中各构件的关系，例如楼板、梁、柱等。"主"是指该构件除承担本身自重外，还承担其他构件重量；"次"是指该构件除本身自重外不承担其他构件的重量。"先次后主"就先拆不承重的构件，该构件拆除后支撑它的主要构件就变成次要构件了。因此，随着拆除工作的进行，主要构件不断变成次要构件，能拆除的永远是处于次要地位的构件。

3. 人工拆除的方法

拆除施工中，必须同时考虑搭设溜放槽和设置垃圾井道，这样有利于拆卸材料的完整，以便回收利用，也能防止伤及人员与杜绝环境污染，确保安全施工。

（1）搭设溜放槽的方法

支撑架采用直径不小于 10cm 的圆木，或 5 号以上的槽钢（图 3-5），或 7 号以上的角钢，或外径 50mm 的钢管。

图 3-5　槽钢

溜放槽的上口高度与工作面相平，下口离地面不超过 2m。

溜放槽和地面的角度不大于 45°。

溜放槽上、下两个口要做密封性防护，用来防止尘土外扬。

（2）垃圾井道的设置

楼板上的垃圾井道（图 3-6）不允许开口太大、太多。对现浇的楼板，直径不大于 1.5m，每跨不多于一个洞；预制楼板不大于两块预制板的大小，每跨不得多于一个洞，千万不能为了图方便，到处乱开洞，造成楼板的塌落。对于井道洞口、临边必须采取围挡封闭措施。

图 3-6　垃圾井道

（3）拆除门窗

用风镐或锤子等简单工具把门窗周围的混凝土打掉，将门窗用绳子拉倒抬走，归堆即可。

安全要求：拆除窗户时要在窗外悬挂防护物（如旧地毯），以防止混凝土块飞出伤人或毁物（图3-7）。

图3-7　拆除门窗

（4）拆除屋面瓦

揭瓦时人要斜坐在屋面板上，从下往上3～5片为一手，采用排队接力的方法传到地面堆放在指定地点。

安全要求：屋面很陡的时候要系安全带，并带扫帚随时把屋面垃圾扫清，防止滑倒。揭屋面板的石棉瓦时，最好用人字梯在下方把瓦的固定钩剪断，再从下方将瓦顶起叠在下一张上，以此类推，直到最后回收到地面，堆放在指定地点，严禁站在屋梁上揭石棉瓦，以防失足踩碎石棉瓦面跌伤。

（5）拆除屋面板

拆除屋面板要用钩形的带起钉槽的扁头撬杠，将固定钉撬松、拔掉，板可自由下落到下一层。

安全要求：人要站在屋面板上边向后退边拆除，下层不允许有人进出或作业。

（6）拆除楼板

楼板分为木质（图3-8）、预制（图3-9）、现浇（图3-10）3种。

图3-8　木质楼板

图 3-9　预制楼板

图 3-10　现浇楼板

木质楼板的拆除方法和要求与屋面板相同。

预制楼板应采用粉碎性拆除法。拆除时，作业人员宜站立在木挑板上，木挑板两端应搁置在墙体或梁上。

现浇楼板具有较强的整体性、较高的钢含量及较薄的结构，因此现浇钢筋混凝土楼板应采用粉碎性拆除法。楼板被锤击粉碎后，宜暂时保留钢筋网，钢筋网的切割应在钢筋混凝土梁拆除前。

安全要求：对改扩建的建筑物要识别真假现浇楼板，有些楼板看上去像现浇楼板，实际上是一块大实心预制楼板搁在框架上，对此板只能作为预制楼板，不能当现浇楼板拆除。对现浇楼板允许从下层开始往上做粉碎性拆除，保留钢筋网到拆至该层时再气割。及时清理残留在钢筋网上的混凝土块，以防其下落伤人。

（7）拆除梁体

梁按材料分为木梁、钢梁、混凝土梁几种；在结构上分为纵梁、连系梁、主梁、人字梁。

① 木桁条的拆除：当屋面板拆除以后，自上而下用撬杠一根一根把桁条从承重墙或人字梁上撬松，两头系好绳子，慢慢放到下一层楼板上。

安全要求：不允许把撬松的桁条任意甩下去，以防破坏下层楼板。

② 人字梁的拆除：人字梁无论质地如何，拆除时在顶端系好一根两面拉的绳子。把人字梁的支撑端处理成能自由转动的自由端。再拉绳子的一端松另一端，直至人字梁倒置，处于稳定状态，最后在梁的两端各系一根绳将梁慢慢下放到下一层进行解体破碎或整体外运。

安全要求：不允许将人字梁在原位解体，以防因结构破坏而失稳。

③ 连系梁、主梁的拆除：拆除连系梁时，应该在梁的两端凿缝，先割断一端钢筋，用起重机缓慢放至下层楼面后，再割断另一端的钢筋，用起重机缓慢放至下层楼面破碎。主梁应采用粉碎性拆除法。主梁的下部必须设置相应的支撑，从梁的中部向两端进行粉碎性拆除。

（8）拆除墙体

墙体按作用分为承重墙、装饰墙和隔离墙；按结构分为砖砌墙和现浇墙；按位置分为中隔离墙和外边墙。

① 中隔离墙的拆除：在室内搭好一个简易脚手架，用榔头或风镐对墙体实施粉碎性拆除。

② 外边墙的拆除：墙外搭脚手架，人站在脚手架上由外向内、自上而下做粉碎性拆除。禁止采用开墙槽、砍切墙角、人力推倒或拉倒墙体的方法拆除。如果必须采用推倒或拉倒的方法，必须有人统一指挥，待人员全部撤离到安全地方后才可进行。

安全要求：所搭脚手架要稳妥可靠，与被拆层同步拆除。

（9）拆除立柱

边墙拆除后，立柱就独立了，一般采用拉倒法拆除立柱。立柱倒塌方向应选择在下层有梁或墙的位置，角柱的倒塌方向可略向内偏移。拆除时，宜将立柱切断部位的钢筋剖出，将反方向的钢筋和两侧的构造筋割断，用足够长度和强度的绳索将立柱向倒塌方向拉倒。

安全要求：立柱着地部位的楼板上要垫缓冲层，以防止楼板被砸坏。

4. 人工拆除的原则

（1）拆除工程施工应严格按照施工组织设计和安全技术措施计划进行，确需变更施工组织设计的，应报请原审批部门同意，并办理变更手续，任何人不得随意更改。

（2）人工拆除作业必须自上而下，按建造施工工序的逆顺序逐个构件、杆件进行，不得立体交叉拆除作业。屋檐、挑阳台、雨篷、外楼梯、广告牌和铸铁落水管道等在拆除施工中容易失稳的外挑构件，应先予以拆除。拆除作业时，先拆除非承重结构，后拆除承重结构。

（3）拆除物高度在 4m 以上或屋面坡度超过 30°的拆除工程，应搭设施工脚手架。脚手架应经验收合格后使用。拆除施工中，应随时检查和采取相应措施，防止脚手架倒塌。脚手架应随建筑物、构筑物的拆除进程同步拆除。

（4）作业人员应站在脚手架、脚手板、高凳或其他稳定的部位上操作，严禁站在墙体、被拆除构件或危险构件上作业。

（5）屋面、楼面、平（阳）台上，不得集中堆放材料和建筑垃圾。楼面上堆放的材料和散落的建筑垃圾，应控制在结构承载允许范围内。

（6）坡屋面拆除应符合以下要求：拆除坡度大于 30°的屋面、石棉瓦屋面、冷摊瓦屋面、轻质钢架屋面，操作人员必须系好安全带，必须有防滑、防坠落措施；屋架应逐榀拆除，对未拆屋架，应保留桁条、水平支撑、剪刀撑，确保未拆屋架的稳定性；拆除屋架宜在屋架顶端两侧设置缆风绳，防止屋架意外倾覆；屋架跨度大于 9m，应采用起重设备起吊拆除。

（7）拆除施工、材料回收、建筑垃圾清理时严禁高空抛物，拆卸的材料应在垂直升降设备或溜放槽中卸下，或通过楼梯搬运到地面；建筑垃圾可通过电梯井道或设置的垃圾井道卸下。若要在现浇楼板上设置垃圾井道，应考虑到楼板的承载能力，以防楼板断裂。洞口的边缘应有梁或墙支撑，位置应错开，临边必须采取围挡封闭措施。

5. 人工拆除技术的安全管理要点

（1）管理依据要严抓：

1）拆除作业现场应严格执行管理规定，而这个规定的相关内容在制订时，应当严格执行《建筑拆除工程安全技术规范》JGJ 147—2016 和建筑工程安全生产的有关规定、标准和规范，并按要求采取安全措施。

2）在施工场地涉及危险地区或需要安全防护措施施工时，做好安全防护措施。

3）拆除工程项目部应当按规定设专职安全生产管理人员。安全生产管理人员应当检查安全生产责任制和各项安全技术措施落实情况，及时制止各种违法违规行为，确保安全生产。

（2）拆除施工有章法：

1）当采用手动工具进行人工拆除建筑时，施工程序应从上至下，分层拆除，作业人员应在脚手架或稳固的结构上操作，被拆除的构件应有安全的放置场所。

2）拆除施工应分段进行，不得垂直交叉作业。作业面的孔洞应封闭。

3）人工拆除建筑墙体时，不得采用掏掘或推倒的方法。楼板上严禁多人聚集或堆放材料。

4）拆除建筑的栏杆、楼梯、楼板等构件，应与建筑结构整体拆除进度相配合，不得先行拆除。建筑的承重梁、柱，应在其所承载的全部构件拆除后，再进行拆除。

5）拆除横梁时，应在确保其下落得到有效控制后，方可切断两端的钢筋，逐端缓慢放下。

6）拆除柱时，应沿柱底部剔凿出钢筋、使用手动捯链定向牵引，保留牵引方向正面的钢筋。

7）拆除管道及容器时，必须查清残留物的种类、化学性质，采取相应措施后，方可进行拆除施工。

8）楼层内的施工垃圾，应采用封闭的垃圾袋运下，不得向下抛掷。

3.1.2 爆破拆除法

1. 爆破拆除的发展概况

爆破拆除技术是现在比较常见的拆除技术，以拆除地面及地下建筑物为目的，例如楼房的拆除、混凝土基础拆除以及高大烟囱、水塔拆除。但是爆破拆除对于楼房周围的环境要求比较高。爆破技术一旦应用，会造成重大污染，会极大地影响周围市民的生活质量。如果该楼房的位置地势比较复杂，应用爆破技术时也要慎重。

第二次世界大战以后，建筑物的拆除技术开始得到了应用，由于战争的原因，很多工厂和建筑物受到大面积的破坏，需要重建、改建和拆除旧的建筑物和工厂，这促进了爆破技术的发展，使危险性很大的爆破技术从旷野进入了城市，使得建筑物爆破拆除技术和理论得到了迅速的发展。

像美国、日本等一些发达国家最先应用了爆破拆除技术，并且取得了非常显著的结果。20 世纪 70 年代以来，爆破技术和理论的迅速发展，各类破碎剂（图 3-11）的研制成功，以及以水为传能介质的水压爆破等新技术的应用不断发展和完善，进一步扩大了工程爆破的应用范围。破碎、抛掷、堆积、坍塌等爆破效果能够严格地按预期的要求进行，爆破震动、飞石、噪声等公害能够有效地控制在规定的范围之内。近十几年，已成功地应用爆破技术拆除 80m 以上的楼房，200m 以上的烟囱，并在海底爆破、营救地震受害人员等方面取得了良好的效果。

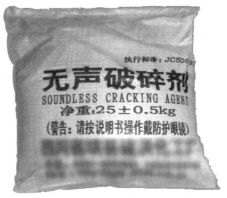

图 3-11　破碎剂

我国在建筑物、构筑物爆破拆除等方面，居先进国家之列。如在浙江温州的中银"烂尾楼"爆破拆除工程（图 3-12）。楼高 93.05m（共 22 层），它的拆除也创下了全国纪录——为我国采取定向爆破方式拆除的"第一高楼"。该建筑物高、面积大，周边环境比较复杂，给爆破拆除带来了很多困难。2003 年 10 月 31 号，建于 20 世纪 70 年代的广州石油化工总厂，其中有 12 栋单身职工宿舍楼位于黄埔生活区的北部，石化路东侧，占地面积超过了 1 万 m^2，总建筑面积 1.7 万 m^2。爆破区紧靠广州石油化工总厂的生活区，西距交通繁忙的石化路不足 10m，人流量比较大，给爆破工作带来了一定的难度。总装炸药为 500kg，使用雷管 1.6 万发，爆破持续时间为 4750ms，属于 A 级爆破拆除（图 3-13）。在我国这种爆破拆除的案例很多，为爆破拆除技术的成熟应用奠定了一定的基础。

图 3-12　中银"烂尾楼"爆破拆除工程

图 3-13　A 级爆破拆除

2. 爆破拆除的特点

（1）爆破区周围环境复杂。爆破拆除一般是在城市闹市区、居民区、厂区或厂房内进行，在爆破区内或附近往往有各种建筑物、管道（如输水管、输气管）、线缆（如高压线和通信线路等）和其他设施，环境十分复杂。进行爆破拆除时不能为了拆除某个建筑物而破坏周围的设施，更不能引起人员伤亡事故。因此，在进行爆破设计和施工时要确保周围人员、设备、设施及建筑物、构筑物的安全。

（2）爆破对象复杂。爆破对象可能是各种建筑物或构筑物，它们在结构形状和材质上大不相同，建筑时间各异，很多建筑物或构筑物没有原始资料。因此应对爆破对象要全面了解，根据不同的爆破对象选择不同的拆除方案、布孔参数和装药量。

（3）起爆技术复杂。采用爆破法拆除建筑物时，由于拆除方案的需要，在布孔和起爆方式上与常规爆破有很大区别。有时需要起爆千万个药包，这些药包又往往需要分批延期起爆，在间隔时间和起爆顺序上需要进行严格控制。

（4）工期紧。一般要求限期完成，给爆破设计与施工造成很大的困难。

由于爆破拆除的危险系数很大，操作条件也比较苛刻，爆破拆除除满足一般爆破的条件以外，还要满足以下的特殊要求：

（1）控制爆破产生的有害效应

爆破拆除必须贯彻"安全第一，预防为主"的思想，爆破产生的地震、空气冲击波、噪声和飞石等的危害都要控制在允许的范围内，确保周围设施及人员的安全。

（2）控制被拆除建（构）筑物的坍塌方向和废墟的堆积范围

对于高耸建筑物或构筑物，要求爆破后按设计的方向倒塌，按设计的范围堆积，以免砸坏附近的建筑物或设施。

（3）控制爆破的破坏范围

要把设计拆除的部分完全爆破，而不需要拆除的部分要完整地保留。

（4）控制被爆体的破碎程度

在被爆体破碎之后，要控制它的破碎程度，便于对现场的垃圾等清理，便于清理废墟和装运。

3. 爆破拆除的分类

由于爆破拆除面对的对象不同，爆破拆除的方式也多种多样，为了能够合理地选择爆破方案，进行爆破设计，根据爆破对象的不同，可将爆破拆除分为如下类型：

图 3-14　烟囱拆除

（1）基础型构筑物爆破拆除

如混凝土基础，梁、柱、地坪等，一般采用浅眼爆破的方法。爆破技术与土岩爆破基本相同，孔网参数一般小于常规土岩爆破，以便控制飞石。

（2）高耸构筑物爆破拆除

如烟囱、水塔等，这类构筑物由于重心较高，可以采用倒塌的方法进行拆除，依靠重力作用使其解体、破碎（图 3-14）。

（3）建筑物爆破拆除

建筑物包括楼房、厂房等，主要采用爆破方法使其解体、倒塌或坍塌（图3-15）。

图 3-15　楼房、厂房拆除

（4）容器形构筑物爆破拆除

如水池、水罐等，其特点是池壁一般较薄（200～300mm），若采用浅眼爆破，需炮孔多，容易产生飞石，不好防护。这时宜采用水压爆破的方法进行拆除，即在其中注入水，将药包置于水中，炸药爆炸后在水中产生冲击波，靠水的传压作用破坏池壁（图3-16）。

图 3-16　容器形构筑物爆破拆除

（5）其他特殊建筑物和构筑物的爆破拆除

一些特殊结构和材质的建筑物和构筑物，必须根据具体情况采取特殊的爆破方案进行拆除。当然每一种类型中又可分为许多不同的方案。这就需要根据具体的拆除对象具体分析，采用最佳的爆破拆除方案，以达到最好的拆除效果。

4．爆破拆除的基本原理

（1）最小抵抗线原理

从药包中心到自由面的距离沿最小抵抗线方向最小，因此受介质的阻力最小；在最小抵抗线方向上，冲击波（或应力波）运行的路程最短，所以在此方向上波的能量损失最小，因而在自由面处最小抵抗线出口点的介质首先突起。我们将爆破时介质抛掷的主导方向是最小抵抗线方向这一原理，称为最小抵抗线原理。

最小抵抗线的方向不仅决定着介质的抛掷方向，而且对爆破飞石、震动以及介质的破碎程度等也有一定的影响。此外，最小抵抗线的大小，还决定着装药量的多少和布药间距的大小，并对炮孔深度和装药结构等有一定的影响。

最小抵抗线的方向与大小根据抛空的方向和深度或布药的位置与起爆顺序，在特定的爆破对象条件下即可确定。但是，此时的最小抵抗线方向和大小是否是最优的，还要从具体的爆破对象出发，权衡其安全程度、破碎效果、施工方便与经济效益等方面的因素，综合考虑予以选择。

（2）微分原理

将想要拆除的某一建筑物爆破所需要的总装药量，分散地装入许多个炮孔中，形成多点分散的布药形式，以便采取分段延时起爆，使炸药能量释放的时间分开，从而达到减少爆破危害、破坏范围小、爆破效果好的目的，这就是分散装药的微分原理。

装药的布药形式基本上有两种：其一是集中布药，即将所需药量装在一个炮孔中或集中堆放；其二是分散装药，即将所需药量分别装入许多炮孔内。这两种布药形式均可达到一定的爆破效果和拆除目的。但是，两者所引起的后果却截然不同。前者将会引起较强烈的震动、空气冲击波、噪声和飞石等爆破危害，这是爆破拆除尤其是城市爆破拆除所不允许的；后者既可满足爆破效果的要求，又能在某种程度上控制爆破危害。

（3）等能原理

爆破的主要能源是炸药。显然，如果炸药用量合适，辅以合理的装药结构和起爆方式等，就可以防止或减轻爆破危害，从而达到爆破拆除的目的。对此，人们提出了等能原理的设想，即根据爆破的对象、条件和要求，优选各种爆破参数，如孔径、孔距、排距和炸药单耗等，同时选用合适的炸药品种、合理的装药结构和起爆方式，以期使每个炮孔所装的炸药在其爆炸时所释放的能量与破碎该孔周围介质所需要的最低能量相等。也就是说，在这种情况下，介质只产生一定的裂缝，或就地破碎松动，最多是就近抛掷，而无多余的能量造成爆破危害，这就是等能原理。

（4）失稳原理

烟囱类构筑物控制爆破倒塌机理为：采用控制爆破，在烟囱底部某一高度处爆破形成一定尺寸大小的切口，上部筒体在重力与支座反力形成的倾覆力矩作用下失稳，沿设计方向偏转并最终倒塌。

在烟囱定向爆破拆除过程中，当爆破切口形成后，在切口对面保留部分圆环筒体，称为预留支撑体。如果上部筒体的重力对预留支撑体的压力超过了材料的极限抗压强度，则预留支撑体就会瞬时被压坏而使烟囱下坐，这会造成烟囱爆而不倒或倾倒方向失去控制的危险。如果预留支撑体有一定的承载能力，则上部筒体在重力和支座反力形成的倾覆力矩作用下，使预留支撑体截面瞬时由全部受压变为偏心受压状态。倾倒初期，预留支撑体截面一部分受压、一部分受拉。在承受倾覆力矩引起的压应力和重力引起的压应力叠加，压应力呈边缘区最大，中性轴处为零的三角形分布。当最大压应力大于材料的极限抗压强度时，该处材料被破碎，且承压区扩大。在受拉区承受倾覆力矩引起的拉应力与重力引起的应力叠加，拉应力呈边缘区最大，中性轴处为零的三角形分布。当最大拉应力大于材料的极限抗拉强度时，预留支撑体上出现裂缝。对钢筋混凝土烟囱，当预留支撑体截面上的混凝土开裂后，钢筋将承担全部拉应力，此后钢筋在烟囱倾覆力矩的作用下受拉屈服，继而颈缩断裂。当爆破切口闭合后，烟囱绕新支点旋转并最终倾倒。

由烟囱控制爆破的机理可知，爆破切口是影响烟囱失稳倾倒的关键因素。烟囱倾倒必须满足3个条件：一是烟囱爆破后倾倒初期预留支撑体截面要有一定的强度，使其不致立即受压破坏而使筒体提前下坐；二是切口形成瞬间，重力引起的倾覆力矩必须足够大，能克服截面本身的塑性抵抗力，促使烟囱定向倾倒；三是切口闭合后，重力对新支点必须有足够的倾覆力矩，使其能克服烟囱剩余的塑性抵抗力。对钢筋混凝土烟囱，其重心不但要偏离新支点，而且重心相对新支点的力矩必须大于破坏截面内的受拉钢筋所产生的力矩。

（5）缓冲原理

拆除爆破如能选择适宜的炸药品种和合理的装药结构，便可以降低爆轰波峰压力对介质的冲击作用，并可以延长炮孔内压力的作用时间，从而使爆破能量得到合理的分配与利用，这一原理称为缓冲原理。

爆破理论研究资料表明，常用的硝铵类炸药在固定介质中爆炸时，首先使紧靠药包的介质受到强烈压缩，特别是在3~7倍药包半径范围内，由于爆轰压力极大地超过了介质的动态抗压强度，该范围内的介质极度粉碎而形成粉碎区。虽然该区范围不大，但却消耗了大部分爆轰能量，而且粉碎区内的微粒在气体压力的作用下易将已经开裂的缝隙填充堵死，这样就阻碍了爆破气体进入裂隙，从而减弱了爆轰气体的尖劈效应，缩小了介质的破坏范围，降低了介质的破碎程度，并且还会造成爆轰气体的集聚，给飞石、空气冲击波、噪声等危害提供能量。由此可见，粉碎区的出现，既影响了爆破效果，又不利于安全，所以在爆破拆除中，应充分利用缓冲原理，以缩小或避免粉碎区的出现。

5. 爆破拆除的安全管理要点

我国为保证爆破的安全性，对爆破行业有着明确的规定规范，并出台了多部与之相关的法律法规，提升公安机关对爆破行业的管理水平。在规范内进行高效的爆破拆除任务的同时，保障爆破拆除工程的安全性，是爆破拆除工程安全管理的基本要求。为加强国家城市化建设，爆破行业取得了不小的社会效益和经济效益。倡导爆破行业高效发展，注重爆破行业的健康发展，排除在爆破拆除过程中的安全隐患，根据爆破拆除工程的安全管理特点制定适合的应对措施，有效减少安全事故的发生。

近年来，随着科技的进步，在爆破行业中，出现了许多成功将复杂建（构）筑物爆破拆除的例子，爆破行业在市场经济中取得了广阔的发展前景，在市场经济竞争中越来越被看好。随着爆破行业的发展，公安机关对爆破行业的管理越发艰难，发生安全事故的频率增高，为有效地对爆破行业进行监管，应了解爆破行业的安全管理特点，针对行业特点提出适合的管理措施，促使爆破行业的稳定健康发展，提高爆破行业的经济效益和社会效益。

（1）爆破拆除工程安全管理标准不够完善

随着城市的建设发展，我国对爆破作业出台了许多相关的管理办法和规范，《爆破安全规程》GB 6722—2014就是针对爆破行业的安全管理而制定。但爆破行业涉及面广泛，具体到爆破拆除中，《爆破安全规程》就显得比较空洞，有关爆破拆除工程安全管理的相关规定还不够完善，对于工程安全管理的可操作性比较差。在缺少严格的管理规范的情况下，安全管理人员仅依靠自身的管理经验进行安全管理，安全管理的效果取决于安全管理人员的理论知识和实践功底是否扎实，这严重影响了爆破拆除工程安全管理的效果。

（2）爆破拆除工程安全管理的全面性

爆破拆除工作多是在城市中较复杂的情况下进行的。在城市的复杂环境下，爆破拆除工作不仅要考虑工地内部的安全管理，还要注重工地外部的安全防护。因为城市建设中，建筑物密集，在进行爆破拆除工作时，需要顾及周围建筑物的安全、附近居民的安全和城市设施的安全，在爆破拆除过程中，会产生震动和飞石等问题，从而引发安全事故。为了避免安全事故的发生，需要在爆破拆除工程中，全面地考虑安全管理工作，做好工地内以及工地外的安全防护和管理。

（3）爆破拆除工程安全管理是全过程的

爆破拆除工程安全管理是拆除过程的全过程管理。面对城市建筑物或构筑物的多样化和复杂化，爆破拆除工作越发困难，对爆破拆除的技术要求越来越高，爆破拆除工作也越来越复杂化。对于爆破拆除的安全管理，从拆除设计开始直到爆破拆除处理完毕，需要进行全过程的安全管理。这种全过程的安全管理内容包括爆破前预拆除、装填炸药、安全防护、爆破和爆破后残骸处理，其中每一项内容都需要有效的安全监管。

（4）爆破拆除工程作业人员安全意识薄弱

目前，许多爆破单位对爆破拆除从业人员的管理不到位，甚至为了降低运营成本，爆破单位对爆破作业人员实行临时工策略，在项目结束以后便将工人打发离开，爆破作业人员更换频繁，没有固定的爆破作业人员。爆破作业人员的职业素质和专业性差，缺乏安全意识，对爆破拆除工程安全管理造成了较坏影响。因为爆破作业人员的素质千差万别，专业技术参差不齐，在爆破拆除工程安全管理中，稍有不慎，就会造成不可挽回的安全事故。企业爆破作业人员的不稳定性，给安全管理工作增加了难度，爆破拆除工程的周边环境复杂，对爆破作业人员的要求相对较高，而被管理者的安全意识薄弱，严重影响了安全管理工作的有效展开。

《爆破安全规程》GB 6722—2014、《爆破作业项目管理要求》、《爆破作业单位资质条件和管理要求》等爆破行业相关的法律法规的相继出台，加强了爆破行业的规范化。爆破拆除属于爆破行业的一个分支，因为缺少一些细化的、具体化的相关管理规定，并且爆破拆除工程管理具有独特的特点，所以在工程安全管理上一直存在问题，针对这些问题，应及时提出并研究改进对策。

完善爆破拆除工程安全管理标准：以《爆破安全规程》为基础，研究并制定适合爆破拆除工程管理的相关规定，加强管理人员对爆破拆除工程安全管理的可操作性。目前的爆破拆除工程安全管理中，因为没有相适用的标准，在工程安全管理上存在许多漏洞，工程安全管理人员没有具体可依照的规定，对工程安全管理缺乏可控制性。爆破拆除工程安全管理人员对安全管理没有严格的执行标准，被管理者缺少对安全管理的执行力。加强对爆破拆除工程安全管理标准的研究，是目前爆破拆除工程安全管理的当务之急。

加强工地内和工地外爆破拆除工程安全管理：与其他爆破作业不同，爆破拆除工程除了要做好工地内的安全管理外，还有做好工地外的安全防护管理。受周围环境的影响，爆破拆除工程会造成飞石、震动等情况，对周围环境造成破坏，对附近居民造成影响。在进行爆破拆除作业之前，提前对附近居民发布通知，在爆破拆除时尽量远离现场，在进行爆破作业时，在需要拆除的建筑物或构筑物外围设置安全防护护栏，竖起防尘罩，拉安全警戒标志。爆破拆除工程的安全管理具有全面性，工地内和工地外的安全防护和管理需要同等重视。

全过程地对拆除爆破工程进行安全管理：对于爆破拆除工程的安全管理不能仅局限在执行爆破的时间点上，从爆破拆除的设计开始，到爆破后的残骸清理都需要安全管理，并且应该重视每一个环节的安全管理，以仔细严谨的态度，避免安全事故的发生。安全管理是考验爆破拆除工程是否合格的重要标准之一，安全管理是对爆破拆除工程的全过程的监管。应重视全过程的安全管理，提高爆破拆除工程的效率。

提升爆破拆除工程作业人员的安全意识：针对参与爆破拆除工程的作业人员安全意识薄弱这一情况，爆破单位应该加强对爆破拆除作业人员的管理，展开针对安全教育的培训课程，规范爆破单位对爆破拆除作业人员的用人情况。目前许多爆破单位，爆破作业员工不固定，经常出现一个爆破工程结束后，爆破工作人员被遣散，而下一个工程需要时再招聘爆破作业人员，导致爆破作业人员专业性不高，安全意识薄弱，且出现爆破作业人员管理难的情况。规范爆破单位用工情况，固定爆破单位爆破作业人员，加强其作业人员管理，定期开展安全教育课程，提高爆破拆除作业人员安全意识，使爆破拆除工程安全完成，提升爆破拆除工程的安全性。

爆破拆除工作具有风险性，保证爆破拆除工程的安全是所有工作的前提。随着爆破行业的发展，社会上对爆破拆除的安全性越来越重视，现如今，爆破拆除工程的安全管理研究在不断地进行革新，爆破拆除工程的安全管理也在不断地进行实践，不断的研究和实践使工程安全管理逐渐完善。未来爆破拆除工程的安全管理水平会越来越高。

3.1.3 机械拆除法

1. 机械拆除的概念、特点及现状

（1）机械拆除的概念

机械拆除是指以机械为主、人工为辅相配合的拆除施工方法。机械拆除的建筑一般为砖混结构，高度不超过 20m（6 层），面积不大于 5000m² （图 3-17、图 3-18）。

图 3-17　机械拆除（一）　　　　　　图 3-18　机械拆除（二）

（2）机械拆除的特点

拆除施工程序应从上至下，逐层、逐段进行；先拆除非承重结构，再拆除承重结构。

对只进行部分拆除的建筑，要先将保留部分加固，再进行分离拆除。在施工过程中，由专门人员负责随时监测被拆除建筑的结构状态，并应做好记录。

机械拆除建筑时，严禁机械超载作业或任意扩大机械使用范围。供机械设备（包括液压剪，如图 3-19 所示，液压锤，如图 3-20 所示等）使用的场地应稳固并保证足够的承载力，确保机械设备有不发生塌陷、倾覆的工作面。作业中机械设备不得同时做回转、行走两个动作。机械不得带故障运转。当进行高处拆除作业时，对较大尺寸的构件或沉重的材料（楼板、屋架、梁、柱、混凝土构件等），必须使用起重机具及时吊下。拆卸下来的各种材料应及时清理，分类堆放于指定场所，严禁向下抛掷。

图 3-19　液压剪

图 3-20　液压锤

作业人员使用机具（如风镐，如图 3-21 所示，液压锯，如图 3-22 所示，水钻，如图 3-23 所示，冲击钻，如图 3-24 所示等）时，严禁超负荷使用或带故障运转。

图 3-21　风镐

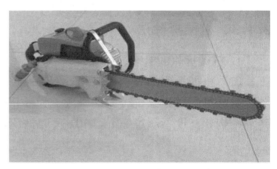

图 3-22　液压锯

图 3-23　水钻

图 3-24　冲击钻

118

（3）机械拆除技术的现状

我国建筑规模不断扩大，建筑物的数量不断增多，此时就需要借助建筑起重机械设备进行施工，这就对我国的建筑机械拆除施工技术提出了较高要求。传统的建筑起重机械拆除方式不仅需要依靠大量的人力和物力，还需要动用运输车辆，极大地降低了施工效率，延长了拆除周期。随着我国建筑物高度不断增加，建筑企业急需改进起重机械拆除技术来满足我国建筑发展的需求，以保证拆除效率，完成高难度的拆除工作，保障工人的人身安全。

虽然我国起重机械设备施工技术能力已经得到了明显提高，但是相比于其他发达国家，我国的建筑机械拆除技术水平仍然不高，拆除效率也较低，这就影响了我国建筑行业的发展进程。而随着先进技术的不断发展，各种新型建筑结构也层出不穷，这就使建筑机械拆除难度加大，我国建筑机械拆除行业面临着巨大的挑战。

巨大的建筑物会占据我国的土地资源，影响我国城市的现代化建设。随着建筑物数量越来越多，我国农业用地也越来越少，这还会在一定程度上影响我国农业的发展。一些施工单位仍然采用传统的拆除施工方式而没有引进先进的起重机械设备拆除技术，严重降低了拆除效率，同时还会在施工过程中产生大量的灰尘和污染物质，危害居民的身心健康和城市自然环境。

一些国家目前已经开始应用智能机器人进行机械拆除施工工作，智能拆除机器人可以有效节约能源，同时还能代替工人完成一些比较危险的拆除工作，从而实现稳定、高效地工作状态。智能拆除机器人可以在沙土、泥泞地面和坎坷不平的地面进行高质量的拆除工作，适应各种危险、复杂地形，同时还能针对拆除对象自主调整拆除方案，这可以极大地提高起重机械设备的拆除效率。智能拆除机器人发展越来越机械化、智能化，未来智能拆除机器人一定会渗透到各个领域，提高我国整体建筑水平和发展效率，明显加快我国的现代化发展进程。

我国建筑机械拆除施工工作仍然存在着一些不足，比如拆除机械设备不先进，施工方式不合理，拆除设备不科学等，此外我国生产的产品技术水平较低，同国外先进国家相比还存在较大差距。

2. 机械拆除过程中应注意的问题

对于建筑物、桥梁、房屋等钢筋混凝土的拆除，需要机械的帮助才可以完成，这需要作业人员具备非常好的专业素质。

（1）使用机械拆除建筑物时，应从上到下逐层施工；应首先拆除非承重结构，然后拆除承重结构。对于部分拆除的建筑物，保留部分必须加固，然后分离和移除。

（2）在施工中，安排人员负责监测被拆迁房屋的结构状况，并做好记录。当发现不稳定的趋势时，必须停止行动，采取有效措施消除隐患。

（3）机械拆除，严禁超载运行或任意扩大使用范围，使用机械设备现场必须保证足够的承载能力。

（4）当进行高处拆除工作时，对于较大尺寸的部件或重物，必须及时使用吊装机械。拆除的各种材料应及时清理，分类堆放在专门地点。

（5）拆除框架结构建筑物，必须按照顶板、二次梁、主梁、柱的施工顺序操作。

（6）钢屋顶桁架拆除应符合下列规定：

① 应先拆除屋顶附属设施及配件、护栏。

② 根据施工组织设计选用机械设备及吊装施工方案，不能过载运行或带故障运行。

③ 起重机、双重起重机操作时其载重不得超过允许荷载的 80%，起重机应进行第一台起重机的试吊。两台起重机在运行过程中必须同步。

④ 进行拆卸起重作业的起重机司机必须严格按照规定执行。信号指挥人员必须按照国家标准《起重机 手势信号》GB/T 5082—2019 进行操作。

⑤ 拆除钢屋顶桁架，绳索必须快速吊起，同时保持起重机平整，方可进行焊接和切割作业。在吊装过程中，应在辅助绳索正常使用时控制被吊吊索。

⑥ 拆除钢屋顶桁架，应该选择一家具有专业承包资质的公司。

3. 机械拆除的施工方法及改进措施

（1）机械拆除的施工方法

机械拆除的技术方法多种多样，面对不同建筑物，所运用的机械施工方法是不一样的。为了提高成功率和效率，必须因地制宜，进行科学选择，提高整体质量水平。

我国的建筑机械拆除施工比较主要的技术方法有气切拆除技术和共振拆除技术。气切拆除技术主要是化学燃料辅助，通过氧乙炔或氧气割炬燃烧产生高温，从而对混凝土进行热化处理。混凝土在高温因素影响下，性能就会大大降低，这样就比较方便切割。气切的方式是在结合混凝土熔点的基础上开展的，所以采用这一拆除施工方法比较容易，不会在施工中产生大的噪声，烟尘生产率低，和当前环保的要求是相符合的。

共振拆除技术主要是运用共振器来对墙体进行强力振动，达到震裂以及破碎效果，墙体整体强度性能在下降时，承载力丧失，这样就能将墙体拆除。这一机械方式在墙体拆除方面有着很大的优势，产生的灰尘少，噪声也比较低，能和环境保护要求相契合。

建筑机械拆除施工中，为保证拆除施工质量，需要做好相应的准备工作。拆除前，应依照规范标准做准备工作，确保起重机械设备拆除工作良好推进。施工现场准备工作，要从综合角度考虑起重机械设备的性能，确保各项工作都能安全顺利实施。相关施工人员也要做好相应的准备工作。机械设备拆除前，需要做好相应人员的配置，明确好个人职责。

拆除程序的控制是比较重要的，要注重起重机械设备拆卸顺序的科学性，确保起重机械设备拆除工作能有效实施。

（2）机械拆除方法的改进措施

为保证建筑机械拆除施工质量，应做好相应的施工改进工作，从整体上提升拆除施工工作水平，要对以下几点加强重视：

1）注重智能机械拆除操作。机械拆除施工中，为保证整体工程的质量，应采用智能化手段进行拆除操作。在建筑物高度以及施工难度增加的情况下，起重机械设备拆除人员在具体操作中的难度及危险性也增加了，所以要将智能化技术加以科学运用，最大限度地降低施工安全风险，要从整体上保障施工人员安全。对于拆除对象，自主调整施工方案比较关键，这将有助于缩短拆除工作时间，最大限度地提升工作效率。智能化机械设备的运用，能够减少对环境的不利影响，降低施工成本，促进拆除效率的提高。

2）新型拆除技术应用。随着科学技术水平的不断提升，建筑机械拆除施工中，要充分注重新型拆除技术的应用，这是提升拆除施工质量与效率的重要举措。共振拆除技术的科学运用，能有效提高资源利用率，和当前城市化发展要求相符合。新型拆除技术的应用对技术创新起到良好促进作用，能从整体上促进施工技术发展。

3）提升操作人员专业水平。为保证建筑机械拆除施工质量，还需要加强机械操作人员专业素质，这是提高拆除施工质量的重要保障。机械拆除施工的要求会越来越高，这对机械操作人员而言，也是很大的挑战，要满足不断提高的机械拆除施工要求，适应新时期的发展，这样才能真正保证拆除施工质量。而提升施工人员专业素质能力，就要从多方面入手。相关操作人员要注重自身的学习，要日常中对相关知识技能进行深入学习，加强职业的责任感，在具体的操作中要严格按照要求操作，保证施工的整体质量。

4. 机械拆除的安全管理要点

（1）落实情况要实查

拆除工程施工前，必须对施工作业人员进行书面安全技术说明交底。施工作业人员在充分理解技术说明后应在书面技术说明材料上签字，不得随意变更施工方案。拆除作业必须合法用工，严格执行实名制管理，及时进行人员备案。

应配齐所需要的劳动护具，若发现安全防护或护具出现问题时应立即停止作业并报告管理人员处理。

施工人员应当持证上岗，特种作业人员应当经过安全培训并持有效证件上岗，施工机具、材料、设备应当符合安全要求。

（2）安全管理到位

在拆除工程施工现场应按规定设置围挡，并在危险部位设置醒目的警示标志；当日拆除施工结束后，所有机械设备应停放在远离被拆除建筑的地方。施工期间的临时设施应与被拆除建筑保持一定的安全距离。

必须严格遵守现场用火、用电制度和消防设施管理制度，严禁现场吸烟和违章用水、用电，以及其他可能导致火灾事故和人身伤亡事故的行为。

应在拆除现场周边规范设置安全警示标志及夜间作业警示灯光，并派专人监管。

电动机械和电动工具必须装设漏电保护器，其保护零线的电路连接应符合要求。对产生振动的设备，其保护零线的连接点不应少于两处。

应当采取有力措施保护毗邻建筑物及其人员的人身和财产安全。

（3）注意事项

多层砖混结构房屋拆除，应自上而下逐层拆除，不得数层同时交叉拆除；应逐件拆除结构构件，先板、梁，后墙、柱；除平房外，一般不得采用推（拉）倒拆除的方法。

工程监理是安全生产的重要保障，实行房屋拆除的"旁站式"监理，切实加强拆除现场的安全监管，及时发现、消除安全隐患。

拆除方案及拆除技术交底切忌简单化、形式化。拆除方案除了文字说明外，应绘制必要的图纸，标明拆除方法和拆除程序；落实逐级、逐项技术交底制度；拆除过程须有技术人员现场指挥。

在拆除过程中，对待拆的楼板、残垣断壁，必须采取可靠的支撑、支护等加固安全措施，防止倒塌。

拆除过程中的房屋，受气候和环境的影响较大，须予以高度重视，防范、排除由此诱发的安全事故。

3.2 拆除施工前的准备工作

拆除方案的选择要从实际出发，在确保人身和财产安全的前提下，进行科学的判断与选择，以实现安全、经济、效率高、对环境危害小、对周围居民影响程度小的目标。所以在确定方案前，要熟悉所有方法的技术准备，现场准备，机械、设备、材料准备，劳动力准备以及安全注意事项等，进而进行充分准备，以保证拆除工作的顺利进行。合适的方法与方案的确定，需要结合拆除方案特点与详细的可行性研究。

3.2.1 人工拆除法

人工拆除主要是利用手工、非机动型工具，例如风镐、钢钎、榔头、钢丝绳，对既有建筑物进行整体性、破坏性的破碎方法。通常情况下，人工拆除的范围主要针对砖木结构、混合结构类型的建筑等，所以该方法对技术等各项准备的要求相对较少。

1. 技术准备

（1）熟悉被拆建筑物的竣工图纸，弄清建筑物的结构情况、建筑情况、地下隐蔽设施情况。

（2）开工前必须对施工人员针对支撑拆除特点作安全技术交底，针对支撑拆除施工的工程特点，做好施工人员教育工作。

（3）踏勘施工现场，业主主动向工人介绍所有施工现场的有关情况，使得工人熟悉周围环境、场地、道路、水电设备管路等。

（4）建筑物梁、柱拆除采用人工风镐断口拆除，将承重梁的两头用风镐破碎，暴露出承重梁的内筋，然后用气割割断梁筋，将承重梁利用普通液压剪二次剪碎拆除。建筑物承重柱的拆除与承重梁拆除相同，外墙非承重填充墙拆除采用人工拆除，之后再用风镐将承重梁及立柱进行剔凿，在此之前首先用钢丝绳及捯链将外墙向内稳住，以防外墙在剔凿时发生意外，再将钢筋切断，吊到地面破碎拆除。人工拆除从顶层向下拆除，直至拆除安全高度时停止人工拆除。

（5）人工拆除要遵循"先非承重，后承重"的原则，确保安全。在具体过程中，主要按照房屋建筑的逆程序而进行，也就是说先建造的后拆、后建造的先拆。

2. 现场准备

（1）清理施工场地，保证运输道路畅通。

（2）施工前，先清除拆除倒塌范围内的物资、设备；将电线、燃气管道、水管、供热设备等干线与该建筑物的支线切断或迁移；检查周围危旧房，必要时进行临时加固；向周围群众出安民告示，在拆除危险区周围设禁区围栏、警戒标志，派专人监护，禁止非拆除人员进入施工现场。

（3）对于生产、使用、储存化学危险品的建筑物的拆除，要经过消防、安全部门审核，制定保证安全的预案，经过批准实施。

（4）在拆除危险区设置警戒区标志。

（5）拆除之前先在建筑物外搭设施工围挡，搭设临时防护设施，避免拆除时的砂、石、灰尘飞扬影响生产的正常进行。

3. 机械、设备、材料准备

（1）人工拆除的工具较为简单，如捯链、撬棍、大锤、铁锹、瓦刀等。

（2）配备合适的防护用具（如安全帽、安全带、防护眼镜、防护手套、防护工作服等）。

（3）选择型号合适的运输工具。

（4）依据现场情况，本着高效、安全、实用，并略有储备的原则，结合公司实际，选取最适宜本工程所需的设备。

4. 劳动力准备

（1）确定组织机构。由有相似工程施工管理经验的技术管理人员组成强干的管理部门，全面负责该项目的施工、劳动力调配和机械管理。

（2）根据工程的拆除要求，安排合适的工人。可分为人工拆除组、清渣运输组、配合组等。

（3）对各成员的任务进行划分且确定相应的责任。

（4）加大质量和安全检查力度，现场设立专职质检员和安全员，发现隐患，及时进行整改。

5. 拆除前的安全准备

安全检查尤为重要，根据有关规定要求，要制定详细的拆除及安全防护方案，报有关部门批准。拆除前的具体注意事项如下：

（1）拆除工程项目负责人是拆除工程施工现场的安全生产第一责任人。项目经理应设置专职安全员，检查落实各项安全技术措施。拆除工程必须制定生产安全事故应急救援预案，成立组织机构，并应配备抢险救援器材。

（2）拆除工程在施工前，施工人员应办理相关手续，签订劳动合同，施工单位应对从事拆除作业的人员依法办理意外伤害保险。从事拆除作业的人员必须经专业安全培训，考试合格，才允许上岗作业。同时应对施工人员做好安全教育，组织施工人员学习安全操作规程，工地负责人要根据施工组织设计和安全技术规程向施工人员及现场其他人员进行详细的交底，并履行签字手续。确保施工人员操作顺利、拆除工作安全进行。

（3）在拆除作业施工现场周边，应按照现行国家标准《安全标志及其使用导则》GB 2894—2008 的规定，设置相关的安全标志，挂警告牌，并设专人巡查、监护，严禁无关人员进入或逗留。

（4）要设置门卫，场内设置保安人员经常巡逻，防止发生治安事故，禁止无关人员进场。

（5）进入施工现场的人员，必须佩戴安全帽。特种作业人员必须持有效证件上岗作业。凡在 2m 及以上高处作业无可靠防护设施时，必须正确使用安全带。

（6）确保周边闲杂人员的撤离，撤离后对建筑物实行封闭围挡。

采用人工拆除法拆除建筑物对其周围环境来说无较大影响，并可充分回收有用材料如砖、钢筋等，给建设单位带来明显的回收节支效益。人工拆除可以实现精心作业，易于保留部分建筑物。但是拆除过程耗时较长，如果拆除的是强度较高的钢筋混凝土建筑，所需时间会更长且对拆除的工人具有一定的危险性。人工拆除适用于强度低、楼层少的建筑物，如砖结构的平房等。

3.2.2 机械拆除法

机械拆除是利用专用或通用的机械设备直接将建筑物解体或破碎，是一种先进的低公害拆除方法。

1. 技术准备

（1）熟悉被拆除建（构）筑物的竣工图纸，弄清建筑物的结构情况、建筑情况、水电及设备管道情况、地下隐蔽工程情况。必须强调应使用竣工图纸，因为施工过程中的图纸可能会发生变更而与被拆除建（构）筑物不符。

（2）对施工人员进行安全技术交底，加强安全意识。对工人做好安全教育，组织工人学习安全操作规程。

（3）调查施工现场及周边建筑物的环境、场地、道路、水电设备管路等。

（4）对工作范围以及四周做好防护，减少对周围建筑物、地面、花草树木的损坏。对工作区域内地下管道做好防护措施，大型拆除机械进出要采取措施保护路面。

（5）编制拆除工作的施工组织设计，确保施工安全。

（6）拆除应遵循以下两个原则：首先，应从上至下，逐层分段进行；其次，应先拆除非承重构件，再拆除承重构件，先拆内墙，后拆外墙，严禁交叉拆除或数层同时拆除。对于框架结构建筑物，必须按楼板、次梁、主梁、柱子的顺序进行施工。

2. 现场准备

（1）清除被拆除建筑物倒塌范围内的物资、设备，无法搬迁的需要进行妥善防护。

（2）疏通运输道路，接通拆除工作中临时水电设备。

（3）切断被拆除建筑物的水、电、煤气等管道，对影响范围内的建筑物也要进行事先检查，采取相应措施。

（4）根据拆除工作的现场环境，制定相应的消防安全措施。

（5）查看施工现场是否存在高压架空线，拆除施工的机械设备、设施在作业时，必须与高压架空线保持安全距离。

（6）临边洞口、交叉高处作业防护应采取以下措施：

楼板、屋面等临边防护用密目式安全网封闭，作业层加防护栏杆和18cm的踢脚板。

通道口防护设置防护棚，防护棚应为不小于5cm厚的木板或两道相距50cm的竹芭。两侧应沿栏杆架用密目式安全网封闭。

预留孔洞防护用木板封闭，短边超过1.5m的洞口，除封闭外四周还应设有防护栏杆。

垂直方向交叉作业时设置防护隔离棚或其他设施。

高空作业时要设置悬挂安全带的悬索或其他设施以及应设置操作平台，有上下的梯子或其他形式的通道。

（7）在工作固定场所设置标牌，应包括：工程概况牌、建筑拆除安全生产牌、文明施工牌、安全警示标志牌等。

（8）在拆除危险区域设置警戒标志。

3. 机械、设备、材料准备

工程施工质量的好坏和进度的快慢，很大程度上与施工机具有关。因此应根据实际情况、工序的工艺要求及各种工种的需要，合理配备机具设备以及材料，最大限度地体现设备的实用性，充分满足施工工艺的需要，从而保证达到预期的结果。

（1）进入施工现场的履带式起重机、汽车起重机、电动葫芦等起重设备，必须严格执行国家及行业有关规定，进行起重设备的鉴定和控制。而且需按照国家标准规定对起重机械进行安全检查，包括每天作业前的检查、经常性安全检查和定期安全检查。

（2）设置建设器材所需的临时库存。

（3）坚持机械化、半机械化和改良机具相结合的方针，重点配备中、小型机具和手持动力机具。

充分发挥现场所有机具设备能力，根据具体变化的需要，合理调整装备结构。

（4）充分发挥现场所有机具设备能力，根据具体变化的需要，合理调整装备结构。

（5）优先配备本工程施工中所必需的设备且以保证质量为原则，努力降低施工成本进行设备安排。

（6）按工程体系、专业施工和工程实物量等多层次结构进行配备，并注意不同的要求，配备不同类型、不同标准的机具设备。

（7）在配备机具设备时，还需考虑表 3-1 所示因素。

其他考虑因素

表 3-1

因素	内　容
先进性	机具设备技术性能优越、生产率高
使用可靠性	机具设备在使用过程中能稳定地保持其技术性能的运行
便于维修性	机具设备要便于检查、维护和修理
运行安全性	机具设备在使用过程中能够保障施工安全
经济实惠性	机具设备在满足技术要求的基础上，使费用最低
适应性	机具设备能适应不同工作条件，并具有一定的多用性
其他方面	成套性、节能性、环保性、灵活性等

（8）选择好合适的机械设备后还需要编制合理的机械设备供应计划，在数量、时间、性能方面满足施工生产的需要。根据供应计划做好供应准备工作，编制大型机械设备运输、进场方案，保证按时、安全地组织进场。合理安排各类机械设备在各个施工队（组）间和各个施工阶段在时间和空间上的合理搭配，以提高机械设备的使用效率及产出水平，从而提高设备的经济效果。

（9）机械设备的使用还需要确保安全，在用电设备及机械使用前进行安全检测，粘贴目视标签；各种机械设备的操作人员还必须经过安全技术培训和专业培训，经有关部门考核合格后方可上岗，严禁无证人员操作；现场使用的机械设备必须性能良好，安全防护装置齐全，并经设备管理部门和现场负责人认可，方能使用。

（10）对机械设备的检验和验收。设备管理员先查验提供设备单位资质，再查验机械及其基本技术资料（包括出厂合格证、大修记录等），合格后再进行进场安装验收。

（11）机械设备使用中的管理，要严格按照规定的性能要求使用机械设备，要求操作者遵守操作规程，既不允许机械设备超负荷使用，也不允许长期低负荷下使用和运转；经过防噪处理后机械设备的噪声必须符合环保要求；液压系统应无泄漏现象；机械设备使用的燃油和润滑油必须符合规定，电压等级必须符合铭牌规定。

4. 劳动力准备

施工队伍是决定工程最终效果的关键因素。劳动力管理是企业管理的重要组成部分，也是工程管理的重要组成部分。在工程施工过程中，要对劳动力进行计划、组织、协调、控制、监督、领导，充分激发员工的积极性，不断提高劳动生产率。因此施工前的劳动力准备也尤为重要。

5. 拆除前的安全准备

（1）施工组织设计与专项安全施工方案编审制度

施工方案的编制要在广泛收集各方面的原始资料、征求相关单位的意见、深入调查研究的基础上进行编制。编制时既要充分考虑安全可靠原则，又要切实掌握好花钱少、效果大的原则。施工方案必须由施工项目分管施工安全的专业技术人员编制，经公司技术负责人审核批准、签名盖公章后生效执行。

（2）安全技术交底制度

在项目工程开工前，项目技术负责人应对全体职工进行工程概况、施工方案、安全技术措施及作业环境等情况做详细交底。交底一般在施工现场项目部实施，且班组组长每天在班前都要对本组人员进行安全指导。

（3）施工机具进场验收与保养维修制度

施工机具进场必须检验产品合格证明、产品许可证、产品技术说明书及建筑安全监督管理部门核发的准用证。机械设备安装后按规定进行验收，并做好验收记录，验收人员履行签字手续。验收不合格的不得投入使用。

（4）安全生产检查制度

安全生产检查应根据施工特点，制定检查内容、标准，突出重点，主要查制度、措施的落实，机械设备安全技术性能，安全教育培训情况，劳保用品发放使用情况，现场文明施工情况等。

（5）安全教育培训制度

新工人必须经过三级安全教育，并经考试合格后方可参加施工，教育者与被教育者必须签名。三级教育的时间一般不能少于 50h（公司级别不少于 15h，项目部不少于 15h，班组不少于 20h）。特殊工种必须经过主管部门安全培训，考试合格后持证上岗作业。

（6）伤亡事故快报制度

伤亡事故发生后，最先发现者应立即上报项目经理或公司有关部门，以便采取应急救援措施，减少伤亡事故的程度。企业负责人接到重伤、死亡、重大死亡事故报告后，应立即报告主管部门和当地劳动部门，最迟不得超过 24h，报告内容包括发生事故的单位、时间、地点、伤亡情况和初步分析事故原因等。项目部填写"伤亡事故登记表"，由公司立即将事故概况分别报告给企业主管部门和当地劳动部门。

（7）考核奖罚制度

为进一步落实"安全第一，预防为主"的方针，鼓励先进，惩罚"三违"，应根据有关政策与企业方针制定考核奖罚制度。

（8）班组安全活动制度

各班组应认真开展班前"三上岗、一讲评"活动，即班组在班前须进行上岗交底、上岗教育、上岗检查和每周一次的"一讲评"安全活动，并对班组的安全活动应制定考核措施。

（9）门卫值班和治安保卫制度

门卫值班人员职责区域内加强巡逻检查，发现可疑情况及时报告保卫部门。门卫值班人员严格执行会客登记制度，非施工人员联系业务或找人，必须先经保卫负责人许可，经验明证件登记后方可进入工地。门卫值班人员应尽职尽责，不得做其他有碍本职工作的事情，不得擅自离岗，也不得随便让他人代岗，发现问题及时处理汇报，严禁酒后值班。发生事故或案件，要及时报告，保护好现场，积极协助公安、保卫部门侦破案件。

（10）消防防火责任制度

认真贯彻执行《中华人民共和国消防条例》及公司消防安全管理制度，经常开展消防安全教育，提高安全防火意识，防止火灾、爆炸、灾害事故的发生。组建以项目经理为主要负责人的义务消防组织和管理网络，负责消防知识教育和培训，有条件的应进行消防训练，提高消防知识和实际消防工作能力。建立防火安全责任制和工程项目防火档案。施工现场各种材料应按施工组织设计平面布置图堆放，保持通道畅通，易燃易爆物品应按规定存放并有专人管理。

（11）卫生保洁制度

生产区与生活区有明确隔离，施工现场要天天打扫，保持整洁卫生、场地平整、道路畅通，做到无积水。施工现场零乱材料和垃圾，要及时清理，施工现场严禁大小便，发现有随地大小便现象要对当事人进行处罚。施工现场的厕所，门窗齐全并有窗纱，做到天天打扫，夏天每周打药一次，消灭蝇蛆。施工现场设置保温桶和开水（水杯自备），公用杯子必须采取消毒措施。施工现场的环境卫生要定期进行检查，发现问题，限期改正，并做好检查记录。

（12）不扰民措施

遵守国家有关劳动和环境保护的法律、法规，有效地控制粉尘、强光、噪声对环境的污染和危害。施工现场禁止焚烧有毒、有害物质。不违法占地、占道，及时清理建筑垃圾，运送散体、流体建筑材料，沿途不漏洒，车辆出工地前进行清理。在居民区进行强噪声作业时，应尽量采取降声降噪措施，严格控制作业时间，事先做好周围群众的工作，并报工地所在地环保部门审批备案后方可施工。

由于机械拆除是非接触式作业，指挥人员、机械操作人员均在位于待拆目标一定距离外，从而在本质上提高了作业的安全程度。但是相对于人工拆除所需要的费用也有所提高。机械拆除法明显减轻了劳动强度，改善了作业人员的施工条件、有效地加快了拆除进度，从而在某种程度上减少了扰民的时间、加快了作业进程，但其对人员要求有所提高，如机械拆除驾驶员既需要通过拆除基本知识的培训，又需要有相关机械设备的操作证。机械拆除时排除了人工拆除时作业人员的智力、体力、能力等各方面的差异，故易实现标准化、规范化施工管理，从而将拆除技术提高到一个新的阶段。机械拆除可将建筑垃圾分类，大部分可重复利用。机械拆除法费用较低，技术要求相对低，但是速度慢，施工时间长，噪声大，可能影响周围居民的生活和对环境的污染，而且人工消耗大，安全系数低，容易发生坍塌、高处坠落、机械伤害。

机械拆除法可单独作为一种拆除方法，也可作为其他拆除方法的辅助方法。它适用于混合结构、框架结构、排架结构、钢结构、各类基础和地下构筑物。一般说来，一座建筑物的拆除，无论使用什么方法，都离不开机械拆除法。

3.2.3 爆破拆除法

爆破拆除法是根据建筑物的结构情况和其所处的环境条件，在其主要承重部位布置爆破孔，利用爆破释放的能量破坏建筑物的主要承重部位，使其失去承载能力而失稳，在自重作用下触地解体。爆破拆除的基本思路为：如果移除建筑物某一点的支撑结构，那么该建筑物上方部分将落在该点下方的结构上面。如果上部足够重，它将以足够的力与下部碰撞，从而造成严重损坏。爆炸物只是爆破拆除的触发器，自身的重力会使建筑物自行倒塌。爆破法拆除实心砖砌体时常采用内部装药浅孔爆破法，拆除效率高，是一种经济有效的拆除方法。

爆破拆除的分类：按拆除对象可分为建筑物爆破拆除、高耸构筑物爆破拆除、基础工程爆破拆除、桥梁爆破拆除和围堰爆破拆除。按爆破方式可分为钻孔爆破、水压爆破、聚能切割爆破和膨胀剂静态破碎。按爆破的结构种类可分为砖混结构爆破、钢筋混凝土大板结构爆破、钢筋混凝土框架结构爆破、钢筋混凝土框剪结构爆破、钢筋混凝土框-筒结构爆破、钢筋混凝土全剪力墙结构爆破和钢结构爆破。

爆破拆除需要对爆炸力学、材料力学、结构力学和断裂力学等工程学科有深入了解，在设计施工中要同时考虑各学科的特点，爆破拆除必须要达到 5 项基本技术要素：

（1）控制炸药用量。爆破拆除一般在城市复杂环境中进行，炸药释放的多余能量往往会对周围环境造成有害影响。因此，爆破拆除尽可能少用炸药，将其能量集中于结构失稳，而充分利用剪切和挤压冲击力，使建筑结构解体。

（2）控制爆破界限。爆破拆除必须视具体工程要求进行设计与施工，例如对于需要部分保留、部分拆除的建筑物，则需要严格控制爆破的边界，既要达到拆除目的，同时又要确保被保留部分不受影响。

（3）控制倒塌方向。爆破拆除一般环境比较复杂，周围空间有限，特别是对于高层建（构）筑物，如烟囱、水塔等，往往只能向一个方向倾倒。这就要求定向必须非常准确，因为发生侧偏或反向都将造成严重事故，因此准确定向是爆破拆除成功的前提。

（4）控制堆渣范围。随着拆除建（构）筑物越来越高，体量越来越大，爆破解体后碎渣的堆积范围远大于建（构）筑物原先的占地面积，另外，高层建筑爆破后，重力作用下的挤压冲击力很大，其触地后的碎渣具有很大的能量，爆破解体后渣堆超出允许范围，将导致周边被保护的建（构）筑物、设施的严重破坏。

（5）有害效应控制。上述关键技术要素，并非每一项爆破拆除时都会遇到。要依据爆破的对象、环境、外部条件和保护要求逐一有针对性地解决，但爆破本身对环境产生的影响，也称为"爆破的负效应"，即爆破产生的震动、飞石、噪声、冲击波和粉尘，以及建（构）筑物解体时的触地震动，却是每一个工程都会遇到的，必须加以严格控制。

为确保拆除建筑物的爆破安全、使建筑物拆除顺利进行，必须根据周围环境、建筑物本身的特点及工程要求确定出合理的、切实可行的控制爆破方案。

1. 技术准备

（1）建筑物爆破拆除技术

1）定向倾倒：城市爆破拆除应用最为广泛的应该是定向倾倒，特别是对于场地条件允许的地方，定向倾倒具有工作量小、解体充分和风险性小的特点。例如数年前在上海华骥园进行的 12 栋 6 层、7 层新楼的爆破工程，要求 16 天就要爆破 8 栋住宅楼，其时间紧、任务重，经组织精干队伍进场突击，仅用了 8 天时间钻孔 1.6 万余个，做好了所有爆前处理和相关防护工作，准时起爆 8 栋住宅楼，分 4 次间隔 2s 定向倾倒，一次爆破成功，其场面非常壮观。由于措施得当、飞石控制得好、倒向准确，对周边居民房及高压电线、电杆没有造成任何影响。随后又加班突击将余下 4 栋也准时爆破，创造了两周完成爆破拆除 12 栋 3 万余平方米住宅楼的新速度，充分体现了爆破拆除的优势。

2）定向折叠：由于场地的限制或建筑物比较高（如高层建筑）时可以采取折叠的方法使结构在空中解体，尽量减小倒塌距离，限制渣堆在一个允许的范围内。上海某医院是 16 层高 67m 的框剪结构建筑物。该楼前方倒塌场地只有 40m。采用定向倾倒方式显然是不现实的，而该楼又不能采用其他方法拆除，因为两侧只有 12.5m 距离，后部只有 15m 的空间。经过研究，最后采用折叠式定向倾倒：在爆破过程中利用层间折叠空中解体将堆渣人为控制在 40m 允许的范围内而不影响前面的临街商铺。折叠式爆破具有触地震动小、场地要求较小、解体充分等优点，但对高空飞石防护的要求很高，倒塌的风险程度也较高，对设计施工有特别的要求，必须特别慎重采用。

3）原地塌落：当环境进一步受到限制、四边没有足够距离供倒塌时，采用原地塌落是可行的方法。某 7 层框架厂房拆除时南距高压线 3.5m，西距古树 3m，北距厂房、车棚、变电所 5m，东距厂房 6m，而被爆破厂房高 21.6m。在这样的环境下爆破拆除具有相当高的难度。此次爆破要求拆除速度快，必须保证绝对安全，因此采取了垂直原地塌落又称为叠合式原地塌落方法，使爆破获得了成功。爆破后 7 层楼板整齐地叠合在一起没有偏离原位，周边碎砖块、混凝土块只占地 2～3m，所有需保留的建、构筑物包括古树、高压电线杆均完好无损，距离建筑仅 7m 的高层建筑的玻璃也没有碎一块，开创了狭窄环境下爆破拆除的范例。

4）逐跨坍塌：爆破拆除中因为场地的限制，逐跨坍塌也是比较常用的一种形式，特别是用于砖混住宅楼、工业厂房。采用逐跨坍塌爆破拆除不仅堆渣范围小、解体充分，而且触地震动也较小，对周边建、构筑物影响也减小许多。尤其对于附近有保护建筑、有一定防震要求的爆破拆除，逐跨坍塌的减震效果是十分明显的。在某地区闹市中心上需要对 5 栋居民楼进行爆破拆除。因为周围都是百货商场，居民区又沿马路，防震要求高且政府要求尽量减少对居民、游客、行人的影响，因此采用逐跨坍塌与定向倾倒相结合的爆破方案。中间 3 栋采用逐跨坍塌，两边 2 栋采用向内定向倾倒，成"包饺子形式"。面积 15000m^2 的 5 栋居民楼一次爆破成功，对周边没有造成任何影响，得到一致好评。

5）内折倒塌：一般场馆的四周空间小，中央空间大，适合采用内折倒塌。广州体育馆由 6 座楼馆组成，总面积达 43000m^2。中部先行原地塌落，紧接着四周一起向中间倾倒，形成内折倒塌，确保了四周安全。爆破后距离场馆 9m 处一栋大厦玻璃幕墙丝毫未损，测得震速为 1.5cm/s。

上述 5 种爆破拆除形式只是众多爆破拆除方式中使用较多的方法，这些方法经实践验证是十分有效的，也解决了复杂环境下建筑物拆除的安全可靠性问题。当然，爆破拆除形式的确定最终取决于环境条件。在复杂环境下有时可能需要几种方法结合使用才能达到安全拆除的目的。

（2）构筑物爆破拆除技术

1）水压爆破：水压爆破是构筑物爆破拆除较常用的一种方法，拆除物体是薄壁容器时，采用水压爆破是一种省时省力的方法。把炸药放到水里，起爆后，利用爆炸对水产生冲击，进而爆破物体。一般来说，水压爆破小块飞石少，不用钻孔，劳动强度低，装药方便，拆除速度快。

2）地下支撑爆破：随着高层建筑深基坑的开挖，钢筋混凝土支撑被广泛地应用于地下基坑。钢筋混凝土支撑的特点是强配筋、大面积、多斜撑，深基坑中几道支撑的混凝土用量非常大，给拆除带来很大困难。不解决支撑拆除的速度问题，钢筋混凝土支撑的使用就受到很大限制，支撑爆破最主要的是解决飞石和震动问题。高层一般建在市中心，周边环境十分复杂，除了药量需精确控制以外，更需专门设计双层封闭式防护，保证飞石不出基坑，使支撑拆除危害降到最小。对于震动问题，一般支撑爆破每次面积要达到 $400m^3$ 左右，也就是说一次拆除要用到 300kg 以上的炸药，支撑周边通常有保护建筑、重点文物、科研中心、高架地铁等，这就需要采取有效的减震措施。一方面采用切断纵向支撑，阻断爆破震动的传播，另一方面采用串联延期"鞭炮式"起爆技术，控制一段起爆药量在 1～2kg 上下，一次起爆 300kg 炸药，就要分成 200 余段，而要保证 200 余段延期顺利传爆是一项技术要求很高的事情。

3）高耸筒仓（薄壁结构）的定向倾倒：随着城市改造工程的开展，国内的粮库、水泥仓库、化工厂造粒塔频频被拆除。这类结构都有相当的高度，有些具有多个联体，同时是薄壁结构（壁厚仅 18～20cm），爆破拆除有很大的难度，采用水压爆破会使爆破后大量废水涌出，造成局部地区水患，这在市内是不允许的。有些粮库、水泥仓库由于防水性能很差，虽是薄壁容器，但存水水位一高就容易渗水，也不适宜采用水压爆破。因此，对于高大筒仓的拆除，通常采用先机械预处理，然后爆破倾倒的方法。如对于某些高筒仓的爆破拆除，先用机械将筒仓前壁打空，高度达到筒仓重心外移的倾覆要求，然后在余下筒壁的设计位置上密集布孔，起爆后使筒仓失稳而准确地倾倒在前面空地上，然后再用机械破碎。对于多联体筒仓，因为其高宽比的关系，重心很难移出，倾倒十分困难，可采用人工切开一条缝，将其人为分排切开，然后用上述方法进行机械处理，分多次爆破倒地，从而取得满意的效果。

4）烟囱、水塔爆破拆除：烟囱、水塔等高耸构筑物人工拆除，要搭设全封闭脚手架到顶，拆除速度缓慢，只有在周边的确没有倒向场地的情况下才采用。一般来说，只要有倒向场地，采用爆破拆除是最佳的方案。然而，爆破拆除烟囱等高耸构筑物时，准确定向是最重要的，同时还要防止触地震动和碎石的飞溅。为确保烟囱定向准确，首先应确保倒塌中心线两侧的烟囱结构对称，其次应确保开切口的形状和方式对称，再次应确保形成爆破切口的对称和均匀性，最后要确保支撑部位或受拉筋对称。为降低触地震动，可以采用铺垫砂包或土堆的方式来吸收冲击能量，达到减小震动的目的。防止碎石飞溅的措施有：在坚硬的地板上铺垫沙包软层，或使倒塌中心避开淤泥和饱和土层，以免软泥受冲击飞溅伤人。

2. 现场准备

(1) 全面了解拆除工程的图纸和资料，进行施工现场勘察，编制施工组织设计或专项安全施工方案。

(2) 制定安全事故应急救援预案。

(3) 对拆除施工人员进行安全技术交底。

(4) 为拆除作业的人员办理意外伤害保险，为拆除作业人员准备齐全安全防护用品。

(5) 拆除工程施工区域应设置硬质封闭围挡及醒目警示标志，非施工人员不得进入施工区。

(6) 做好影响拆除工程安全施工的各种管线的切断、迁移工作。当建筑外侧有架空线路或电缆线路时，应与有关部门取得联系，采取防护措施，确认安全后方可施工。

(7) 项目经理必须对拆除工程的安全生产负全面领导责任。项目经理部应按照有关规定设专职安全员，检查落实各项安全技术措施。

(8) 根据拆除工程施工现场作业环境，应制定相应的消防安全措施。

3. 机械、设备、材料准备

(1) 爆破材料在使用前需要检验，不符合技术标准的爆破材料不得使用，用于潮湿、有水工作面的起爆药包，需要进行严格的防水处理；地下开挖禁止使用黑火药，装药时，严禁将爆破器材放在危险地点或机械设备、电源、火源附近。当爆破地点没有可靠的撤离条件时，严禁使用火花起爆。在工程爆破拆除后，炮工应检查所有装药孔是否全部起爆，如发现有瞎炮，及时按规定妥善处理，未处理前，需要在其附近设警戒人员看守，并设明显标志。

(2) 炸药的密度、爆热、爆速、爆力和猛度等性能指标，反映炸药爆炸时的做功能力，直接影响炸药的爆炸效果。增大炸药的密度和爆热可以提高单位体积炸药的能量密度，同时提高炸药的爆速、猛度和爆力。但即使像铵油炸药、水胶炸药或乳化炸药这些可以在现场混制的炸药，过分提高其爆热，也会造成炸药成本的大幅度增加。另外，工业炸药的密度也不能进行大幅度的变动，例如当炸药的密度超过其极限值后，就不能稳定爆轰。因此，根据爆破对象的性质，合理选择炸药品种并采取适宜的装药结构，从而提高炸药能量的有效利用率，是改善爆破拆除效果的有效途径。

4. 拆除前的安全准备

(1) 爆炸材料的领送

领退、运送爆炸材料是爆破工作的一个重要环节，《煤矿安全规程》规定，煤矿企业必须建立爆破材料领退制度、电雷管编号制度和爆炸材料丢失处理办法。电雷管在发给爆破工前，必须用电雷管检测仪逐个做全电阻检查，并将脚线扭接成短路。严禁发放电阻不合格的电雷管。

领退爆炸材料应按以下规定：

① 不论在井上还是在井下，爆破工接触爆炸材料时，必须穿棉布或抗静电衣服。

② 领取的爆炸材料必须符合国家规定质量标准和使用条件；井下爆破作业，必须使用煤矿许用炸药和煤矿许用电雷管。

③ 根据生产计划、爆破工作量和消耗定额，确定当班爆炸材料的品种、规格和数量计划，填写爆破工作指示单，经班组长审批后签章。

④ 爆破工携带"爆破资格证"和班组长签章的爆破工作指示单到爆炸材料库领取爆炸材料。

⑤ 领取爆炸材料时，必须当面检查品种、规格和数量，并从外观检查其质量。发现有质量问题应及时更换。电雷管必须实行专人专号，不得借用、遗失或挪作他用。

⑥ 爆破工必须在爆炸材料库的发放硐室领取爆炸材料，不得携带矿灯进入库房，以防矿灯引爆爆炸材料（附爆炸材料领取安全操作口诀：领取雷管和炸药，凭证单据不能少。入库之前先登记，莫带矿灯进库去。领取之后别大意，各项检查要仔细。品种数量和质量，不要弄错定牢记。雷管脚线扭按牢，入箱加锁保管好）。

爆炸材料的清退应按以下规定：

① 每次爆破作业完成后，应将爆破的炮眼数，使用爆炸材料的数量、品种，爆破情况，认真填写在爆破作业记录中。

② 在爆破工作结束后，必须把剩余的及不能使用的爆炸材料捡起，保证"实领、实用、缴回"三个环节中爆炸材料的品种、规格和数量相一致。

③ 爆破工所领取的爆炸材料，不得遗失，不得转交他人，更不得私自销毁、扔弃和挪作他用，发现遗失应及时报告班组长，严禁私藏爆炸材料。

（2）井筒内运送爆炸材料必须遵守的规定

电雷管和炸药必须分开运送，但在开凿或延深井筒时的装配起爆药卷工作，可在地面专用的房间内进行。严禁将起爆药卷与炸药装在同一爆炸材料容器内运往井底工作面。

运送爆炸材料必须事先通知绞车司机和井上、下把钩工。

运送硝化甘油类炸药或电雷管时，罐笼内只准存放一层爆破材料箱，不得滑动。运送其他类炸药时，爆破材料箱堆放的高度不得超过罐笼高度的 2/3。

在装有爆炸材料的罐笼或吊桶内，除爆破工作人员外，不得有其他人员。

罐笼升降速度，运送硝化甘油类炸药或电雷管时，不得超过 2m/s，运送其他类爆炸材料时，不得超过 4m/s。吊桶升降速度，不论运送何种爆炸材料，都不得超过 1m/s。

在交接班、人员上下井的时间内，严禁运送爆炸材料。

禁止将爆炸材料存放在井口房、井底车场或其他巷道内。除遵守上述规定外，同罐运送爆炸材料，还应遵守国家《爆破安全规程》有关规定：电雷管、导索导爆管和硝化甘油类炸药之间任何两种都不准同罐运送；乳化炸药同硝铵类炸药、硝化甘油类炸药、水胶炸药、雷管、导爆索等任何一种都不准同罐运送；雷管和导爆索可以同罐运送；导火索、导爆索和硝铵类炸药可以同罐运送。

（3）井下用机车运送爆炸材料时的规定

炸药和电雷管不得在同一列车内运送。如用同一列车运输，装有炸药与装有电雷管的车辆之间，以及装有炸药或电雷管的车辆与机车之间，必须用空车分别隔开，隔开长度不得小于 3m。

硝化甘油类炸药和电雷管必须装在专用的、带盖的、有木质隔板的车厢内，车厢内部应铺有胶皮或麻袋等软质垫层，并只准堆放一层爆炸材料箱。

爆炸材料必须由爆炸材料库负责人或经过专门训练的专人护送。跟车人员、护送人员和装卸人员应坐在尾车内，严禁其他人员乘车。

列车的行驶速度不得超过 2m/s。装有爆炸材料的列车不得同时运送其他物品或工具。

（4）用钢丝绳牵引的车辆运送爆炸材料时的规定

《煤矿安全规程》规定，水平巷道和倾斜巷道内有可靠的信号装置时，可用钢丝绳牵引的车辆运送爆炸材料，但炸药和电雷管必须分开运输，运输速度不得超过 1m/s。严禁用刮板输送机、带式输送机等运输爆炸材料。

（5）人力运送爆炸材料时的规定

由爆炸材料库或爆炸材料发放硐室（站）直接向工作地点用人力运送爆炸材料，是井下最常用的运送方法。《煤矿安全规程》规定，人力运送爆炸材料时应遵守以下规定：

电雷管必须由爆破工亲自运送，炸药可由爆破工或在爆破工监护下由其他人运送。

爆炸材料必须装在耐压和抗冲撞、防震、防静电的非金属容器内。电雷管和炸药严禁装在同一容器内。领到爆炸材料后，应直接送到工作地点，严禁中途逗留。

携带爆炸材料上、下井时，在每层罐笼内搭乘的携带爆炸材料的人员不得超过 4 人，其他人员不得同罐上下。

在交接班、人员上下井的时间内，严禁携带爆炸材料的人员沿井筒上下。用人力运送爆炸材料，除遵守上述规定外，还应遵守国家《爆破安全规程》的有关规定：

① 不得提前班次领取爆炸材料，不得携带爆炸材料在人群聚集的地方停留。

② 一人一次运送的爆炸材料量不得超过：同时搬运炸药和起爆材料 10kg；拆箱（袋）搬运炸药 20kg；背运原包装炸药一箱（24kg）；挑运包装炸药两箱（48kg）。运送人员在井下应随身携带完好的带绝缘套的矿灯。

（6）运送爆破材料时常见安全事故

爆破工携带爆炸材料行走中，没有把爆炸材料装在规定的耐压和抗冲撞、防震、防静电的非金属容器内，而是装在衣袋里或炸药和雷管混装在一起，使雷管受到挤压、撞击、摩擦或与电缆、轨道等接触，导致雷管、炸药爆炸。

单人运送爆炸材料的重量超过有关规定，运送人员疲劳过度，且搬运爆炸材料时未轻拿轻放，乱扔乱放而导致雷管、炸药爆炸。

雷管由非爆破工运送，导致运送人不懂运送要求而发生雷管爆炸事故。携带爆炸材料上下罐时，不乘专罐。

机车运送、斜巷矿车运送爆炸材料时，未按《煤矿安全规程》规定，使爆炸材料受到挤压或震动过大，或用带式输送机、刮板输送机运送爆炸材料，引起雷管、炸药爆炸。

人力运送时，不注意来往车辆，被车辆碰伤或撞响爆炸材料。

运送爆炸材料时，粗心大意，或乱扔乱放，造成爆炸材料丢失。

可记忆爆炸材料运送安全操作口诀：运送雷管和炸药，安全第一要记牢。容器坚实非金属，炸药雷管分装好。同箱不能装他物，入箱落锁别小瞧。两箱钥匙保管好，雷管运送要亲劳。规定运量要记牢，数量一定不能超。专罐运药入升井，其他人员莫同行。运送途中要注意，远离电缆和电体。轻拿轻放要仔细，不能冲撞不能敲。运送不准用矿车，皮带溜子更杜绝。运送途中莫乱跑，最小间距不能少。中途直行不逗留，工作地点直接到。爆炸材料运送到，安全保管最重要。避开电气和设备，金属导体不近靠。存放地点无淋水，支架完整顶板好。发爆器和瓦检仪，莫与炸药放一起。爆破之前要做到，警戒线外存炸药。

（7）装药时的安全注意事项

① 严禁使用不能揉松或破乳的炸药，装药前必须用手将硬化的硝铵类炸药揉松，使其不成块状，但不能将药包纸或防潮剂损坏，禁止使用水分含量超过 0.5% 的铵梯炸药和

硬化到不能用手揉松的硝铵类炸药。也不能使用破乳和不能揉松的乳化炸药。

② 有水的炮眼应使用抗水型炸药，因为铵梯炸药受潮后，极易产生拒爆、残爆和爆燃。虽然非抗水炸药常套上防水套，但装药时，易将防水套划破，或装药与爆破间隔时间过长，使防水套失去作用。同时，防水套在炮眼内参加爆炸反应，改变了炸药的氧平衡，增加爆生气体中有毒气体一氧化碳的含量。

③ 注意起爆药卷方向和装药结构，装药时，必须注意起爆药卷的方向，不得装“盖药”、“垫药”或其他不合理的装药结构；不得使起爆药卷爆炸后产生的爆轰波方向与药卷排列方向相反。在现场把正向起爆药卷以外的药卷称为盖药。把反向起爆药卷以里的药卷称为垫药。

④ 不得装错电雷管的段数，爆破工必须按爆破说明书规定的雷管段数进行装药，防止装错。对于这样的要求，一是出于安全角度；二是从爆破效果来考虑。

⑤ 一个炮眼内不得装两个起爆药卷，有的爆破工为了克服间隙效应或在装药量较多的情况下，在一个炮眼内装入两个同段电雷管的起爆药卷，这是极不安全的。

⑥ 坍塌、变形、有裂缝或用过的炮眼不准装药。因为坍塌、有裂缝或用过的炮眼都不完整，装药时容易将药卷卡住，不是装不到底，就是互不衔接，还容易把起爆药卷的电雷管拽出或将药卷包皮刮破。

⑦ 装药时要清除炮眼内煤、岩粉，并使药卷彼此密接。炮眼内存有煤、岩粉时，容易发生瓦斯爆炸事故或爆破事故。因为炮眼内的煤、岩粉使装入炮眼的药卷不能装到眼底或药卷之间不能密接，影响爆炸能的传播，以致造成残爆、拒爆和爆燃，并留下残眼。煤粉是可燃物质，极易被爆炸火焰点燃，喷出孔外，有点燃瓦斯、煤尘的危险。若煤粉参与炸药爆炸的反应过程，就会改变原有爆炸的氧平衡，成为负氧平衡，爆生气体的一氧化碳含量增高，影响人身健康。

⑧ 装药时要用炮棍将药卷轻轻推入，并保证聚能穴端都朝着传爆的方向。

（8）爆破事故及其预防

1）早爆的原因

在正式通电起爆前，雷管、炸药突然爆炸，最容易造成伤亡事故。煤矿爆破作业中，造成炸药、雷管早爆的原因主要有以下几个方面：

① 电流方面：杂散电流。如电机车牵引网路的漏电电流，当其通过管路或潮湿的煤、岩壁导入爆破网路或雷管脚线时，就有可能发生早爆事故。此外，动力或照明交流电路漏电都可以产生杂散电流；雷管脚线或爆破母线与动力或照明交流电源一相接地，又与另一接地电源相接触，使爆破网路与外部电流相通，当其电能超过电雷管的引火冲量时，电雷管就可能发生爆炸；雷管脚线或爆破母线与漏电电缆相接触。有时，爆破工在敷设爆破母线时，不按照规程规定的距离悬挂，或接头破损处未包扎好，都有可能出现这方面的现象。接触爆炸材料的人员穿化纤衣服；爆破母线、雷管脚线碰到具有较高静电电位的塑料制品；雷电天气，在露天、平硐爆破作业中，有可能受到雷电的影响，雷击能产生约20000A的电流，如果直接击中爆破区，则网路全部或部分被起爆，即使雷管较远，也有可能引爆雷管。

② 受到机械撞击、挤压和摩擦：顶板落下的矸石砸到电雷管、起爆药卷，而引起炸药、雷管爆炸；或装药时炮棍捣动用力过大，把雷管捣响；各种起爆材料和炸药都具有一

定的爆轰敏感度。当一个地点进行爆破作业时，可能会引起附近另一处炮眼内的雷管爆炸；硬拽雷管脚线，使桥丝与管体发生摩擦继而产生爆炸。

③ 爆破器具保管不当：爆破器具没有按规定保管。发爆器及其把手、钥匙乱放，或他人用发爆器通电起爆；发爆器受淋、受潮，致使内部线路发生混乱，开关失灵。

2）早爆的预防措施

降低电机车牵引网路产生的杂散电流。雷管起爆时，杂散电流不得超过 30mA。大于 30mA 时，必须采取必要的安全措施；加强井下设备和电缆的检查和维修，发现问题及时处理；存放炸药、电雷管和装配起爆药卷的地点安全可靠，严防煤、岩粉或硬质器件撞击电雷管和炸药；发爆器及其把手、钥匙应妥善保管，严禁交给他人；对杂散电流较大的地点也可使用电磁雷管；当爆破区出现雷电时，受雷电影响的地方应停止爆破作业。

3）拒爆和丢炮的原因

拒爆俗称"瞎炮""哑炮""盲炮"，指起爆后爆炸材料未发生爆炸的现象。拒爆、丢炮是爆破作业中最经常发生的爆破故障，且极易造成人身伤亡事故，因此，应分析其产生原因，找到正确的预防和处理方法，减少和杜绝拒爆、丢炮的发生。

① 炸药方面：使用的炸药硬化变质、超过保质期，雷管无法引爆。有水的炮眼未使用抗水炸药，或使用非抗水炸药而未套防水套，使炸药受潮。

② 雷管方面：雷管制造质量差，桥丝折断，管体有砂眼、裂缝等。混用了不同规格、不同厂家、不同材质的电雷管，或雷管在使用前未经导通或脚线生锈，使爆破网路中雷管的电阻或电引火性能相差较大，出现串联拒爆现象。雷管内炸药受潮或起爆药卷中的雷管位置不当，而造成炸药拒爆。

③ 装药、装填炮泥方面：未按规定进行操作，将雷管脚线捣断或绝缘皮破损，造成网路不通、短路或漏电。装药时把炸药捣实，使炸药密度过大，敏感度降低，出现钝化现象。药卷与炮眼之间存在管道效应，或药卷间有煤、岩粉阻隔。

④ 炮眼间距不合适：特别是不同段雷管的炮眼间距在 0.45m 左右，更容易使邻近眼内的炸药受应力波的影响而出现拒爆。

⑤ 爆破网路连接方面：连接电雷管脚线时有错联或漏联，或爆破网路裸露处相互接触，造成短路。爆破网路的接头接触不良，或网路有漏电现象，使爆破网路电阻过大。质量、规格不同的母线或脚线混用。连好的爆破网路被煤岩砸断或被拉断，使网路断开。

⑥ 起爆电源方面：爆破网路连接的电雷管数量超过发爆器的起爆能力，使单个雷管过电量太少，造成起爆能力相对不足。发爆器发生故障，输出的电过小、充电时间过短或输出能量不足。

4）拒爆和丢炮的预防和处理

① 不领取变质炸药和不合格的电雷管。不使用硬化到不能用手揉松的硝铵类炸药，也不使用破乳和不能揉松的乳化炸药，同一爆破网路中，不使用不同厂家生产的或未经导通的电雷管，同一爆破网路内电雷管的电阻和电引火特性应尽量相近。

② 向孔内装药和封泥时，要小心谨慎，脚线要紧贴孔壁。按操作规程进行装药，防止把药卷压实或把雷管脚线折断、绝缘皮破损而造成网路不通、短路或漏电的现象；网路连接时，连线接头必须扭紧，尤其雷管脚线裸露处出现生锈，连接时应进行处理；连线后认真检查，防止出现接触不良，错连、漏连或煤岩砸断网路等情况。

③ 正确设计和调整爆破网路，爆破网路连接的电雷管数量不得超过发爆器的起爆能力。领取发爆器时，认真检查发爆器的防爆性能和工作性能；炮眼布置合理，间距不能过小，孔径与药径之间比例适当，尽量减少间隙效应。

④ 不准装盖药、垫药，不准采用不合理的装药方式；有水和潮湿的炮眼应使用抗水型炸药。

⑤ 通电以后拒爆时，爆破工必须先取下把手或钥匙，并将爆破母线从电源上摘下，扭结成短路，再等一段时间才可进行沿线检查，找出拒爆的原因。

5）残爆、爆燃和缓爆的原因

残爆是指炮眼里炸药引爆后，发生炮轰中断而残留一部分不爆药卷的现象。爆燃是指炮眼里的药卷未能正常起爆，没有形成爆炸而发生了快速燃烧，或形成爆轰后又衰减为快速燃烧的现象。缓爆是指在通电后，炸药延迟一段时间才爆炸的现象。

残爆、爆燃的原因包括：炸药质量不好，发生硬化和变质或炸药在炮眼内受潮，引起炸药爆炸不完全；电雷管受潮；串联使用不同厂家不同批、不同材质的电雷管；电雷管起爆能力不足，起爆后炸药达不到稳定爆轰，致使爆轰传递中断。装药时，未清净炮眼内的煤、岩粉和积水，装药时炮眼坍塌，或因操作失误，造成炮眼内药卷受到阻隔或分离，炸药爆炸无法延续。装药结构不合理，装了盖药和垫药，影响爆轰波在药卷之间的传爆。装药时药卷被捣实，增加了炸药的密度，降低炸药的爆轰稳定性。炮眼距离过近，使雷管或炸药被爆轰波压死而产生钝化现象。在深孔小直径装药爆破中，管道效应造成药卷敏感度降低，药卷发生爆轰的直径小于爆轰临界直径，并将爆轰方向末端的药卷压死造成残爆。

缓爆的原因包括：使用变质、质量差的炸药；爆轰不稳定，传爆能力不足，威力小；电雷管起爆能力不足；炸药的密度过大或过小，降低了炸药的爆轰稳定性。炸药被激发后，不是立即起爆，而是先以较慢的分解、爆燃方式进行，但在密封的炮眼里，直到最后才由燃烧转为爆轰。

6）残爆、爆燃和缓爆的预防

禁止使用不合格的炸药、雷管。装药前，清除炮眼内的杂物；装药时，使炮眼内的各药卷间彼此密接。合理布置炮眼、合理装药。不装盖药和垫药。减弱或消除管道效应，如隔一定距离在药卷上套硬质隔环，也可使用对抵抗管道效应能力大的水胶炸药或乳化炸药。煤矿井下爆破尽可能使用煤矿许用8号电雷管。起爆药卷内的雷管聚能穴和装配位置应符合要求，粗雷管应全部插入药卷内。处理残爆的方法与处理拒爆时相同。装药时应把药卷轻轻送入，避免把炸药捣实。

7）放空炮的原因

放空炮的主要原因包括：充填炮眼的炮泥质量不好。如煤块、煤岩粉和药卷纸等作充填材料或充填的长度不符合规定，导致空炮。炮眼间距过大，炮眼方向与最小抵抗线方向重合，两者都会使爆破力由抵抗线最弱点冲出，造成眼壁和炮眼口不同程度的破坏，产生空炮。

8）放空炮的预防

充填炮眼的炮泥质量要符合《煤矿安全规程》的规定，水炮泥水量应充足，黏土炮泥软硬适度。保证炮泥的充填长度和炮眼封填质量符合《煤矿安全规程》的规定。要根据煤、岩层的硬度、构造发育情况和施工要求布置炮眼，炮眼的间距、炮眼度和炮眼深度要合理，装药量要适当。

9）爆破伤人事故的原因

爆破伤人事故的原因包括：爆破母线短，躲避处选择不当，造成飞煤、飞石伤人。爆破时，没有执行《煤矿安全规程》有关爆破警戒的规定，有漏警戒的通道，或警戒人员责任心不强，其他人员误入正在爆破作业的地点。处理拒爆、残爆没有按《煤矿安全规程》规定的程序和方法操作，随意处理，致使拒爆炮眼突然爆炸伤人。通电以后出现拒爆时，等候进入工作面的时间过短，或误认为是电网故障而提前进入工作面，造成爆炸伤人。连线前，电雷管脚线没有扭结成短路，导致杂散电流等通过爆破网路或电雷管，造成电雷管突然爆炸而伤人。爆破作业制度不严，发爆器及其把手、钥匙乱扔乱放；任意使用固定爆破母线，造成爆破工作混乱，当工作面有人工作时，另有他人用发爆器通电起爆，造成伤人。一个采煤工作面使用两台发爆器同时进行爆破。

10）爆破伤人事故的预防

爆破母线要有足够的长度，躲避处要选择能避开飞石、飞煤袭击的安全地点。爆破时，安全警戒必须执行《煤矿安全规程》的规定，班组长必须亲自布置专人在警戒线和可能进入爆破地点的所有通路上担任警戒工作。爆破后，只有在解除警戒后，才可到爆破地点检查爆破结果及其他情况。通电以后装药炮眼不响时，可沿线路检查，找出炮眼不响的原因，但不能提前进入工作面，以免炮响伤人。爆破工应最后一个离开爆破地点，并按规定发出数次爆破信号，爆破前应清点人数。爆破工爆破后要认真细心地检查工作面爆破情况，防止遗留拒爆、残爆炮眼。处理拒爆、残爆时必须按《煤矿安全规程》规定的程序和方法操作。爆破工应妥善保管好炸药、雷管及发爆器把手的钥匙，仔细检查散落在煤岩中的爆炸材料，以免伤人。

11）爆破崩倒支架及造成冒顶事故的原因

爆破崩倒支架的原因包括：支架（柱）架设质量不好。如采煤工作面支架（柱）的迎山角不够，楔子打得不紧或棚顶有空，没有接到实茬，只打在浮煤、岩石上。炮眼排列方式与煤层硬度不适应，有大块煤崩出造成支柱被崩倒。爆破参数、炮眼角度不合理，炮眼浅、装药过多，封泥质量差，封孔长度不够，爆破时冲击过大而崩倒支架（柱）。

爆破造成冒顶的原因包括：工作面顶眼距顶板距离太小或顶眼打入了顶板内，爆破时造成冒顶。掘进工作面遇到地质构造，顶板破碎、松软、裂隙发育时，应采取少装药放小炮的方法，不应仍按正常的装药量、炮眼数量、深度等爆破参数进行爆破。一次爆破的炸药量或顶眼装药量过大，对顶板、支架冲击强烈。工作面空顶面积大，支护不全、不牢，崩倒的支架（柱）未及时扶起。

12）爆破崩倒支架及造成冒顶事故的预防

爆破崩倒支架的预防：爆破前，必须检查支架并对爆破地点附近10m内的支护进行加固。掘进工作面的顶帮要插严实，并打上拉条、撑木，实行必要的加固。掘进工作面要选择合理的掏槽方式、炮眼布置、角度、个数等参数。打眼应靠近支架开眼，使底眼正处于两支架的中间。采煤工作面要留有足够宽度的跑道，掘进工作面要有足够掏槽深度。严格按作业规程规定的装药量进行装药，避免出现装药量过大的现象。

爆破造成冒顶事故的预防：掘进工作面遇到地质构造，顶板破碎、松软、裂隙发育时，应采用少装药放小炮或直接挖过去的办法，减少对顶板的震动和破坏。顶眼眼底要远离顶板 0.2~0.3m 的距离；顶眼装药量要按爆破说明书的要求装填。一次爆破的炮眼数和装药量应控制在作业规程范围内。爆破前，应对爆破地点及其附近的支护进行加固，防止支架崩倒。

5. 劳动力准备

（1）拆除人员应进行上岗培训并领取上岗资格合格证书。

（2）根据方案确定的进度要求，落实好劳动人员的组合及工作班次等事宜。

（3）对特种作业人员进行必要体检，并办理好意外伤害保险。

（4）落实班组安全员管理制度，赋予安全员一定的管理权限，进行奖罚。

爆破拆除通过爆破达到拆除的目的，同时保护邻近建（构）筑物和设备的安全，不受到损害。所以爆破拆除是"拆除"和"保护"的矛盾统一体，爆破拆除要按工程要求确定的拆除范围、破碎程度进行爆破。这就要求只破坏需要拆除的部分，需要保留的部分不应该受到损坏；要控制爆破时破碎块体的堆积范围、个别碎块的飞散方向和抛出距离。要控制爆破时产生的冲击波、爆破震动和建（构）筑物塌落振动的影响范围。爆破振动和建（构）筑物的振动效应不能损坏爆破工点附近的建（构）筑物和其他设施，更不能危害居民的人身安全。爆破拆除的总体方案，应进行精心设计、施工。采取有效的防护措施，严格控制炸药爆破作用的范围、建（构）筑物的倒塌运动过程和介质的破碎程度，达到预期的爆破效果，同时要将爆破影响范围和危害作用控制在允许的限度内。

目前大多采用联合拆除方法，主要包括以下几种：

手工＋机械联合拆除。其联合拆除，主要在于机械的破碎能力强，可用于强度较大的部位，如圈梁、立柱等，而人工拆除用于强度弱的部分，如砖墙等。这种方法具有人工拆除和机械拆除两者的优点，同时降低了人工拆除的强度，提高了人工拆除的速度。

手工＋爆破联合拆除。此时的人工拆除就是所说的控制爆破前预处理。一般地，先利用人工拆除拆掉待拆建筑物的墙体，然后进行控制爆破拆除，有可能再进行二次破碎。此种方法联合了人工拆除，使爆破难度降低，在实际中使用得较多。

爆破＋机械联合拆除。即先用控制爆破的方法将待拆建筑物塌落，然后利用机械进行二次破碎，或利用机械方法进行预处理，之后用控制爆破方法将待拆建筑物塌落，当出现块度过大的部分就需要再进行二次机械破碎，从而达到将待拆建筑物拆除的目的。

手工＋机械＋爆破联合拆除。这种方法在现实中使用得比较频繁，一般都是先用手工、机械方法进行预处理，然后用控制爆破方法将待拆建筑物塌落，再进行二次机械破碎。它主要适用于楼群保护性部分拆除或对块度有特别要求的建筑物拆除。

选择拆除方法时，要根据各项预防措施与准备综合地确定拆除方案。

通过介绍不同的拆除方式，读者应了解它们的特点以及各种准备内容、预防措施，结合拆除工程的要求进行可行性分析以确定合适的方案或联合方案。

3.3 拆除工程的施工设计

当前期的准备工作已经准备就绪后，项目的施工设计才是拆除项目的重点，其实施贯穿整个拆除项目阶段。下面将会详细地研究人工拆除项目、爆破拆除项目、机械拆除项目的整个施工设计流程。

3.3.1 人工拆除方案

1. 拆除顺序

拆除的顺序原则上就是按传力关系的次序来确定。即先拆最次要的受力构件，然后拆次之受力构件，最后拆主要受力构件。即拆除顺序是：屋顶板或楼板—屋架或梁—承重砖墙或柱—基础。如此由上而下对称顺序，一层一层往下拆。至于不承重的维护结构，如不承重的砖墙、隔墙可以最先拆除。

在同一楼层结构拆除中，同样先拆次要的结构，再拆主要的结构。对于平屋面结构，应先拆除屋面沿沟、屋面板，再拆除屋面梁，最后再拆除支承梁的立柱或承重墙体；对于楼层结构，应先拆除阳台及外挑结构，然后再拆除楼面板、楼面次梁、楼面主梁，最后拆除支承梁的立柱或承重墙体。

（1）楼板的拆除

楼板分现浇钢筋混凝土板、预制板和木制板三大类。

现浇钢筋混凝土板拆除：现浇钢筋混凝土板通常由纵横相交的一层钢筋混凝土组成，板厚度在 10～15cm。对于现浇钢筋混凝土板采用粉碎性拆除，使用工具一般用风镐、榔头、钢钎等，楼板经外向锤击粉碎后应暂时保留钢筋网，待切割放梁前割除。

预制板的拆除：预制楼板可采用回收或破碎拆除。拆除方法应先将预制楼板逐块分离，用手拉葫芦或绳索将板吊起，下放到下层楼面回收利用或进行破碎。吊板时应注意采取警戒措施，并统一指挥。

木制板的拆除：其要求和屋面板的拆除方式一样。

（2）梁的拆除

次梁的拆除：楼板拆除后，作为联系主梁的次梁即可拆除，拆除时只需将梁的两端各凿一条宽 10cm 的切割缝，割断一端钢筋（先上层、后下层），使次梁一端自然向另一端倾折后，再割断另一端钢筋（先上层、后下层），用绳索将次梁放到下层楼面破碎（图 3-25）。

主梁拆除：主梁（图 3-26）是主要承重者，在次梁等拆除后，主梁除自重以外，不再承担其他重量时即可拆除，拆除时先在两端选择开缺口的位置，离立柱 20～30cm 处作切口，切口呈"V"字形，然后气割钢筋，有条件时可在两头同时割，气割顺序先下后上，先左后右（特殊情况除外），留两根钢筋最后同时割成一段，被留的钢筋最好是弯筋，这样放梁时比较安全。

图 3-25 次梁拆除

（3）立柱的拆除

① 框架结构立柱拆除

在大梁拆除以后，立柱无支撑负担即可拆除。拆除时采取拉倒的方法，把立柱外侧的钢筋凿除保护层后，用气割将钢筋全部切断，然后用钢丝绳向内拉倒再进行破碎。撞击点应设置建筑垃圾或草袋，做好缓冲防震措施。

图 3-26　主梁拆除

② 砖结构立柱拆除

砖结构立柱拆除只要在砖柱旁边搭一个架子，人站在架子上用榔头对砖柱作粉碎性拆除即可。

（4）墙体的拆除

墙体按其结构分为土墙、砖墙、钢筋混凝土墙，按其作用分为剪力墙、承重墙、分隔墙、装饰墙等。

承重墙通常为砖墙和现浇钢筋混凝土墙。在它所支撑的所有结构拆除以后，方可开始拆除。对内隔墙室内搭架子，从上至下作粉碎性拆除，对边墙切断窗户上的圈梁或窗过梁，系绳子把窗台上的部分向内拉下来，下面部分作粉碎性拆除。

混凝土现浇剪力墙的拆除是将墙体切割分块、放倒后进行破碎，具体方法如下：在剪力墙的左、上、右三面用风镐打一条槽，槽宽约 10cm；在下面凿除一侧的钢筋保护层（宽度约 5cm）；用气割将钢筋割断，先割上部，后割左右两侧（每侧各留两根最后割），最后割靠地面一侧钢筋和两侧预留的钢筋；用绳索将墙体向一侧拉倒，外墙应向内侧拉倒；放倒后进行破碎处理。

2. 人工拆除进度计划及措施

为保证总目标的实现，要以质量、安全为第一原则，以进度为核心。以总进度工期为依据，分解进度，建立进度控制目标。

（1）明确工期进度控制方法与原则

按施工阶段分解，突出控制节点。以关键线路和次关键线路为线索，以网络计划中心起止点为控制点，例如在梯道拆除施工阶段，把挡土墙施工作为重点控制对象，在施工中要针对不同阶段的重点和施工时的相关条件，制定施工细则，做出更加具体的分析研究和平衡协调，保证控制节点的实现。

按施工单位分解，明确分部目标。对参加的各个施工专业，以总进度网络为依据，明确各专业队伍的施工目标，通过合同责任书落实施工责任，以分头实现分部目标来确保总目标的实现。

按专业工种分解，确定交接日期。在不同专业和同工种或不同工种的任务之间，要强调相互之间的衔接配合，确定相互之间的交接日期，强调为下道工序服务，并需承担因耽误下道工序而造成的窝工等损失及总工期（关键路线上）损失。强化工期严肃性，保证工程进度不在本工序延误。通过对各道工序完成质量的掌握与时间的控制达到各分部工程进度计划的实现。

按总进度网络计划的时间要求，将施工总进度计划分解成月度及旬度计划，这样将更有利于计划目标的控制。

控制原则为下级计划目标必须达到上级计划目标的要求。

（2）实现工期进度计划的动态控制

施工阶段进度计划的控制是一个循环渐进的动态控制过程，施工现场的条件与情况千变万化，项目经理部要随时了解和掌握与施工进度相关的各种信息，不断将实际进度与计划进行比较，从中明确二者之间的差异状况，一旦发现进度拖后，首先分析产生偏差的原因，并系统地分析对后续工序产生的影响，在此基础上提出修改措施，以保证项目最终按预计目标实现。

（3）保证工期的技术措施

① 编制切实可行的施工组织设计方案及各分部工程的技术交底，提前落实图纸和现场施工的技术问题和措施，保证设计变更在施工前落实到位，杜绝返工现象。

② 为使现场施工用水、用电保持正常供应，维护正常施工秩序，现场应自备 1 台柴油发电机组，确保供电网络和自来水管路在停电、停水时能够供应必需的施工用电、用水。

③ 保证各施工机械和各种周转材料的投入，坚持按审定的施工方案组织现场施工。

④ 大力推广新技术、新材料、新工艺、新设备的应用，充分发挥科技进步的作用，提高效率，加快施工进度。

⑤ 加强后勤供应，成立专门的后勤机构，服务于该工程的全过程，做到既不影响工程进度又保证工程质量。

⑥ 除充分利用白天时间外，也可充分利用夜间进行一些噪声小的单元工程施工。

3. 安全防护措施

（1）沿街的安全技术防护措施

如果该建筑物位于交通要道，人流、车流量较大，地势比较复杂的位置，为防止拆除建筑物时碎石掉落伤人，拆除红线范围内下部采用不低于 2.5m 彩钢板进行封闭，上部使用钢管脚手架及竹跳板进行立式硬质全封闭式施工。

拆除前，要对被拆除建筑物进行全面详细的检查分析，根据分析研究结果对旧建筑物中的电力线、上下水管道、暖气管进行彻底检查、消除或切断、迁移，施工中所用电源须另行架设，不得利用原建筑物中敷设的电线和电源。

拆除前，还要在拆除物的周围设置围栏，四周交通道路要悬挂警告标示，对附近保留的旧建筑物、临街人行道路上方应进行封闭式防护，并应设专人巡回监护，拆除两层以上或高大复杂的建筑物时应根据需要，搭设标准脚手架和拆除工作操作平台。

（2）高处作业安全技术措施

从事高处作业的人员必须要经过身体检查，严禁患有高血压、心脏病、精神病等一切不适合高处作业的人员从事该作业。

高处作业严禁投掷物料，无防护设施时必须系好安全带。

高处作业（图 3-27）使用各种梯子（包括竹、木梯）、铁凳、木凳时应保证其牢固平稳，梯子不得缺档，不得垫高使用，脚部必须包扎橡皮，人字梯间有拉接保险，两凳间搭设脚手板的间距不大于 2m，禁止两人同时上凳操作。

高处作业材料应堆放稳妥，工具随手放入工具袋，防止坠落伤人。

遇有恶劣气候和六级以上强风、迷雾、雷雨等情况时，应停止高空和露天作业。

（3）施工用电安全技术措施

拆除电线、电器设备必须由具有上岗操作证的专业电工实施，应确认电源切断后才能从事拆除操作。

在拆除被拆建筑物内的全部电源、电线和电气设备后，其他作业人员方可进场实施拆除施工。施工所需临时用电按规范要求设置，不得利用原建筑内的电线、电气设备进行

图 3-27 高处作业

安装。

拆除工人不得私拉乱接电线，确需使用电时应报项目部，由项目部指定专业电工进行配置。

电动工具应检查导线、绝缘、接地（接零）是否良好，确保安全用电。

在高压线附近作机械作业或传送拆除物时，应与高压线保持一定的安全距离，必要时还应做好围挡防护，并指定专人监护。

在进行房屋拆除前，事先应做好断水、断电、断气工作，由水电班进行检验无误后，方可进行房屋的拆除施工。

（4）施工现场的安全措施

1）拆房施工作业前的安全管理

应根据拆房工程的具体情况，编制拆房施工组织设计、沿街安全防护通道安装、拆除专项方案和安全事故应急救援预案，其组织设计或专项方案必须经项目经理和技术负责人审批签字后方可实施。

制定各项规章制度及各工种的安全操作规程，建立健全安全生产责任制和目标管理体系。

拆除施工人员在上岗前必须经"三级"安全教育考试合格后方可上岗作业。

拆房施工技术负责人在施工作业前，应当向拆房施工作业人员作书面安全技术交底，被交底人应当了解该项技术作业的基本要求和安全操作规程，在相关文件上签字，并受安全管理人员的监督检查。

必须在工地现场固定场所设置下列标牌：工程概况牌、房屋拆除安全生产牌、文明施工牌等。在拆除工程施工现场醒目位置应设置施工标志牌、安全警示标志牌，采取可靠防护措施，实行封闭施工管理。

晚间在危险区域设置红灯，以提醒行人车辆引起注意，避免发生安全事故。

2）拆房施工作业时的安全管理

拆房施工作业应严格按国家强制性标准、施工组织设计或拆除方案实施。拆除建（构）筑物通常应自上而下，对称顺序进行，不得数层拆除，当拆除一部分时，先应采取加固措施，防止另一部分倒塌。

拆房施工作业人员应正确穿戴劳动保护用品，戴好安全帽（图 3-28），高处作业应系好安全带，不得冒险作业。

图 3-28　安全帽

进行拆房施工作业时严禁向下抛掷物件，拆卸各种材料（图 3-29）应及时清理，分别堆放在指定场所。

图 3-29　拆卸材料

在拆房施工作业过程中，实行动态安全管理，定期、不定期地进行安全教育和安全检查，对发现事故隐患应及时督促整改。

针对各班组的安全工作情况，项目部要定期召开安全例会（图 3-30），分析安全形势，提出存在问题，指出解决办法。

图 3-30　安全例会

在拆房施工作业过程中，如发现文物、爆炸物以及不明电线（缆）、管道等应停止施工，采取必要的应急措施，经处理后方可施工。如发现有害气体外溢、爆炸、坍塌、掩埋或人员伤亡事故，须及时向公安部门及有关部门报告。

施工现场醒目位置应设置安全标语牌、张贴安全标语或张挂安全横幅，增强职工的安全意识（图 3-31）。

夜间清运建筑垃圾时，应在工地设足够的照明灯具（图 3-31），清运车辆进出工地时应注意行人和车辆的安全，由专人指挥。

图 3-31　夜间施工照明

3）施工现场的消防安全措施

施工现场加强对明火的管理和控制，对危险场所及易燃易爆的区域要设置禁火区，在禁火区内不得动用明火或吸烟，动用明火必须办理审批手续。

及时清除、分类堆放拆除下来的易燃材料，指定专人负责。

应认真贯彻落实《安全生产法》《消防法》的有关要求，真正将"预防为主，防消结合"的消防工作方针落到实处，同时应能及时应对本项目范围内可能发生的火灾事故，以最快的速度开展应急救援行动，采取有效的措施，防止火情和事态的进一步蔓延，最大限度地减少人员伤亡和财产损失，把事故危害降到最低程度。

① 报警程序

当施工现场的某个部位发生火灾时，发现火情人员应立即报告项目部有关领导或班组长，由项目部有关领导或班组长立即拨打"119"报警，必要时发现火情人员可以直接拨打"119"火警。报警内容简要明确，主要报警内容包括：火灾地点或部位、项目部名称、火灾的初步原因、火势情况、人员伤亡及财产损失情况等。

② 火警响应

当火灾报警器响应时（图 3-32），项目部消防指挥领导小组成员应火速赶赴事故现场，在消防大队及公司指挥人员未到达之前，由项目部临时指挥应急救援工作，按照预案制定的计划统一指挥，协调有关力量迅速对重大问题做出决策，尽快增加援助人手展开施救工作。利用现场的消防器材力争将火势控制住，尽可能减少人员伤亡和财产损失。

③ 疏散应急措施

火情发生后，消防小组组员根据火情发生的位置、扩散情况及威胁的严重程度，先组织起着火部位受灾人员向安全地带应急疏散。然后，再根据火情发展趋势，组织附近区域

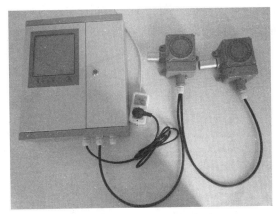

图 3-32　火灾报警器

人员疏散。消防小组成员在正确引导该区域附近人员疏散的同时，还应调集紧急医疗药品器械，对受伤人员进行临时抢救医治。

为更好地应对紧急情况，消防小组成员应听从并协助消防大队工作人员的现场指挥。

④ 做好现场保护

事故发生后，项目部应积极采取有效措施，严格保护事故现场，妥善保存现场重要痕迹、物证，有条件的可以拍照或录像。清理事故现场，应在调查组取证确认，并充分记录，经有关部门同意后，方能进行。任何人不得借口恢复生产，擅自清理现场，掩盖真相。

⑤ 施工现场的应急处理设备和设施

保证电话在事故发生时能畅通使用，工地应装固定电话，并给管理人员配置移动电话。

配备急救箱（图 3-33）。急救箱内配备的药品能保证现场急救的基本需要，并根据不同情况予以增减，定期检查补充，确保随时可供急救使用。定期更换超过清毒期的敷料和过期药品，每次急救后及时补充。

图 3-33　急救箱

现场应配备应急照明，如可充电工作灯、手电筒、油灯等设备。为了安全逃生、救生需要，还应配备安全带、安全绳、担架等专用应急设备和设施工具。

施工现场应配备足够的灭火器材（图 3-34），对作业人员要进行消防知识的教育和培训，使作业人员能正确选择、使用消防器材。

图 3-34　消防器材

（5）文明施工与环境保护措施

1）施工现场文明施工措施

施工现场的施工区和生活区要分离，围栏设置要达到规定要求。

材料堆放要整齐，场地要平整，道路和排水要畅通。

有危险施工区域必须及时设立警示标志，并采取警戒措施。

施工中不得损坏地下管线及场地周围的市政设施和绿化。

工地内应有必要的职工生活设施，符合卫生、通信、照明等要求，男女住宿分开不得混居。

工地人员严禁嫖娼违法行为，严禁赌博，严禁内外偷盗。

进入工地施工人员必须交验有效身份证、就业登记卡等照片，并进行工前、治安、管理、安全教育，通过体检合格后，才准许上岗。

2）环境保护措施

结合拆除工程实际，施工现场的环境保护主要包括以下几方面：

遵守国家、省市有关规定，采取有效措施，控制施工现场的各种粉尘、废气、废水、固体废弃物及噪声振动对环境的影响。

水环境整治方面，污水须沉淀后达标排放。

气环境方面，控制扬尘，做到净车出场，密闭化运输。对施工现场的施工道路、建筑垃圾、材料堆放场地及其他作业区，在连续高温地面干燥时，要经常洒水湿润，保持尘土不飞扬。

声环境方面，严格控制夜间施工，防止噪声扰民。

综合整治方面，实现文明施工，净化现场环境，创建文明、安全、环保工地。

3.3.2　爆破拆除方案

支撑爆破拆除是将很多的小药包分散填埋于预先设计好的孔中，运用微差爆破技术，分段延时起爆，使爆破后既能达到预期的爆破效果，又能把爆破震动、冲击波、飞石、噪声和粉尘等对环境危害的程度控制在规定的范围之内的爆破技术。

按照部位不同采用不同爆破强度等级和炸药等级，根据周围环境，针对不同层次支撑系统和同一层支撑系统所处位置的不同，选择不同爆破等级，确保周边环境的安全，同时又要尽量缩短施工工期。

1. 爆破工程分级管理（表3-2、表3-3）

由于拆除的建筑物不同，爆破要求不同，应尽可能达到最佳效果。比如说硐室爆破工程、大型深孔爆破工程、拆除爆破工程以及复杂环境岩土爆破工程，应实行分级管理。

爆破工程分级　　　　　　　　　　　　　　　　　　　　　表3-2

爆破工程类别	爆破工程按药量 $Q(t)$ 与环境分级			
	A	B	C	D
硐室爆破	$1000 \leqslant Q \leqslant 3000$	$300 \leqslant Q < 1000$	$50 \leqslant Q < 300$	$0.2 \leqslant Q < 50$
露天深孔爆破	—	$Q \geqslant 200$	$100 \leqslant Q < 200$	$50 \leqslant Q < 100$
地下深孔爆破	—	$Q \geqslant 100$	$50 \leqslant Q < 100$	$20 \leqslant Q < 50$
水下深孔爆破	$Q \geqslant 50$	$20 \leqslant Q < 50$	$5 \leqslant Q < 20$	$0.5 \leqslant Q < 5$
复杂环境深孔爆破	$Q \geqslant 50$	$15 \leqslant Q < 50$	$5 \leqslant Q < 15$	$1 \leqslant Q < 5$
拆除爆破	$Q \geqslant 0.5$	$0.2 \leqslant Q < 0.5$	$Q < 0.2$	—
城镇浅孔爆破	—	环境十分复杂	环境复杂	环境不复杂

注：爆破作业环境包括三种情况：环境十分复杂指爆破可能危及国家一、二级文物，极重要设施，极精密贵重仪器及重要建（构）筑物等保护对象的安全；环境复杂指爆破可能危及国家三级文物、省级文物、居民楼、办公楼、厂房等保护对象的安全；环境不复杂指爆破只可能危及个别房屋、设施等保护对象的安全。

针对不同的爆破区域采用不同的药量，以控制爆破作业诱发的地表震动，确保拆除物和四周建（构）筑物和管线的安全。

2. 爆破作业人员的任职条件与职责

（1）爆破工作领导人，应由从事过3年以上爆破工作，无重大责任事故，熟悉爆破事故预防、分析和处理并持有安全作业证的爆破工程技术人员担任。其职责是：

主持制定爆破工程的全面工作计划，并负责实施；

组织爆破业务、爆破安全的培训工作和审查爆破作业人员的资质；

承担 A、B、C、D 级爆破工程设计单位的条件　　　　　　　　表3-3

工程等级	设计单位条件	
	人员	业绩
A	高级爆破技术人员不少于2人，持相应A级证书者不少于1人	相应1项A级或2项B级成功设计
B	高级爆破技术人员不少于1人，持相应B级证书者不少于1人	相应1项B级或者2项C级成功设计
C	中级爆破技术人员不少于2人，持相应C级证书者不少于1人	相应1项C级或2项D级成功设计
D	中级爆破技术人员不少于1人，持相应D级证书者不少于1人	有一般爆破施工经验

监督爆破作业人员执行安全规章制度，组织领导安全检查，确保工程质量和安全（图 3-35）；

图 3-35　实行安全检查

组织领导爆破工作的设计、施工和总结工作；

主持制定重大或特殊爆破工程的安全操作细则及相应的管理规章制度；

参加爆破事故的调查和处理。

（2）爆破工程技术人员应持有特种作业操作证（图 3-36）。其职责是：

负责爆破工程的设计和总结，指导施工，检查质量；

制定爆破安全技术措施，检查实施情况；

负责制定盲炮处理的技术措施，并指导实施；

参加爆破事故的调查和处理。

图 3-36　特种作业操作证

（3）爆破段（班）长应由爆破工程技术人员或有 3 年以上爆破工作经验的爆破员担任。其职责是：

领导爆破员进行爆破工作；

监督爆破员切实遵守爆破安全规程和爆破器材的保管、使用、搬运制度；

制止无特种作业操作证的人员进行爆破作业；

检查爆破器材的现场使用情况和剩余爆破器材的及时退库情况。

（4）爆破员、安全员、保管员和押运员应符合以下条件：

年满 18 周岁，身体健康，无妨碍从事爆破作业的生理缺陷和疾病；

工作认真负责，无不良嗜好和劣迹；

具有初中以上文化程度；

持有相应的安全作业证。

（5）爆破员的职责：

保管所领取的爆破器材，不应遗失或转交他人，不应擅自销毁和挪作他用；

按照爆破指令单和爆破设计规定进行爆破作业；

严格遵守相应规程和安全操作细则；

爆破后检查工作面，发现盲炮和其他不安全因素应及时上报或处理；

爆破结束后，将剩余的爆破器材如数及时交回爆破器材库。

取得爆破员安全作业证的新爆破员，应在有经验的爆破员指导下实习3个月后，方准独立进行爆破工作。在高温、有瓦斯或粉尘爆破危险场所的爆破工作，应由经验丰富的爆破员担任。爆破员跨越和变更爆破类别应经过专门培训。

（6）安全员应由经验丰富的爆破员或爆破工程技术人员担任，其职责是：

负责本单位爆破器材购买、运输、贮存和使用过程中的安全管理；

督促爆破员、保管员、押运员及其他作业人员按照规程和安全操作细则的要求进行作业，制止违章指挥和违章作业，纠正错误的操作方法；

经常检查爆破工作面，发现隐患应及时上报或处理。工作方面，瓦斯超限时有权制止爆破作业；

经常检查本单位爆破器材库安全设施的完好情况及爆破器材安全使用、搬运制度的实施情况；

有权制止无爆破员安全作业证的人员进行爆破工作；

检查爆破器材的现场使用情况和剩余爆破器材的及时退库情况。

（7）爆破器材保管员的职责：

负责验收、保管、发放和统计爆破器材，并保持完备记录；

对无爆破员安全作业证和领取手续不完备的人员，不得发放爆破器材；

及时统计、报告质量有问题及过期变质失效的爆破器材；

参加过期、失效、变质爆破器材的销毁工作。

（8）爆破器材押运员的职责：

负责核对所押运的爆破器材的品种和数量；

监督运输工具按规定的时间、路线、速度行驶；

确认运输工具（图3-37）及其所装运爆破器材符合标准和环境要求，包括几何尺寸、质量、温度等；

图 3-37　运输工具

负责看管爆破器材，防止爆破器材途中丢失、被盗或发生其他事故。

(9) 爆破器材库主任应由爆破工程技术人员或经验丰富的爆破员担任，并应持有相应的安全作业证。其职责是：

负责制定仓库管理条例并报上级批准；

检查督促保管员履行工作职责；

及时按期清库核账并及时上报过期及质量可疑的爆破器材；

参加爆破器材的销毁工作；

督促检查库区安全状况、消防设施和防雷装置，发现问题，及时处理。

前面介绍了关于爆破拆除的爆破分级管理和各个岗位上的职责，以下介绍的是爆破拆除的具体实施方案。

(1) 爆破拆除设计参数

爆破拆除设计参数包括：最小抵抗线 W，孔径，排距 b，单位耗药量 q 及装药量 Q 等；同时对爆破震动强度的大小要估算和控制。控制爆破设计参数的选取原则及选取方法如下：

最小抵抗线 W 的选取：最小抵抗线 W 是控制爆破的一个主要参数，要根据爆破体的几何形状和尺寸、钻孔直径、需要的破碎块程度大小等因素来决定。

最小抵抗线不宜太小，过小的抵抗线装药量很难控制，而且容易因钻孔误差引起碎块飞散过远。实践经验表明，对直径 $d＝30～45mm$ 的钻孔，最小抵抗线值不应小于 15cm，控制爆破的规模、装药量，也要求最小抵抗线不能过大。因为抵抗线越大，装药量就越多，而钻孔的装药长度在控制爆破中是有限制的。经验表明，用于控制爆破的抵抗线值取 $0.4～0.7m$ 较为理想，最大不宜超过 1m。混凝土、钢筋混凝土的构筑物要取小一些；三合土、浆砌片石等可以选取大一些的值。孔距 a 与最小抵抗线 W 成正比，比值用密集系数 m 表示，即 $m＝a/W$。

在控制爆破中，m 值要大于 1。在混凝土构筑物中，m 值为 $1.0～1.3$；浆砌片石中 m 值为 $1.0～1.5$；砖砌构筑物中 m 值为 $1.2～2.0$。

排距 b 的选取应视爆破方法而异，多排齐发爆破的排距 b 要略小于孔距 a，多排微差爆破的排距 b 可选用最小抵抗线 W 的值。

孔深 L 的选取：炮孔深度 L 也是影响控制爆破的一个重要参数，在选取时要注意以下几点：①孔深与爆破件的厚度 H 有一定关系。当爆破件底部有临空面时，L 取 $(0.55～0.65)H$；无临空面时，L 取 $(0.75～0.8)H$。孔底留下的厚度要等于或略小于侧向抵抗线。②孔深要比最小抵抗线大，并要保证炮孔堵塞长度不小于最小抵抗线。③任何时候孔深也不能小于 20cm，否则会产生冲炮。④从钻孔和装药的角度看，孔深不要大于 2m。也就是说，控制爆破的孔深在 $0.2～2m$ 之间。

单孔装药量 Q 的计算：

在破碎控制爆破中，单孔装药量 Q 由下式计算

$$Q＝qV（g）$$

式中　V——该孔所承担的爆破体体积（m³）；

　　　q——单位耗药量（g/m²）（表 3-4）。

q 值与爆破体的材质、临空面数及周围的安全要求有关，可按表 3-4 经验值选取，表

中数值随临空面个数相应地增加或减少，大致每增加或减少一个临空面，药量要减少或增加 15%～20%。

V 的计算应视具体情况，如果类似于深孔台阶爆破，那么 $V=W \times a \times L$。如果是厚度为 B、高度为 H 的梁，这时一般 $W=1/2B$，$L=(0.75～0.85)H$，但该孔承担的爆破体体积要用下式计算：

$$V=B \times a \times H$$

控制爆破单位耗药量 q 值   表 3-4

爆破体材质	$q(g/m^2)$
松软的混凝土	120～150
致密坚实的混凝土	150～180
浆砌片石坞工	160～200
小截面钢筋混凝土	280～340
布筋较密的钢筋混凝土	360～420
三合土	500～800
砖砌块（水泥砂浆砌缝）	500～600

（2）装药结构

为了保证爆破块度均匀，防止药量集中引起碎块飞散过远，当孔比最小抵抗线大得多时，要用分层装药结构。

分层装药的药包数 n 可以用下式计算：

$$n=L/a（取整数）$$

当钻孔各部位的抵抗线大小相等或相差很小时，每个分层药包的装药量按单孔装药量与分层数的比值计算。当各部位抵抗线值相差较大，或者各部位的材质不同时，分层药包的药量按该药包承担的爆破体体积与该部位材质的 q 值的乘积计算。

分层药包在钻孔中的位置应遵循下列原则：

① 最上层药包与孔口的距离要略大于最小抵抗线值。

② 药包所处的位置要避开薄弱面，如混凝土结合面以及抵抗线过小的部位。

③ 当爆破体底部及四周无临空面时，底药包的重量可以增加 20% 左右，以保证底部的破碎效果。

④ 根据各层药包所处位置的临空面的情况来增减药量。尤其是上层药包，很多情况下它的临空面条件较好，必须要注意减少装药量，否则容易产生过远的飞石。

⑤ 计算各层装药量时还要注意起爆方式，如果各层药包用导爆索串联同时起爆，那么计算药量时要减去导爆索的药量，一般每米导爆索折合硝铵炸药约 2g。

（3）爆破震动强度的核算

当爆破震动是主要的控制对象时，可以按下式计算爆破时质点震动速度的大小，即：

$$v=K(Q^{1/3}/R)^\alpha$$

式中　v——介质质点振动速度（cm/s）；

Q——一次起爆的炸药量（kg）；

R——爆源中心到计算速度地点的距离（m）；

K——介质震动系数，与地质条件有关，主要取决于爆破地震波传播途径中的介质性质，土壤中 $K=200$，岩石中 $K=30\sim70$；

α——爆破震动衰减指数，与距离远近有关，近距离时 $\alpha=2$，远距离时 $\alpha=1$，一般情况 $\alpha=1.5$。

对不同建筑物，其允许承受的震动速度有一定值，由该值可以推算一次容许起爆的最大装药量为：

$$Q=R^2(V/K)^{3/\alpha}$$

在控制爆破时要严格控制一次起爆的药量，如果超过设计药量，就要用毫秒爆破技术或缩小一次爆破的范围来减少一次起爆的总药量。

由于爆破环境复杂，爆破拆除对安全的要求很高，通常要在以下几方面对爆破进行控制：

① 控制爆破时碎块的飞散距离，要求在一定范围内或在某一方向不能有飞石。有时要求整个爆破体不能有一块飞石。

② 控制爆破震动强度，确保周围建筑物或一些机械、仪器的安全。特别是要控制一些年久失修、很不耐震的民房处的震动强度，减少不必要的损失和避免发生纠纷。

③ 控制爆破时冲击波的强度，尤其在厂房内或建筑物旁的爆破，要防止爆破时产生的空气冲击波对门、窗等结构的破坏。

④ 控制爆破破坏范围的大小。当需要在某一部位中破坏一部分而又要确保留下部分的完整性时，应特别注意使爆破破坏控制在一定范围内。

⑤ 控制爆破噪声的大小。在居民区爆破，爆破噪声会引起居民的恐慌，甚至对一些病人产生不良的后果，这时要加强对噪声的控制。

3.3.3 机械拆除方案

机械拆除是一种十分普遍的拆除技术，它通常和人工拆除技术结合在一起，前面也介绍了机械拆除通常会用到液压剪、液压锤这类的设备，它的条件不像爆破拆除技术那样苛刻，而且它对周围环境的影响也比爆破拆除技术小，当面对地势比较复杂人流量比较大的建筑物拆除时，机械拆除是一个比较不错的选择。

机械拆除和爆破拆除的对比：

① 爆破拆除法是多点装药，在可能打孔的地方都能装药，一栋楼房需要爆破的地方可全部装药，并在瞬时起爆，楼房顷刻倒塌。机械拆除只能用剪或锤进行破碎，是一点一点地作业，破碎一栋楼是要花费若干时间的，是以台班计的。爆破拆除法都是爆破掉建筑根部的楔形部分，使其重心外移而倾倒。只要爆破掉根部的楔形口，不管楼层多高，都会倾倒。机械拆除只能一点一点破碎，即使有局部结构整体塌落的可能，也要尽量避免，因为这样易出现砸车伤人的危险。

② 在施工的风险性方面：爆破施工经过长期的准备，最后在爆破的一瞬完成作业，成功的可能性很大，但暗藏的风险也大，例如楼不倒、满天飞石等。机械施工是逐步破碎，风险较小，只要工期足够，总能拆完，但也应讲究施工方法。爆破法是一次性的爆炸

及碰撞，噪声及震动强度较大；机械拆除是长期不断地产生噪声及震动，强度可能不大。

由于爆破法所具有的特点，城市拆除中它的应用面虽有限制，但在特高、特硬、周围无其他建筑时其还是主要拆除手段之一。人工、机械拆除与爆破拆除法可以相结合。爆破拆除法是把人工、机械拆除作为其辅助手段，反过来也可把爆破拆除作为人工、机械拆除的辅助手段，这将是一个发展方向。

目前，施工难度大、环境复杂的拆除工程，已普遍采用机械与爆破相结合的联合作业，其中人工、机械拆除在局部作业中施工方便，安全性好，影响范围和约束限制少，弥补了爆破施工的不足。因此在控制爆破拆除中灵活应用人工、机械拆除的优势和特性，可降低爆破控制的难度，增强作业的安全性。

人工机械拆除法是以机械为主、人工为辅的拆除方法。依其拆除原理的不同，主要划分为4种。

① 分割解体、逐块吊装法：该法是根据建筑结构自身的特点，利用切割技术将梁、柱和板整体成块切割分解，再用起重设备吊装拆运。切割方法有风镐、氧气切割等简易方法，有高压水射流切割、高压电流切割、火焰喷射切割、激光切割等先进方法。

② 冲击破坏、逐步解体法：利用重力锤的冲击动能对结构进行破坏，按施力方式的不同，分手工拆除和机械重力锤冲击拆除两种类型。机械重力锤冲击拆除受机械设备的限制，拆除楼层高度不大，对低矮楼房而言是一个高效安全的拆除手段。典型设备有液压镐、吊锤、液压剪等。

③ 推力臂拆除法：该法采用具有收缩长臂的独立行走机械，强力推倒目标物。其拆除速度快，但须保证推力臂承受的作用力在机械支架所允许的受力范围内，该法拆除建筑物的高度也很有限，典型设备有挖掘机。

④ 机械牵引定向倒塌法：采用牵引设备直接将目标物拉倒。施工中所需控制面积大，牵引机与拆除建筑物的距离应不小于 1.5 倍建筑物高度，牵引金属绳的直径不小于25mm，此法有噪声大和清场耗时等不利因素，典型设备是大功率推土机。

人工机械拆除法不动用爆炸物品，安全性好，噪声和粉尘污染小，无须办理繁杂的审批手续，作业方式灵活、范围时间限制少，适合于人口和建筑物密集或危险地带的建筑物拆除；缺点是效率低，工期长，安全隐患多，相对综合效益差，适用于工期不紧，结构为板式、梁柱结构及高度 15m 以下中小型建（构）筑物的拆除。

前面提到了机械拆除和爆破拆除结合在一起会达到更好的效果，下面详细地说明两种拆除方法应如何结合。

（1）高宽比小的建筑物拆除联合作业

高宽比小的建筑物爆破拆除较难，原因是其重心相对较低，难以实现定向倒塌。原地坍塌爆破量大，塌落冲量较小，解体不充分，可能造成上部未爆破部分整体坐落，而加大后续拆除作业的难度，甚至可能还需要重新爆破。为此，采用机械与爆破的联合作业方法，先用人工、机械在一定部位开出自上而下的垂直切割缝，将其分割成多个独立的狭长高耸建筑物，增大其高宽比，再采用定向倒塌的爆破方法拆除，其倾覆倒塌、解体破坏的可靠性将大大增加。下面以北京市某一粮库拆除为例说明其应用。

【例 3-1】某粮库由高 26m、直径 6m、壁厚 20cm，10 个为一组，两两相切排列 3 排的 20 个圆筒组成。整体被地表下 144 根断面为 50cm×40cm、高 2m 的立柱支撑，均为钢筋混凝土结构。拆除尺寸（长×宽×高）为 50m×20m×26m。高宽比仅为 1.3，显然不易实现倾倒。因此确定采用机械与爆破联合作业的拆除方案。其具体做法如下：

用机械挖走东西两侧的土，露出地下立柱，使其与筒仓同时爆破，以增大落高和倒塌的可靠性。

采用人工风镐等切割方法将组合筒仓沿长中线一分为二。筒仓的顶板、仓壁、底板均沿中线砌缝，露出钢筋，缝宽大于 10cm。临爆破前再用气割切断钢筋，使整个筒仓自上而下分解为两个独立的高耸待爆体，此时高宽比增大了一倍多，达 2.8，大大增加了倒塌可能性。

对分割解体的筒仓，按照切割线两侧定向倒塌爆破设计要求，进行钻孔装药爆破拆除。

对塌落后的筒体采用液压冲击锤进行补充破碎。筒仓爆破后，沿中线一分为二背向倾倒，塌落在坑内。筒仓完全解体，堆高约 3.5m，满足后期机械破碎的要求。可见采用机械与爆破联合作业的分割解体爆破方法，提高了拆除高宽比小的建筑物的倒塌可靠性，降低了定向爆破设计的技术难度，增加了安全性并提高了实际工作效率。

（2）建筑物"手术式"部分拆除联合作业

在拆除施工中仅拆除建筑物中间一部分，与做手术的方式相似，采用普通爆破法很难做到。这是因为直接爆破建筑物的中间部分，构件的倒塌运动很可能撞击、碰擦紧邻的保留部分，塌落堆渣也可能会积压破坏两侧保留部分。采用联合作业，可先用人工机械在保留与需要拆除的结合部拉出一定宽度的切割槽，为建筑物的部分倒塌运动和侧向积压提供新的补偿空间，同时也消除了爆破对保留部分的直接破坏，从而可确保保留部分完好无损，实现高大建筑物的"手术式"部分拆除。这种人工机械的应用显然使倒塌控制的技术难度大为降低，安全性大为增强。下面以某一大楼为例进行说明。

【例 3-2】 一"凹"型大楼急需部分拆除重建。该楼由甲、乙、丙、丁、戊 5 个楼段组成，南北两侧甲、戊段的 5 层配楼高 23m，已整修加固需保留。中间的乙、丙、丁段需爆破拆除重建，乙、丁段为 5 层，高 28m，丙段为 7 层，高 38m。拆除总长 100m，宽18m，为框架和砖混的混合结构。爆破拆除时特别要确保两侧甲、戊段配楼和东面旗杆不受损。为此，确定采用机械与爆破相结合的联合作业拆除方法。

将主楼乙、丁段与甲、戊段断开一定的距离，采用小型机械和人工从上往下予以完全拆除，使待爆破部分与保留的甲、戊楼之间有 5～8m 的隔离空间，成为自上而下完全分开、并有一定的运动和膨胀扩展空间的独立楼体，以确保其向正面倒塌和堆积积压时不会伤及两侧配楼。切割后的楼体按定向倒塌要求进行爆破设计。由于主楼东面较为空旷（但有旗杆须保护），而丙楼较高，因此先使丙段中部折叠一次，再整体向东倒塌。同时，严格控制延时起爆系统，确保爆破楼体从中间开始起爆，以此向两翼扩展，使中间先倒，腾出空间，两侧向中间汇聚，以减少两侧撞击和挤压的作用力。

拆除部分塌落后，用液压锤充分解体破碎，再用挖掘机铲装，汽车运渣平场。人工机械切割拉槽从上往下逐层进行。拆除碎渣须从楼内运出。首先，自下而上在每层拉槽中部，用风镐、大锤将楼板凿出一个能通过各种拆除大块的大洞，使各层拆除碎渣均由此下放到一楼，再用挖掘机转出运走。在拆除中，采用分割解体法将目标物切割成大型条块或长块，用撬棍和手动葫芦拉至下放洞口，再直接溜至底楼。对砖结构的墙体采用人工大锤向房间内砸，施工人员必须系安全带。为增强倒塌可靠性，减少后续爆破施工量和爆破危害，采用人工机械对拟爆楼体进行充分的预处理，做到施爆前所有支撑仅剩各种柱和承重墙。

起爆后，主楼中部的丙段4、5楼首先从上部向前折叠，紧接着整体依次向前定向倾倒，楼房完全解体，堆积高度有十余米，且中间高两边矮，显然有两侧向中间斜向倒塌的趋势，有效地保护了两侧保留的配楼。

（3）大型基础"拆上留下"联合作业

基础爆破拆除中有时需要爆破拆除一部分，留下另一部分，对条形基础往往是拆上留下。为确保保留部分不受损害或损害较少，可在待拆除部分与保留部分之间，用人工风镐凿出一条露出外层钢筋的沟槽，并用气割将钢筋切割。这样即使拆除部分爆破时外层钢筋发生大变形位移，也不会引起保留部分外表混凝土的破裂。若对保留部分的保护要求较高，还可根据工程具体情况，在待拆部分与保留部分之间，再留一定厚度的保护层，待爆破完成后用人工机械打掉保护层，获得保护完好的保留体。这种机械与爆破的联合作业方法，充分发挥了爆破的高效和人工机械作业的细致的特点，可有效限制爆破破坏范围，实现基础的局部切除。

【例3-3】 武汉一立交桥在修建中，急需将已浇筑的一桥墩的梁部分拆除重建。待拆桥墩梁离地5m、长10m、宽1.5m，拆除高度1.4m，为钢筋混凝土结构。钢筋分布采用直径22mm的主竖筋以相距50mm绕桥墩一周排列；中间按150mm×150mm布置直径为8～22mm的水平钢筋网和多道箍筋。外层竖筋表面混凝土厚40mm，非常坚固。要求爆破局部拆除后，桥墩与桥梁的所有竖筋能够继续使用，拆除高度以下的桥墩不得有任何破坏。

由于待爆体强度大，钢筋粗、分布密，须采用大药量爆破才能将其破坏，但药量过大必然使桥墩竖筋产生很大位移，其连带及杠杆作用会使保留段的桥墩遭到破坏，尤其是表层延伸破坏往往非常大。因此，为实现桥墩的局部安全拆除，采用保护性钳制约束、刻槽剥皮露筋、强力爆破、多重严密防护、保护层人工机械拆除的机械与爆破联合作业方案。其具体做法如下。

用40cm宽的钢筋模板将桥墩拆除高度线以下的部分四周紧密包覆并强力固定；在拆除高度线以上再加一宽20cm的槽钢夹板，槽钢两端钻孔用螺杆紧固，形成保护性强力钳制约束，使桥墩的外层钢筋在拆除高度以下不会发生或仅发生很小的位移。同时，将槽钢夹板以上15cm宽的表层混凝土用风镐敲打掉，直到露出外层钢筋，使该处钢筋的外约束解除，形成爆破弯曲的自由折点，减少对拆除高度以下混凝土的破坏。

预留20cm的保护层不爆破，即钻孔深度小于拆除高度20cm，待爆破结束后使用人工风镐拆除。

采用大单耗、小参数、多循环、放小炮、齐发强力爆破的方法，即孔网参数小，而孔的用药量相对较大，但一次只爆破3～5孔，因此总药量和爆破范围不大，可减少其实际危害效应，使危害易于控制。爆破效果只需满足混凝土与钢筋形成分离的破裂状即可，安全爆破完毕后再用人工风镐，气割清渣。

爆破用药量单耗大，重点防止飞石，采用重力直接覆盖、近距离高排架间接防护的多重安全防护措施，每次爆破后，刻槽以上的表层混凝土均剥离脱落，散落在胶皮和排架内，没有任何外飞，钢筋箍内的混凝土破裂，基本与钢筋分离。竖直钢筋从刻槽处弯折，中部凸出，形成大圆弧弯曲变形，极易拉直再用。桥墩剩余部分虽有许多小裂纹，但仍在20cm 的保护层厚度内，未伤及保留体。总共用药 20kg，爆破循环 18 次。全部爆破 1 天完成，人工风镐仅用 0.5 天即彻底清理完毕。从清理后的结果看，保留桥墩无任何破裂，保护层的裂纹有助于风镐的后期清理，可见刻槽、夹板、保护层措施起到了很好的止裂、防移和保护的作用，是行之有效的保护性措施。

以上介绍了机械拆除和爆破拆除相结合在拆除建筑物中的应用，下面将介绍单独应用机械拆除的方法。

在机械拆除前要确保机械拆除区域无其他施工作业；禁止在镐头机作业 10m 范围内进行交叉施工；禁止夜间破碎拆除施工；应边进行机械拆除边洒水降尘。表 3-5 是在机械拆除过程中使用的各种机械设备和数量要求。

机械配置表

表 3-5

名称	数量	备注
挖掘机	不少于 2 台	机械拆除使用
镐头机	不少于 2 台	机械拆除使用
工字钢架	若干	机械拆除使用
汽车起重机	不少于 1 台	配合用
铲车	不少于 2 台	清渣用
小挖机	不少于 2 台	清渣用
运渣车	充足	清渣用

主要利用镐头机（图 3-38）对支撑进行破碎处理，破碎后将钢筋割断，废渣清运，在具体操作中，要注意在抢抓工期的同时保证施工安全。做到安全、快速、高效。

图 3-38　镐头机

进行拆除作业要安排清运渣土，基坑内用铲车及小挖机进行渣土归堆，同时采用人工配合，渣土归堆后用长臂挖机、普通挖机装车，随后外运。

废钢筋的气割、归堆、外运：采用乙炔、氧气切割废钢筋。根据塔式起重机的位置，将回收区域分成若干个工作点，每个工作点不少于 6 个工人同时施工。每个工作点不少于2 名气割工人进行钢筋分割工作，4 名工人将钢筋堆放在塔式起重机的有效提升范围内，塔式起重机将废钢筋吊到提前准备的卡车上，拉出施工现场。

渣土归堆：首先在渣土抛撒范围及切割完钢筋的地方对渣土进行归堆。渣土的归堆工作采用小型挖机和小型翻斗车进行。将拆除区域分成若干个工作点，每个工作点不少于4个工人配合施工，主要配合清理钢筋笼内以及墙板筋内渣土，确保将渣土清理干净，不留死角。渣土归堆不应过于集中，以免应力集中影响楼板安全。

垂直运输和外运归堆：采用小挖机和工人相结合的方法把渣土装入专用托盘斗里，由塔式起重机吊出（图3-39），堆放在离建筑物100～200m的堆放点，再用挖机将渣土装入土方车运至预定卸点。

图3-39　塔式起重机

在机械拆除工作完成之后，需要对起重机械进行拆除，具体拆卸流程如下：

① 借助塔式起重机顶升操作手段，使标准节依次卸下，以确保起重机械设备拆除的高度下降至塔式起重机顶升加节前的高度。在起重机械设备拆除过程中，要使塔式起重机起重臂的方向始终保持在顶升套架上，以实现对塔式起重机回转机构的有效控制，而且还可以通过移动小车，确保小车四脚滚动间隙均匀分布，以维持塔式起重机的配平；随后可以将塔式起重机顶起，待回转支承支脚与标准节连接鱼尾板相距2cm左右时即可停止顶升，在应拆卸的标准节上，锁闭小车上的固定件；拆掉标准节下方的轴销及待拆卸标准节，同时将塔式起重机上的扶梯拆除；通过对塔式起重机进行顶升处理，使鱼尾板与标准节顺利脱开，并借助止动靴来实现对塔身升耳座的有效支撑；缓慢向外移动引进小车使其顺利达到预定导轨上，以确保标准节顺利地推出套架；上折扶梯少许，这样可以有效避免扶梯与内塔发生碰撞；在下方标准节的鱼尾板内插入回转支承支脚，并且按照要求在四角插上安全销，以确保配平重可以顺利放下；在引进小车上固定加节钩，并使标准节缓慢下降至地面，即可完成将起重机械设备拆除至要求高度的工作。

通常情况下，拆除一节标准节时，往往需要油缸重复顶升3次才可确保起重机械设备拆除工作顺利完成。在标准节拆除过程中，还需要将安全楔安装在止动靴上，以确保起重机械设备拆除工作的安全。

② 在起重臂头部系上溜绳，并使吊钩顺利地下降至地面，同时按照要求收起主钢丝绳，在起重臂根部固定起重小车。

③ 将钢丝绳和机构电缆拆除。

④ 借助千斤顶等辅助起重设备，使塔式起重机平衡臂尾端所配备的部分平衡重顺利

卸下。

⑤ 卸下塔式起重机的起重臂。

⑥ 对启动线路进行控制，并缓慢转动平衡臂。

⑦ 拆除起重机械设备的平衡臂和剩余配重。

⑧ 将回转总成、塔帽、驾驶室等拆除。

⑨ 拆除操作平台和顶升套架总成。

⑩ 拆卸剩余标准节、基础节和底架。

⑪ 完成起重机械设备拆除后的装备和运输工作。

机械拆除的安全保证措施按以下进行：

拆除建筑物应按自上而下的顺序进行，禁止屋内外同时并进。在拆除某一部分或上部时，应设专人观察旧建筑物的变化情况，如有变化应立即停止拆除，并采取一定的安全防护措施。

拆除门、窗框时（图 3-40），首先要检查过梁、砖墙是否牢固，如有裂纹、损坏、危险现象，应立即停止拆除，另行采取措施后方可进行。拆除建筑物的栏杆、楼梯、楼板等应和整体拆除相配合，不能先行拆除建筑物的承重支柱和横梁，要待其所承担的全部结构拆除后，方可拆除。

图 3-40　拆除门、窗框

在拆除建筑物（尤其是楼房或较高的建筑物时），应在被拆墙体室内用钢管和扣件、竹架板搭设操作工作平台，操作人员应系上安全带，并将安全带系在钢管架操作工作平台栏杆上，严禁拆除人员直接站在墙头上进行拆除。拆除时，视其防护情况，可由外侧向内侧敲打拆除或由内侧向外侧敲打拆除。但其方法要统一，不得在相对位置采取不同敲打方法进行拆除，以防石块、砖块飞溅打伤对面人员。

拆除建筑物，一般不得采用推倒或拉倒方法，遇有特殊情况必须采用推倒或拉倒方法时，要严格遵守下列规定：

砍切墙根的深度不得超过墙厚的 1/3。墙的厚度小于二砖半时不允许砍切。

砍切（拆除）时应设拖拉绳（$\phi22$ 棕绳）或用钢管支撑牢固。

推倒或拉倒时要有专人统一指挥，要发出信号。待拆除施工人员撤至安全位置后方可进行推倒或拉倒工作。

拆除混凝土楼板时必须按顺序进行，并密铺架板，架板两头应搭在承重墙或人字架上。拆除阳台时，应设支顶，采用粉碎法或吊卸的方法进行，操作人员应系上安全带。大风雨天不得从事高处拆除。雨天后，应对建筑物支顶部位进行详细检查，确认无问题后，方可进行拆除。

拆除屋架前必须事前清除屋面上的保护层，以及住房内外的电源线、电话线、上下水管道等障碍物。

拆除屋面板时，必须按顺序进行，先将板缝凿开。消除残渣，挂好吊物，提起接缝，切开焊接点，用撬棍拨开一点，再慢速提升，待观察与其他构件无牵连后，可缓慢起吊。无窗侧板拆除时与屋面板同样处理。

在拆除中如发现屋面板有断裂、损坏或吊环腐蚀、弯曲折损时，不得用吊环起吊，应采用捆绑措施后再进行拆除。

拆除建筑物时，楼板上不允许多人聚集和集中堆放材料，拆除较大或者沉重的材料，应用起重机械吊下或运走。散碎材料应用溜放槽顺槽溜下，拆下的各类材料要及时清理归类和运走。

3.4 拆除施工后的管理工作

建筑物拆除工作完成之后还需要进行辅助设备的拆除，在后期辅助设备拆除的过程中同样也要遵守各方面的规定，注意安全；拆除后还需有关部门进行环保验收等工作，这就要求施工企业还应足够重视完成拆除后的后期管理工作。

3.4.1 拆除后的安全管理

（1）拆除完毕后，钢管脚手架材料，如钢管、槽钢等应堆放平直，堆垛高度不得超过1.2m，并应有隔挡措施，垛宽不超过2.5m。

（2）外用电梯的标准节等构件，堆放不宜超过2层，并有相应防倾倒措施。

（3）拆除完毕后的材料场内运输，应使用专业运输车辆，采用人工或机械进行装运。不得超载、超宽、超高运输。

（4）检查并处理遗留的安全隐患。在检查阶段前，管理人员应谨慎考虑可能存在的问题点，并指派专门人员及时处理。管理者应采用精细化、规范化的管理模式，编制出详细的考察表及相应指标，制定专门的处置措施。

3.4.2 后期的场地恢复

（1）通过采取有效的水土保持措施使边坡稳定，岩石、地表土不裸露，为公路安全运行服务，避免水土流失对工程本身的危害；

（2）弃土场地全部做防护处理，使开挖坡面不裸露，并覆土加以利用；

（3）应对弃土场进行综合治理，使工程施工过程中产生的弃土、弃石总量的80%以上得到有效拦挡或利用；

（4）工程应与生物措施相结合，使泥沙不进入下游河道，不影响河流正常泄洪能力；

（5）做好公路绿化工程，使生态环境明显改善。

3.4.3 建筑工人工资和工程款保障措施

（1）建筑工人工资保障措施

1）参与施工的各建筑工人队伍，应为所属建筑工人配置符合施工现场必要保障条件和项目部规定标准的日常生产、生活设施。凡进入施工现场的各建筑工人队伍所属建筑工人，均由经理部对身份证、户口所在地进行翔实登记。

2）按期定时完成工程任务计价拨款，按时间段支付建筑工人工资。项目部在施工队完成所施工工程任务后，应调查核实建筑工人工资的实际发放情况。

3）项目部由各工点施工员负责建立与各建筑工人队伍中建筑工人的直接联系，以便进行建筑工人待遇及工资发放状况的翔实调查。

4）每半年特别是年终，由经理部组织监督发放建筑工人工资。对不发放建筑工人工资、任意扣建筑工人工资的相关责任人将追究其法律责任。

（2）工程款保障措施

1）对已经完工的施工项目，及时进行工程交验、计量。

2）组织计量人员对工程量进行计算复核。

3）及时支付各建筑工人队伍的工程款，保障建筑工人权利。

4）竣工清场处置各类设备物资。拆除工程项目中的许多设备物资是可回收利用的，如果在项目中能一直坚持妥善处置，可为企业节约大量资源。在处置过程中应当指派专人做好管理和监督工作，做好检查记录，无论是入库存放或是转卖等处置，均应账目清楚，杜绝中饱私囊行为。如果企业在业主方获得了拆除物回收许可，则应做好清渣与金属回收等工作，确保工程进度，充分利用回收资源创造效益。

5）同业主方验收拆除效果并处理遗留问题。一方面是要确保工程效果达到预期，另一方面是要处理好项目完成后可能的各类索赔与纠纷。在处理各类纠纷时企业应熟练运用法律，凭借事先取证工作留存的翔实证据，规避逐利索赔带来的经济损失。

3.4.4 环境保护措施

（1）保护原则

全面规划，合理布局，预防为主，综合治理，强化管理。环境保护工作严格遵循"预防为主，防治结合""兼顾生态保护和环境保护""谁污染，谁治理""强化过程控制"的原则，实施"纵向管理责任到底，横向管理责任到边"的管理制度。

（2）保护目标

坚持做到"少破坏、多保护，少扰动、多防护，少污染、多预防"，环保、水保工程与主体工程"三同时"施工（即同时设计、同时施工、同时实施），努力把工程施工对环境的不利影响降至最低，确保沿路景观不受破坏，江河水质不受污染，植被得到有效保护。

（3）及时处理施工及生活中产生的废弃物，运至监理工程师及当地环保部门允许的指定地点弃置。

（4）工程施工污水、废水、生活污水不得直接排入农田、灌溉渠、饮用水源。采取有效净化措施加以处理，严禁直接排放。

（5）施工机械加强保养，防止漏油，机械运转或维修时产生的油污水应经处理后达标排放。在排放前，采取过滤、沉淀等措施确保不污染环境。

（6）弃土、石渣及淤泥等在指定地点弃置，所有的施工垃圾按批准的方法运往指定地点按规定处理，生活垃圾按照城市规定，每天集中纳入城市垃圾处理系统。

（7）根据气候情况洒水防尘，防止施工引起的灰尘对乡村和农作物的污染，防止对生产人员和其他人员造成危害。干燥季节进行路面作业时，按规范要求洒水碾压，避免扬尘。

（8）储存粉末状材料及其他特殊易挥发的材料时应进行封闭性遮盖，避免风吹而造成环境污染。

（9）工程完工后对临时用地内所有建筑、生活垃圾进行清理，垃圾运至指定位置处理，场地清理平整合格后，将其恢复原状。

（10）施工完工后请当地政府有关部门进行环保验收，取得地方政府的认可，并从当地政府取得环保措施已实施的证明材料，确保不留环保后患。

复习思考题

3-1 阐述 3 种拆除方法以及它们之间的区别。

3-2 阐述 3 种拆除方法的施工前准备工作。

3-3 阐述 3 种拆除方法的结合方式。

第4章 爆破拆除方案与机械拆除方案论证——以齐鲁宾馆为例

本章学习目标

重点掌握：机械拆除和爆破拆除的优缺点。

本章学习导航

本章学习导航如图 4-1 所示。

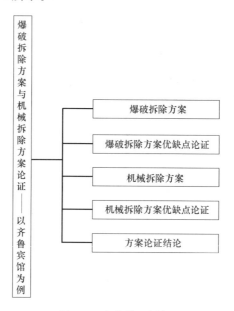

图 4-1 本章学习导航

4.1 爆破拆除方案

4.1.1 爆破拆除技术方案设计

（1）周围环境

齐鲁宾馆位于山东省济南市历下区经十路南侧、经十一路以北、千佛山路东侧、历山路以西的中心地带，1996 年完成建设后一直未投入使用，现因不能满足发展要求，需要对齐鲁宾馆进行拆除。齐鲁宾馆大楼高 157.1m，由裙楼和塔楼两部分组成，其整体如图 4-2 所示，其爆破周围环境示意如图 4-3 所示。

(a)

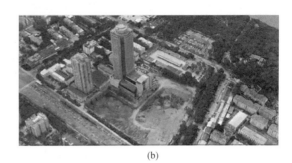

(b)

(c)

图 4-2　齐鲁宾馆裙楼、塔楼整体图

　　裙楼周围为：东侧 11m 为旅游局宿舍及附属物共 5 排，再向东也是宿舍；南侧 50m 为鲁商集团内部房屋、南侧 120m 为经十一路、南侧 144m 为千佛山公园；西南侧 123m 为加油站；西侧 117m 为基础围墙、西侧 169m 为千佛山派出所；北侧 94m 为基础围墙、北侧 100m 为经十路、北侧 194m 为沿街房。塔楼周围为：东侧 17m 为旅游局宿舍及附属物共 5 排，再向东也是宿舍；南侧 60m 为鲁商集团内部房屋；西南侧 163m 为加油站、西南侧 154m 为千佛山公园；西侧 165m 为基础围墙；北侧 110m 为基础围墙、北侧 137m 为经十路、北侧 204m 为沿街房，齐鲁宾馆地下室内的变电站在爆破前需整体迁移。

　　（2）楼房结构

　　齐鲁宾馆由裙楼和塔楼两部分组成，东西长约 72m、南北宽约 60m。其中：塔楼高 157.1m。裙楼共 9 层高 37m，有扶梯 1 部、直梯 2 部；1～8 层为约束构件区、型钢设置区、底部加强区，5～8 层为连体范围有桁架连接；裙楼层高 3m、3.6m。齐鲁宾馆为钢筋混凝土框架剪力墙结构，总建筑面积约 $78000m^2$，其中主楼 39 层、顶部为旋转餐厅，楼顶设直升机坪，建筑面积约 $40000m^2$，采用爆破拆除；辅楼层建筑面积约 $38000m^2$。宾馆大楼立柱尺寸主要有 1000mm×1000mm（Z1 柱 6 根）、800mm×1000mm（Z2 柱 19 根）、850mm×850mm（Z3 柱 25 根）3 种，其余为异形柱，详细见图 4-4、图 4-5，电梯井、楼梯间的剪力墙厚度主要有 30cm、40cm、50cm、60cm 四种。

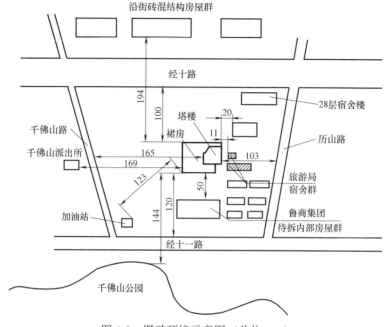

图 4-3 爆破环境示意图（单位：m）

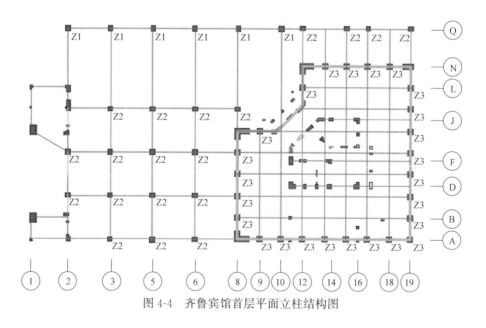

图 4-4 齐鲁宾馆首层平面立柱结构图

（3）工程拆除难点及特点

1）周围环境复杂。待拆宾馆大楼毗邻经十路、千佛山路、经十一路，山东省旅游局宿舍区，车、人流量大，商铺与居民区密集。

2）拟拆除的综合宾馆大楼最高 157.1m，宾馆大楼拆除高度超过 100m，属于超高层建筑。

3）工程量大。本次拟拆除宾馆大楼的总爆破拆除面积约 78000m²，在爆破前对主楼

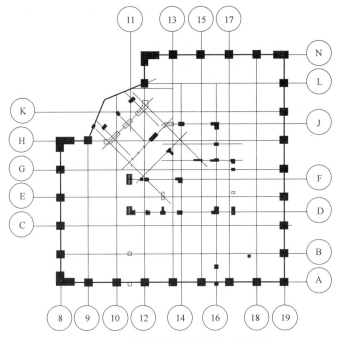

图 4-5 齐鲁宾馆塔楼立柱平面结构图

的非承重墙进行预拆除工作且承重墙、柱的钻孔量大。

4）由于综合楼位于济南市市中心闹市区，因此必须严格控制爆破施工中的不利影响和爆破时可能产生的危害（如飞石、震动、粉尘、空气及路面的污染），确保爆破安全，其安全防护工作量大。

5）市政管网复杂，需重点保护。

6）警戒疏散工程量大，协调难度大。

4.1.2 爆破拆除施工中存在的重点、难点和采取的应对措施

（1）重点和难点

1）该楼楼房立柱断面大，钢筋粗而密，核心筒壁剪力墙厚，混凝土强度等级高，爆破难度很大，是当前我国爆破拆除中最高的建筑物之一。

2）爆破建筑物倒塌方向（西侧）为原施工深基坑，基坑护坡为临时支护。

3）爆破震动控制。拟拆宾馆大楼的周边环境复杂，周边存在大量地下管网，稍有不慎，爆破震动就可能损害周边建筑、管网。

4）爆破扬尘的控制。炮眼钻孔和预处理拆除时，会产生部分扬尘，特别是爆破宾馆大楼倒地时，更会造成扬尘满天，施工中必须有效迅速地降低扬尘污染。

5）爆破飞石的控制。爆破作业时由于爆破气体作用在爆破的某些弱表面、装药量过大或炮孔口堵塞长度不够等原因，容易使爆破碎石飞得较远，对附近人员和建筑造成损伤。

6）空气冲击波的控制。施工中冲击波主要有两种，一是爆破产生的冲击波，二是宾馆大楼倒塌至地面与地接触时所产生的冲击波。

7）宾馆大楼附近地下管线的防护。该宾馆大楼附近地下管线错综复杂，爆破拆除时，必须确保地下管线的安全。

8）文明施工的要求。拆除宾馆大楼紧邻济南市交通要道经十路、千佛山路、省旅游局宿舍区，地处闹市区，居民区密集，人车流量大，施工中必须尽量减少对交通和居民的干扰。

9）工期要求高。拟拆宾馆大楼地面以上共 39 层，加上塔顶总建筑面积约 78000m^2，总计约 9 万 m^3 的渣石，在宾馆大楼爆破倒地后，渣石外运及深基坑回填的任务同样繁重和紧迫。

（2）采取的应对措施

1）倒塌范围控制

宾馆大楼东侧距离山东省旅游局宿舍区仅 11m 左右，宾馆裙楼、塔楼距离西侧基坑围墙分别为 117m、165m，具有足够的倒塌距离，故可采用定向倒塌方案。塔楼高宽比为 4.75，为了缩短倒塌距离、减少塌落震动和控制爆堆的高度，采用一次起爆，裙楼拟采用定向正西倒塌方案，塔楼拟采用定向正西三折叠爆破方案，采用 3 个爆破缺口，第一缺口高程为 37.5m，将倒塌范围控制在宾馆西侧深基坑以内。

2）应对爆破震动及塌落震动

①确定宾馆大楼倒塌的方向为正西方向爆破，此方向有最大深基坑空地，且离周边建筑和地下管网相对较远。

②采用单向三折叠爆破。

③合理安排起爆次序，采用延时爆破技术。

④加大预处理拆除部分，减少爆破钻孔数量。

⑤在宾馆倒塌位置设置 2 道以上的厚 1.5m、长 60m、底宽 2.5m 的预拆除废渣或土堤作为缓冲层。

⑥对重点保护部位设置减震沟槽。

⑦为避免后期周围居民由于爆破震动发生纠纷，进行施工前必须对周边 150m 范围内的房屋进行入户调查，并拍照或者视频取证，爆破时必须请具有专业测震资质的公司对爆破影响范围内的房屋进行测震，测震点根据现场实际情况合理选取。

3）应对爆破施工的扬尘

①炮眼施工和预处理拆除作业时，用彩条布将施工的楼层进行封闭。并设置两台雾炮机，施工全过程中不间断喷水降尘。

②起爆前淋湿宾馆大楼墙体和楼板，组织工地内雾炮机和消防车在工地或附近适当位置待命。对爆破立柱悬挂水袋，爆破后形成水雾降尘。

③起爆后降尘设备应立即启动降尘。

（3）应对爆破飞石

1）对炮孔的防护，采用废旧地毯、钢丝网，4 层全包裹爆破立柱和其他爆破部位。

2）爆破的楼层四周用密目网和彩条布封闭，不爆破的楼层采用彩条布封闭。

（4）应对爆破拆除时的空气冲击波

1）采用定向三折叠爆破和延时爆破技术减少爆破冲击波。

2）加大预处理拆除，设置缓冲层减少宾馆大楼倒塌落地时的冲击波，设置防护墙减轻冲击波的危害。

（5）地下管线的防护

起爆前，应与上水管、燃气管、通信光纤等业务单位联系（必要时进行物探），在起爆过程中采取停水、停气措施。对地下管线，采取防护措施并确保安全。

4.1.3 爆破方案的选择

为实现宾馆大楼安全爆破的总目标，确定综合采用以下几种控制爆破技术实现控制爆破拆除：

（1）运用切口形式（图 4-6）控制和时间控制技术实现倒塌方向的准确控制；

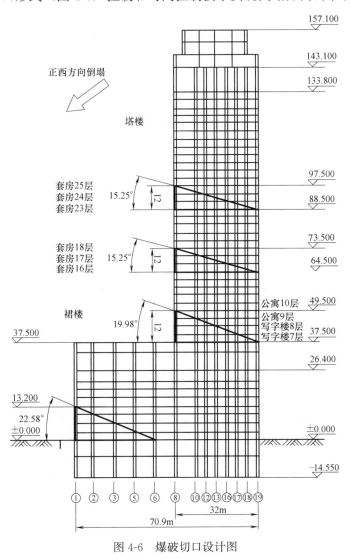

图 4-6　爆破切口设计图

（2）控制宾馆大楼不同楼层构件的破坏范围和程度，实现宾馆大楼整体爆破塌落范围的控制；

（3）采用预处理技术及爆炸点的离散化技术实现对爆破震动强度的控制；

（4）采用定向三折叠爆破技术为宾馆大楼倒塌留出足够空间。齐鲁宾馆大楼爆破拆除项目周围环境较为复杂，因此爆破时要严格控制爆破飞石和爆破震动。该楼房为钢筋混凝土框架剪力墙结构，可以利用其坍塌后自身的重力作用进行解体。根据待拆楼房结构特点、平面位置相互关系、周边环境条件和业主要求，爆破倒塌距离应控制在大楼西侧深基坑以内。爆破一次起爆，裙楼拟采用正西定向倒塌方案、塔楼拟采用定向三折叠爆破拆除方案，塔楼定向爆破后会产生一定高度的下坐，其剩余部分采用机械拆除，可以缩短塌落物的倾倒距离及爆堆的高度，降低塌落物对地面的震动。

4.1.4 降低爆破危害的技术

1. 降低爆破震动

爆破震动产生的原因主要有两方面：一方面，炸药在破碎结构体后其剩余能量向外传播过程中带来的震动破坏；另一方面是建（构）筑物塌落解体造成的震动。工程界常采用确定合理爆破参数、调整装药结构（间隔装药、不耦合装药等）、开挖减震沟槽、布设减震孔、微差爆破、铺设缓冲垫层（麻布袋、松土沙袋、煤灰渣袋）等措施降低爆破震动。为了实现更高要求的绿色爆破拆除，仅靠现有技术还不够。为此，还开发了以下新技术：

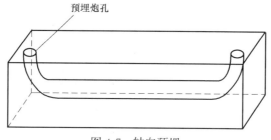

图 4-7　轴向预埋

（1）轴向预埋炮孔爆破拆除技术

在钢筋混凝土梁或柱施工时沿着长轴预埋 PVC 管作为将来拆除的炮孔，端部做成弯曲状（以钢筋混凝土梁为例，如图 4-7 所示）。轴向预埋（也可称为横向预埋）不仅限于图 4-7，根据施工条件可开口于任意表面或直接预埋一根直管。为减少单孔药量，还可分段预埋。与机械钻孔或垂直预埋形成的炮孔（图 4-8，图 4-8 所示仅为一种垂直预埋方式，可预埋单排或多排炮孔，这里仅以单排直孔为例）相比，炸药沿长轴预埋，装药分布更加均匀，使爆轰能量更加均匀地作用于构件；减少单响药量，单孔单响，降低震动；炮孔数量大大减少，且为深孔，端部弯曲，减少爆轰波在炮孔处释放，提高炸药利用率，减少剩余能量传播，使震动降低。

（2）新型堵塞材料

采用由建筑石膏、胶水、水配制而成的新型堵塞材料堵塞炮孔，其强度高，堵塞效果好，延长了爆生气体对混凝土的作用时间，提高了炸药利用率，减少了剩余能量的传播，进一步降低震动。

（3）切割箍筋（图 4-9）

由于箍筋对构件的握裹和束缚作用，为了达到预期的爆破效果，往往需要更大的

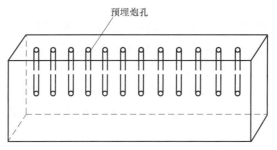

图 4-8　垂直预埋

药量，震动随之变大。切断构件箍筋，释放了箍筋对构件的约束，达到预期效果的同时使药量减少，震动随之降低。

图 4-9　切割箍筋

（4）水耦合装药技术

在预埋炮孔中注水（图 4-10），水在爆破产生的高温高压下会发生汽化吸收一部分能量，减少剩余能量传播；同时，吸收能量的高压水沿着爆破裂隙形成水楔作用，提高破碎效果，减少所需药量。

（5）装药长袋精确装药技术

装药长袋设置有若干格室，可精确不耦合和间隔装药，做到精确控制药量，避免装药不均匀导致局部药量偏大引起震动增大。

2. 防止爆破飞石

爆破飞石产生的原因主要有爆体结构的不均匀、单位装药段药量偏大、最小抵抗线方位不当、炮孔堵塞质量不过关、防

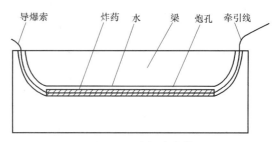

图 4-10　水耦合装药

护措施不当等。工程中通常采用精细爆破（定量设计、精心施工）、覆盖防护（铁丝网、工业毡布、草垫子、竹笆、木板、橡胶炮被等）、提高炮孔堵塞质量、设立警戒区等措施。为更有效地防护飞石，开发了柔性防护系统新技术。

（1）柔性防护系统

系统中采用防护网遮盖或悬挂并包围待拆除的建筑物。爆破时防护网拦截飞石，然后通过设置弹性固定装置吸收飞石传递的动能；防护网对建筑物覆盖但不封闭，可调节与炮孔的距离，在减弱冲击波危害的同时，可避免防护网的严重损伤。

（2）切割侧面箍筋、采用新型堵塞材料

沿构件长轴预埋炮孔，炮孔分布更均匀；切断侧面箍筋、沙袋压孔、水袋压梁，以及采用新型炮孔堵塞材料强力堵塞炮孔的做法，将最小抵抗线引导至构件侧面，可减少甚至避免冲孔的发生，使飞石从侧面飞出，减轻飞石的危害。

（3）精确装药

已有的导爆索串珠装药技术中，药包在被拖拽进入炮孔时，药包承受较大摩擦力，易松动移位造成局部药量偏大；而采用深孔推入式装药，用木棒捣紧的过程中，也难以保证装药的精确度（特别是间隔装药）。采用装药长袋装药，袋内有预先缝制的一定间距的圆柱状隔断，将炸药装入相邻隔断间的空隙（即格室），精确控制药量和间隔，使炸药均匀分布，避免局部药量偏大引起的飞石危害，还可避免药包在拖拽过程中受损。

（4）控制爆破剩余能量

爆破剩余能量减少，飞石获得动能就减少，可降低飞石危害。炮孔装药堵塞压渣新结构里的薄膜制成的水袋覆盖在梁上部，爆破时水袋破裂，微分成无数小水滴，减少剩余能量。另外在控制爆破震动中提到的轴向预埋、水耦合装药等技术也可减少剩余能量，达到降低飞石危害的效果。

3. 减轻爆破噪声

爆破产生的空气冲击波衰变为声波以波的形式向外传播，产生爆破噪声，这种噪声分贝高，但持续时间短。工程中应重点控制的是破碎解体、对大块解体构件进行二次破碎、钻孔作业、人工机械拆除产生的噪声。如表 4-1、表 4-2 所示，拆除作业中各种机械设备的噪声远远超过区域环境噪声标准值，特别是钻孔作业和机械拆除噪声大，持续时间长，对周围群众生产和生活影响较大，应该重点控制。工程中通常采用延时起爆、铺设橡胶垫、提高堵塞质量、准点爆破等措施降低爆破噪声危害。作为对生产、生活影响最大的钻孔作业，现有技术有一定防控效果，但未从根本上消除其影响。

拆除作业中各种机械设备噪声　　　　　　　　　　　　　　　　　　表 4-1

类别	手工钻	电锤	风镐机	镐头机
分贝值(dB)	100～105	100～105	80～100	90～110

城市各类区域环境噪声标准值（单位：dB）　　　　　　　　　　　　表 4-2

类别	特殊住宅区	居民文教区	一类混合区	二类混合区	工业集中区	交通干线两侧
昼间	45	50	55	60	65	70
夜间	35	40	45	50	55	55

下面介绍新技术在爆破噪声上的控制原理及效果。

（1）预埋炮孔

变机械钻孔为预埋炮孔，彻底避免了钻孔作业带来的噪声污染，杜绝了因噪声扰民产生的纠纷，给施工带来极大便利。

（2）减少二次破碎

针对二次破碎产生的机械作业噪声，联合采用轴向预埋、水耦合装药、装药长袋，提高炸药利用效率，保证炸药能量更多地用在破碎混凝土上，使破碎充分，爆破后块度小，二次破碎少，噪声将由此减少。

（3）改变传播介质

声波在水中传播速度是在空气中传播速度的 4.5 倍，在传播过程中不断发生散射而削弱。采用水耦合装药技术和水袋压渣措施，炮孔里的水在爆破作用下形成水雾幕，笼罩在爆破体上，吸收了声能，降低了噪声。

（4）采用多孔吸声防护材料

研究表明，声波在传递过程中穿过多孔材料，会与孔隙中的空气发生摩擦导热，声能转化成热能而损耗一部分，孔隙率越高，则吸声效果越好。发明的柔性防护系统中布置的海绵层，具有多孔轻质特点，有较好的吸声效果。

（5）减少剩余能量

前文提到的轴向预埋、水耦合装药、水袋压渣等措施，在减少剩余能量的同时，也降低了爆破冲击波，噪声也进一步降低。

4. 控制爆破粉尘

爆破粉尘主要来源于：爆破形成的粉碎区；钻孔作业产生的灰尘；爆破破碎解体产生的粉尘和碎块；爆破体由于倒塌解体、碰撞作用产生的粉尘和扬尘；二次破碎时机械拆除产生的粉尘。工程中常采用湿式作业、悬挂爆炸水袋（图 4-11）、雾炮机（图 4-12）、高压喷水等措施降尘。但现有措施还不能很好地控制粉尘。

图 4-11　悬挂爆炸水袋　　　　　　　　　　图 4-12　雾炮机

（1）柔性防护系统

新技术柔性防护系统的防护网由下层固定网和上层防护网以及它们之间的海绵层组成。爆破前喷湿海绵层，海绵层在冲击波作用下形成水雾幕笼罩爆堆，吸附粉尘，防止粉尘扩散。

（2）水耦合装药

爆破后由爆心向外一定半径内形成粉碎区，并在爆破冲击波作用下向外传播，形成爆破粉尘，这是粉尘产生的主要原因。针对这一来源，采取水耦合装药技术。在炮孔里注满水，在方便装药的同时，水在爆轰波作用下雾化成水蒸气，吸附粉碎区大量粉尘，大大减少了粉尘的产生。

（3）预埋炮孔

采用预埋炮孔技术，能彻底避免机械钻孔带来的粉尘污染。

（4）新型压渣结构

新型压渣结构中的压渣水袋在爆破冲击波作用下会雾化成水滴，笼罩住爆破体，微小水滴可吸附在漂浮的粉尘上，加快粉尘沉降。

5. 防治爆破毒气

爆破大多采用乳化炸药，其氧化剂主要由硝酸铵和硝酸钠组成，爆炸性能稳定，有毒气体生成少。但在实际工程中，由于储存条件、引爆方法和爆破条件的不同，炸药在爆炸过程中不可避免地会产生有毒气体，危害最大的是无色无味的 CO，当其浓度超过一定限度，将会导致人们中毒甚至死亡。使用质量合格的炸药、确保装药和填塞质量、爆破前后加强通风等都是工程中常用来控制爆破毒气的措施。由于炸药都是当天运输当天使用，出厂前均经过严格检验，质量都得到了保障，主要应从后两个方面来降低爆破毒气的危害。

（1）确保炸药充分燃爆，氧化还原反应充分

为减少爆破毒气，在使用装药长袋、水耦合装药技术时，在炮孔中布置通长导爆索，避免部分炸药拒爆；新型炮孔堵塞结构保证堵塞质量，氧化还原反应充分，确保炸药完全燃爆。二者双管齐下，可以最大限度地控制爆破毒气。另外，预埋炮孔里的水在爆炸产生的高温高压条件下与 CO 发生反应，生成二氧化碳和氢气，将有毒气体 CO 的危害降到最低，甚至消除。

（2）柔性防护系统

该系统可对建筑物实现遮盖但不封闭的防护，爆破前后都有利于通风，加快有毒气体的挥发，降低危害。另外，预埋炮孔、装药长袋、水耦合装药、炮孔堵塞压渣新结构等众多技术目前还只是在露天爆破拆除工程中应用。这类工程多为敞开式的，通风条件较好；采用乳化炸药，氧平衡好，有毒气体生成少，故未对有毒气体进行监测。未来在工程中应对毒气进行监测。

4.2 爆破拆除方案优缺点论证

（1）爆破拆除方案优点

爆破行业专家认为，国内爆破已进入精细爆破时代，虽未有类似高度爆破拆除案例，但已具备爆破拆除此高度工程的能力及技术实力，技术可行；成功爆破科技含量较高，可提升国内爆破拆除知名度，社会影响度较高。

（2）爆破拆除方案缺点

① 需成立政府专班，将其列为济南市重大项目，爆破时需提前协调疏散周边居民，爆破当天必须动用政府公安、消防、交警等相关部门大量警力人力，封锁项目周边所有交通要道，将周边居民全部撤离。

② 爆破瞬间所产生的冲击力将达到类似7～8级地震的震动影响力，因距离周边的老

式住宅建筑较近，仅 11m，若爆破瞬间对住宅建筑造成结构性破坏，将被定性为重大安全责任事故，由此所产生的损失不可弥补。

③ 爆破瞬间所产生的扬尘、飞渣及固体废弃物数量巨大，对周边环境影响极大，由于地处上风向，扬尘可弥漫半个市区，使 PM2.5 值迅速增加，对济南市空气将造成严重污染。

④ 爆破所产生的震动冲击波对千佛山公园佛塔及石碑文物将会造成严重损害。

⑤ 由于主楼采用无黏结预应力筒中筒结构，爆破瞬间预应力筋所产生的冲击弹力极易发生脱体问题，将会造成无法弥补的损失及恶劣的社会影响。

⑥ 爆破拆除设计及施工方案的审批程序较为复杂。

⑦ 超高层爆破拆除国内尚无实例，甚至国际上也缺乏类似经验，风险极大，且 500m 范围内可能会产生不同程度的影响和危害。

⑧ 爆破拆除涉及面广，涉及部门及人员多，协调难度大。风险因素大，极易产生严重后果。

4.3 机械拆除方案

4.3.1 机械拆除施工要求

必须保证保留建筑物、行人车辆等的绝对安全。工程实施前必须做好保证安全的组织技术措施。

4.3.2 机械拆除拆运计划

对首先拆除下来的附属设施进行清运，白天进行拆除作业，晚间进行清运。

齐鲁宾馆主体楼在进行拆除的同时，也应考虑残土的清运工作，做到边拆除边清运，合理安排作业时间，按照规定在晚间进行残土清运，既保证了拆除现场的场地合理安排，也节省了拆除工期，使得拆除作业现场井然有序，做到工完场清。

齐鲁宾馆主楼拆除使用爬架平台自下而上把外墙铝塑板拆除，保留窗户（拆除过程中防止尘土扩散）。主梁及楼板内加固的预应力构件拆除利用切割的办法（油锯、液压剪），拆除后预应力构件不再与结构连接，避免预应力构件张拉力释放给结构带来安全隐患，再对构件进行分解拆除。拆除顺序：先拆除二次结构，再拆除非承重结构，最后拆除承重结构。利用液压钳破碎及绳锯切割相结合的方式进行拆除。

主楼的东侧距离宿舍区仅 11m，为了安全防护、保护居民区宿舍，在楼梯东侧，宿舍区部分用脚手架与竹排做双层安全防护外挂安全网，其中人防通道及二排架高度高于宿舍楼。用 650t 塔式吊车把自重 8t 的 4 台小型挖掘机及自带的可互换的液压破碎锤和液压剪力钳分别吊到主体的最顶层。使用垂直升降机、溜槽、串筒等方式完成拆除物的运输。

齐鲁宾馆裙楼拆除时，用高压水泵把水输送到主楼的顶层，利用雾炮控制扬尘。拆除至裙楼高度时，改用大型液压破碎锤把一楼的墙体打掉，只留相关的支点，进行定向拆除，最后把支点打掉，整个裙楼定向向西侧倒塌。

齐鲁宾馆内部拆除时主楼部分为筒中筒结构，用 V-15 小型破碎机顺着消防楼梯自下而上进入到主楼的每一层，人工配合机械对内筒的电梯拆除、打通。借用原有的内筒作为渣土卸料通道，同时用 V-15 小型破碎机对每层的内装修部分及门窗拆除、分离。通过内筒卸料口运到一层，装车运至指定场区。

4.3.3　机械拆除要点

拆除工程必须按规范要求设置安全防护措施；必须按专项拆除方案进行拆除。

必须使用经济南市质量技术监督局认定的专业资质机构评估合格的建筑施工起重吊装、拆除机械设备。

按要求办理建筑起重机械备案、安装拆卸告知和使用登记等手续，施工升降机、物料提升机、油锤液压剪等机械设备必须经验收合格后方能投入使用。

起重机械安装、拆卸人员及司机、指挥必须持证上岗。

起重机械必须在安装相应的安全装置、限位装置和保护装置等后才投入使用。

起重机械安拆、顶升加节以及附着前，必须对结构件、顶升机构和附着装置以及高强度螺栓、销轴、定位板等连接件安全性能进行检查，安拆和顶升加节时按规范及说明书要求作业，安拆和顶升加节时环境因素必须符合规范要求。

脚手架作业处地面承载力必须符合设计和规范要求，并采取有效加固措施。

机械与周边架空线路安全距离必须符合规范要求。

卸料平台组装必须符合设计和规范要求；不超载；不支撑在脚手架上；搭设后必须经验收合格方能投入使用。

4.3.4　平面布置原则

① 施工临建布置在拆除区域外。

② 集中与适当分散相结合，方便生活、利于施工、易于管理。

③ 提高机械利用率，降低劳动力的使用。

④ 临时设施位置不得影响正常施工。

⑤ 尽量避开户外管网，避免拆除中断。

⑥ 与其他现场做好安全防护措施。

⑦ 生产区域做好安全防护，设专职人员负责现场安全防护。

4.3.5　机械拆除工程安全技术管理

（1）安全生产管理体系

安全生产目标：达到五无目标，即"无死亡事故，无重大伤人事故，无重大机械事故，无火灾，无中毒事故"。并将一般微小事故发生频率控制在 3% 以下。

安全方针：安全第一，预防为主，综合治理。

安全教育制度：按照企业的安全教育制度，加强宣传教育，制订科学合理的施工方案，现场组织切合实际的作业程序，正确严格地执行和运用施工及安全规范。对进场的工人进行摸底测试，统一进行安全教育，增强质量、安全意识。各专业班组认真进行技术交底，认真学习和深刻体会施工技术规范和施工安全规范。经过培训交底达到合格的职工才允许上岗操作。在施工过程中，建立每周一次的安全教育，由项目经理或专职安全员主持。同时在每道施工工序进行前，由专职安全员做书面的安全技术交底，各班组长带领施工人员认真贯彻落实。

企业安全或技术监督部门必须派人员现场监护指导。

（2）一般规定

1）进入施工现场的人员，必须佩戴安全帽。凡在 2m 及以上高处作业必须系好安全带，安全带应高挂低用，挂点牢靠。如系安全带确有困难时，必须采取切实、有效、确保安全的其他防护措施，不得冒险作业。

2）遇有风力在 6 级以上、大雾天、雷暴雨、冰雪天等恶劣气候影响施工安全时，应禁止进行露天拆除作业。

3）当日拆除施工结束后，吊车应停放在远离被拆除建筑的施工区域。

4）拆除工程施工现场的安全管理应由施工单位负责。从业人员应办理相关手续，签订劳动合同，进行安全培训，考试合格后，方可上岗作业。特种作业人员必须持有效证件上岗作业。拆除工程施工前，必须对施工作业人员进行书面安全技术交底。

5）施工现场临时用电必须按照现行行业标准《施工现场临时用电安全技术规范》JGJ 46—2005 的有关规定执行。夜间施工必须有足够照明。电动机械和电动工具必须装设漏电保护器，其保护零线的电气连接应符合要求。对产生振动的设备，其保护零线的连接点不应少于 2 处。电源采用三相五线制，设专用接地线。总配电箱和分配电箱应设防雨罩和设门锁，同时设相应漏电保护器。从配电房到现场的主线一律采用质量合格的电缆，并要正确架设。严格做到"一机一闸一漏电保护装置"。一切电气设备必须有良好的接地装置。电动机械必须定机定人专门管理，使用小型手持电动工具时均使用带漏电保护的闸箱。

6）拆除工程施工过程中，当发生重大险情或生产安全事故时，应及时排除险情、组织抢救、保护事故现场，并向有关部门报告。此过程由安全管理小组负责。

4.3.6 机械拆除文明施工管理

文明施工注意事项：

（1）拆除工程施工时，应降低粉尘对人员及环境影响，应戴好防护口罩。

（2）拆除工程完工后，应及时将施工渣土清运出场。

（3）对工人进行岗前教育、用火安全施工教育培训。文明施工管理网络按照项目经理—专职安全员—作业队长—班组长—工人实行竖向责任。

4.3.7 施工进度计划

（1）在确保工程质量、安全生产的前提下，优化施工进度计划，动态管理，合理组织、严格控制关键线路节点，确保工期目标。

（2）采用性能完好的机械设备。

（3）根据施工进度控制统筹计划，及时合理编制工程施工进度周计划，并落实到小时工作安排。

4.3.8 事故现场应急处理

（1）人员抢救

抢险队员将受伤人员从事故现场解救出来后应立即进行现场急救处理。

（2）设置向导

在事故现场入口及进入现场的主要通道边安排引导人员，以引导救险车辆、人员。

（3）记录

事故发生后，由质量安全部有关人员对事故的发生、发展以及抢险救护等过程情况进行记录，为事后的调查、分析提供资料。

4.4　机械拆除方案优缺点论证

4.4.1　机械拆除的特点

（1）由于机械拆除是非接触式作业，指挥人员、机械操作人员均位于待拆目标一定距离外，从而在本质上提高了作业的安全程度。但是相对于人工拆除所需要的费用也有所提高。

（2）机械拆除法明显减轻了劳动强度，改善了作业人员的施工条件、有效地加快了拆除进度，从而在某种程度上减少了扰民的时间、加快了作业进程。

（3）对人员要求有所提高，如机械拆除驾驶员既需要通过拆除基本知识的培训，又需要有相关机械设备的操作证（驾驶证）。

（4）机械拆除时排除了人工拆除时作业人员的智力、体力、能力（经验）等各方面的差异，故易实现标准化、规范化施工管理，从而将拆除技术提高到一个新的阶段。

4.4.2　本项目采用机械拆除方案的优点

（1）对主楼采用整体自动提升爬架进行全封闭防护，对东侧多层住宅建筑搭设双排脚手架防护后，自上而下逐层拆除，安全系数高，社会影响力较小。

（2）在爬架四周架设高压水喷雾，施工过程中自动喷雾，减少扬尘，符合济南市相关环保及扬尘要求。

（3）采用液压剪切设备与减声油锤相结合，虽然也会产生噪声，但在可控范围内，对周边居民日常生活影响较小。

（4）非爆破性拆除产生的建筑垃圾可随时分类处理，大部分可回收加工重复利用，环保节能节材，初步估算，采用非爆破性拆除可比爆破性拆除节约成本约 30%。

（5）采用多项新技术，确保绿色环保，安全拆除。

4.4.3　本项目采用机械拆除方案的缺点

（1）施工速度慢，施工时间长

相对于爆破拆除施工，机械拆除的速度相对较慢，工期较长。

（2）人工消耗大

机械拆除过程中需要用到大量工人进行机械与人工的协同作业，需要的劳动力数量较多。

（3）安全系数低，容易发生高处坠落，机械伤害由于建筑高，可能存在施工人员从高处坠落的危险，并且施工现场用到多种大型机械，因此也存在着机械伤害的风险。

4.5　方案论证结论

2020 年 6 月 5 日，鲁商健康产业发展股份有限公司在济南市组织召开了齐鲁宾馆拆除方法论证会，会议邀请了国际生态生命安全、工程爆破、设计、建筑、施工、应急等领域共计 7 位专家组成专家组，济南市自然资源和规划局、历下区相关负责同志参加了会议，与会专家通过踏勘齐鲁宾馆项目现场和周边环境后，听取了湖南南岭民爆工程有限公司和山东振盛建设工程有限公司关于该工程爆破拆除和机械拆除方法的汇报，经过质询、答辩和讨论，形成专家意见如下：

1. 通过比较两种拆除方案及各自的优缺点，从安全、工期、周围环境影响等主要因素综合分析，机械拆除方案更适合齐鲁宾馆拆除项目。

2. 在下一阶段应更深入细化机械拆除方案：

（1）编制更加详细的施工组织管理，施工操作工艺流程，质量、安全、环保等保障措施；

（2）对预应力的放张及楼层的承载力做周密详细的计算，对使用机械设备有明确的实施方案；

（3）编制切实可行的应急预案。

复习思考题

4-1　简述爆破拆除方案的优缺点。

4-2　简述机械拆除方案的优缺点。

第 5 章　机械拆除技术与组织——
以齐鲁宾馆为例

本章学习导航

本章学习导航如图 5-1 所示。

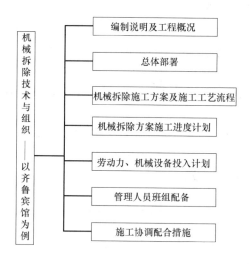

图 5-1　本章学习导航

5.1　编制说明及工程概况

5.1.1　前期防护工作以及工程难点

根据现场施工情况，在拆除楼房周围 20m 处用铁质围挡进行安全防护，设置围栏高度为 2.8m，留出出入口后，其他部分全部封闭。门口有专人看守，闲杂人员禁止入内，施工人员须经同意方可进入。东侧墙面使用防护架，用绳锯切割墙面，逐层切割，借助挖掘机把切割后的墙面向西侧倾倒。主楼东侧和居民区之间的通道做好防护架，使用竹胶板封顶。

1. 工程拆除难点及特点

（1）周围环境复杂

待拆宾馆大楼毗邻经十路、千佛山路、经十一路、省旅游局宿舍区，人、车流量大，商铺与居民区密集（图 5-2）。

（2）建筑物高度大

拟拆除的综合宾馆大楼最高为 157.1m，宾馆大楼拆除高度超过 100m，属于超高层建筑。

（3）工程量大

本次拟拆除宾馆大楼的总拆除面积约 78000m^2。

（4）施工安全要求高

由于综合楼位于济南市市中心名胜区，因此必须严格控制施工中可能造成的危害和不利影响（如粉尘、空气及路面的污染），确保施工安全，安全防护工作量大。

（5）情况复杂

市政管网复杂，需重点保护。

（6）协调难度大

警戒疏散工程量大，协调难度大。

图 5-2　周边环境

2. 工程拆除要求

由于待拆的宾馆大楼处于城区中心繁华地带，且周边交通网路较多，车流和人流量较大，位置特殊，位居千佛名胜区。因此拆除时应满足以下要求：

（1）精心设计，精心施工

严格管理，在施工时，保证人员和周围建筑物及设施的安全。

（2）保证施工质量

严格按拆除设计方案施工，严格控制施工质量、拆除器材的质量。

（3）尽量减少对周围影响

力求最大限度地减小对路面的污染，尽量减少对周边居民和商铺的影响。

（4）保证工期

按业主的计划和工期要求，科学制定施工进度计划，严格组织施工，保证在合同规定的工期内完工。

3. 施工中存在的难点

该楼楼房立柱断面大，钢筋粗而密，核心筒壁剪力墙厚，混凝土强度等级高，是当前我国拆除最高的建筑物之一。

扬尘的控制：拆除时，会产生部分扬尘，施工中必须有效迅速地降低扬尘污染，节能减排。

宾馆大楼附近地下管线的防护：该宾馆大楼附近地下管线错综复杂，拆除时，必须确保地下管线的安全。

工期要求高：拟拆除宾馆大楼地面以上有39层，外加塔顶，总建筑面积约78000m²，总计约9万m³的渣石，在宾馆大楼拆除后，建筑垃圾量大，渣石外运及深基坑回填的任务同样繁重和紧迫。

5.1.2 机械拆除技术与组织编制说明

（1）编制说明

编制依据如表5-1所示。

机械拆除技术与组织编制依据　　　　　　表5-1

序号	编 制 依 据
1	《建设工程质量管理条例》
2	《中华人民共和国建筑法》
3	《建筑拆除工程安全技术规范》JGJ 147—2016
4	《建筑机械使用安全技术规程》JGJ 33—2012
5	《建筑施工高处作业安全技术规范》JGJ 80—2016
6	招标文件、工程量清单及施工图纸
7	公司有关质量、安全及现场文明施工管理等企业标准
8	现场实际踏勘情况，包括气象、地形、地质和施工条件
9	国家质量管理体系标准
10	山东省及济南市最新规定
11	其他相关专业规范及行业标准

（2）编制原则

优化施工组织，全面规划，合理布置，突出重点，统筹安排，科学组织，确保工程按质按量完工。

采用现行有效的施工方法，合理选择施工方案，提高机械化、标准化施工水平，加快工程施工进度，强化管理，精心施工，保证工程质量。严格控制安全施工管理，杜绝重大安全事故发生。

（3）工期要求和质量目标

工期要求：施工期间，合理安排工序，组合多个作业班组，展开多个作业面，同时利用平行作业、交叉作业进行施工，充分发挥劳动力及机械效率，积极采取有力的保证措施，圆满完成施工任务，实现工期计划。

质量目标：达到现行国家验收规范合格标准。

5.2 总体部署

5.2.1 工程目标

其工期、工程质量、安全与文明施工、社会经济效益等目标如表 5-2 所示。

工程目标 表 5-2

目标	内 容
工期目标	按照建设单位要求
工程质量目标	达到现行国家验收规范合格标准
安全与文明施工目标	创公司文明工地、杜绝死亡及重伤事故,确保无重大伤亡安全事故、交通肇事和火灾事故,确保控制扬尘、噪声不扰民,周围交通畅通,安全达标
社会经济效益	通过科学组织,严格管理,依靠科技进步,应用新技术、新工艺、新设备,降低工程成本

5.2.2 项目管理机构人员配备及组织机构

选派多次在类似工程中担任相应职务,具有丰富管理经验的管理人员担任项目经理、技术负责人。

调集具有丰富施工经验的专业施工队伍进行工程的施工。

项目经理部按照项目管理模式,对工程质量、工期、安全、成本等进行有计划、高效率的管理,打造出精品工程。

项目人员配备情况如表 5-3 所示。

项目人员配备情况 表 5-3

岗位名称	人 数
项目经理	1
技术员	2
安全员	5
管理员	5
施工员	10
预算员	2
质量员	2
班组长	2
机械员	5
设备员	6
资料员	2
材料员	2
防疫卫生员	8

项目管理机构人员组织结构如图 5-3 所示。

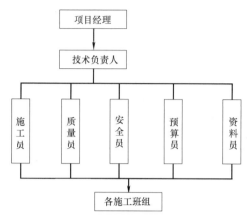

图 5-3 项目管理人员组织结构图

5.2.3 施工进度计划

（1）施工进度计划

施工时，按建设单位要求的工期安排，具体开工时间以监理公司下达的开工令为准。

（2）施工进度保证措施

组建高效的项目班子。选择具有类似工程经验的优秀项目经理担任本工程的项目经理，配备业务尖子担任项目技术负责人。

挑选具有类似工程施工经验、技术素质高、专业技能强的青壮技术工人，组成项目管理层和作业层，实行两级管理，按项目法施工，实行项目经理负责制。

公司授权工程项目经理代表公司履行工程承包合同和生产指挥，并授以人事任免权、奖惩权、设备物资采购权、资金使用权，以保证本项目的顺利实施。

工程开工前，必须严格根据招标文件提出的工期要求，制订出工程施工总进度计划，并对其是否科学、合理，能否满足合同规定工期要求等问题，进行认真细致论证。

在工程施工总进度计划的控制下，施工过程中，坚持逐周编制具体的工程施工计划和工作安排，并对其科学性、可行性进行认真的推敲。

工程施工计划执行过程中，如发现未能按期完成工程施工计划，必须及时检查分析原因，立即调整计划和采取补救措施，以保证工程施工总进度计划的实现。

5.2.4 主要管理制度

（1）质量管理制度

技术质量交底制度。技术质量的交底工作是施工过程管理工作必不可少的重要工作内容，交底必须采用书面签证确认形式。

施工方案编制完毕并送审批确认后，由项目部牵头，项目工程师组织全体人员认真学习施工方案，并进行技术、质量、安全书面交底，列出监控部位及控制要点。

本着"谁负责施工，谁负责质量、安全"的原则，各分管工种负责人（工长、技术员等）在安排施工任务的同时，必须对施工班组进行书面技术、质量、安全交底，必须做到"交底不明确，不上岗"。

1）施工方案审批制度

施工方案必须按照企业质量体系程序文件的要求，经有关部门评审，签署意见并签字后返回项目部。

经企业及项目部审批后的施工方案，项目部应上报监理工程师经批准后方可进行施工。

2）技术复核制度

在施工方案中编制技术复核计划，明确复核内容、部位、复核人员及复核方法。

实行并坚持自检、互检、交接检制度，自检要做方案记录，隐蔽工程要由专业工程师、质量员、施工班组长检查，并做出较详细的方案记录，项目经理每月组织一次施工分部质量检查，并进行质量评比。

企业质量部对每个分部分项工程进行不定期抽样检查，发现问题以书面形式发出限期整改令。

项目质检工程师应在指定限期内将整改情况以书面形式反馈到企业质量部。

3）工程质量统计技术应用及奖励制度

按照企业制定的质量统计技术应用程序，针对项目特点开展 QC 小组攻关活动。

针对工程中的难点和关键技术，成立专题 QC 小组进行攻关，解决施工中的技术难点，保证和提高工程质量。做好统计技术记录，统一纳入质量管理文件。项目部遵循"谁施工、谁负责"的原则，对各专业施工队进行全面的质量管理和跟踪管理。

对各专业施工队在施工过程中违反操作规程、不按图施工、屡教不改或发生质量问题时，项目部应对专业施工队进行处罚，处罚的形式为停工整改、罚款直至禁止施工。

凡专业施工队在施工过程中，按图施工，质量达到优良者，项目部将对其进行奖励。奖励的形式为表扬、表彰、奖金。项目部在实施奖罚时，以平时检查、抽查、每月一次的大检查的评定质量结果为依据。

有关责任人员要针对出现不合格品的原因采取必要的纠正和预防措施。工程发生质量事故，马上向当地质量监督机构和建设行政主管部门报告，并做好事故现场抢险及保护工作，建设行政主管部门要根据事故等级逐级上报。

同时按照"三不放过"的原则，负责事故的调查及处理工作。对事故上报不及时或隐瞒不报的要追究有关人员的责任。

4）工程技术资料管理制度

质量记录是质量责任追溯的依据，应力求真实和详尽，各类现场操作记录、质量检验记录等要妥善保管，特别是各类工序交接的处理，应详细记录当时的情况，理清各方责任。

项目部的施工全过程中由专业工程师和质检工程师监督、检查专业施工队积累的原始记录和资料，按统一规定的各类表格填写、汇总。

专业工程师和质检工程师根据工程进度提供各阶段的施工进度照片，并作为资料归档。

各专业施工队每天用规定的表格记录施工现场所发生的工作量、人工、机械使用、施工部位、设备进出场、质量问题、产生原因、补救办法及天气情况等内容，隔天交项目部汇总。

项目部汇总后交监理部门、建设单位施工管理部门，并作为资料归档备案。

（2）安全管理制度

1）项目部安全例会制度

每周必须进行 1 次安全检查和召开 1 次安全例会，并有文字记录和存档备查。

例会主要内容如表 5-4 所示。

2）安全检查制度

建立施工方案安全技术交底制度，编制分项工程施工方案时其中必须编制安全技术措施且应进行交底讨论，审批安全技术措施必须符合实际和针对性强。

项目经理部每月组织一次专业施工单位参加的联合检查，各专业施工单位也必须每半月组织一次本单位安全检查。

例会主要内容表   表 5-4

序号	例会主要内容
1	分析上周安全形势，查找安全工作中的主要问题
2	通报上一时段隐患整改和违章考核情况
3	布置近期安全工作重点和防范措施
4	协调各作业体之间交叉作业和配合关系，解决相互矛盾
5	安排文明施工事宜

班组兼职安全员应在施工过程中随时对安全操作、安全措施进行检查，发现隐患及时整改。

项目部安全员负责日常安全检查及重点项目跟踪检查。安全检查做到全面全员全过程控制，隐患整改率为 100%。

对各施工单位人员、作业班组人员一方面应签订明确了双方责、权、利的安全合同（协议），另一方面应加强对其进行监督检查等管理活动的开展：对其施工方案、安全预测对策表、技术交底记录等有关方案资料进行检查。

不定时地到施工现场进行检查，并严格按有关协议条款进行考核。

应落实五项责任制度，具体如表 5-5 所示。

五项责任制度表   表 5-5

制度	内　　　容
安全岗位责任制	项目经理——工程安全第一责任人 技术负责人——工程安全技术第一责任人 安全负责人——工程安全具体管理责任人 班组安全员——班组安全具体管理责任人 班组长——安全技术实施、过程管理责任人
确认制	机具可靠性——设备员负责执行 安全技术措施到位——安全负责人负责执行 安全技术交底到位——班组长负责执行 歇复岗人员安全教育到位——公司安全员、班组长负责执行 特殊作业人员资格——安全负责人负责执行 设备操作人员资格——安全负责人负责执行 作业环境、作业人员安全状况——班组长负责执行
联保互保制	同工联保。同班联保。互相监督，互相保护。各班组长负责按规定要求将班组人员结成联保互保对，并报安全人审批存档
旁站制	安全管理人员应是第一个到达施工现场、最后一个离开施工现场的人
日清制	当日事当日毕，施工现场每天清理干净，保证安全通道始终通畅

3）责任事故处罚制度

有违反规定、酿成事故者，严格按照有关法规文件执行，进行主要责任、相关责任追究，相关部门予以经济处罚、行政处罚或刑事处罚。

5.2.5 确保工作机制有效运行的措施

项目部是代表公司对工程实施日常管理的机构，项目经理代表公司经理行使权力，该工程项目经理和项目总工将由公司经理直接任命。项目部其他成员将根据双向选择、择优录用的原则由项目经理决定。

成立以项目经理为首的一级工程项目部，取消中间环节，把项目部的工作重心移到基层，移到班组，移到各工序中。这样有利于统一管理，统一指挥，统一调度，防止互相推诿、扯皮，提高工作效率，充分发挥各职能人员的能动性，有利于各项施工管理目标的全面实现。

为了确保工程各项管理目标和项目部的各项工作自始至终处于受控状况，一方面，项目部必须定期（每月一次）向公司书面汇报当月的工程进度、质量、安全、成本完成情况，存在的问题及处理情况，下月的形象进度、质量、安全、成本计划和对公司的要求。对突发事件，如重伤事故、重大质量事故等，必须立即向公司汇报。另一方面，公司领导和各职能部门将定期（每月一次）或不定期对项目部的工作实施监督、检查、指导和考核。公司将根据历次的检查、考核情况和最终完成各项经济技术指标情况经审计确认后，按公司的规定兑现经济政策。

为了保证项目部管理工作的连续性，公司绝不随意在中途更换项目管理成员，特别是项目经理和项目部技术负责人。若因故确需更换项目部主要管理成员的，公司将充分尊重建设单位和监理单位的意见，提出合格人选经建设单位、监理单位审定同意后方可更换。

实行目标管理，进行目标分解，落实责任制。按照单位工程及分部分项工程，将责任落实到各责任部门和人员。从项目的各部门到班组，层层落实，责任明确，制定措施，从上到下层层开展，使全体员工在生产的过程中以从严求实的工作质量、精心操作的工序质量，一步一个脚印地去实现质量目标。

加强监督检查和考核工作。各方面的检查都应有相应的文字记录，制度健全，考核时做到有凭有据，奖惩分明。积极开展质量管理（QC）小组的活动，工人、技术人员、项目领导"三结合"，针对关键技术组织攻关，积极做好 QC 成果的推广应用工作。

5.2.6 施工总平面布置

（1）施工总平面布置原则如表 5-6 所示。

施工总平面布置原则 表 5-6

序号	布置原则
1	施工总平面布置应按照生产、生活分离的原则,做到因地制宜、合理规划。以方便生活、安全生产
2	施工总平面布置应掌握合理性原则:能在现场布置的则布置在现场,不能在现场布置的则在场外。现场生产设施应尽可能就近布置,不应舍近求远,增加二次转运费用
3	施工总平面布置应掌握安全性原则:生活区重点应注意防火安全距离,现场生产设施应重点注意交通安全距离

（2）临时工程

根据建设单位文件要求及施工调查情况，临时工程总体思路是：本着"保护环境、少占耕地，充分利用既有道路及设施"的原则，布设生产及生活区（表5-7）。

临时工程布置方法　　　　　　　　　　表5-7

临时工程	布　置　方　法
临时道路	本工程对外交通方便,可以满足施工机械的进场条件; 施工便道尽可能利用现有道路,同时结合设计,先期修建辅道,做到永临结合,只修建各工点与地方道路联络便道
临时供电	高压线路就近接变压器,提供生产及生活用电,从接入点至变压器主干电线采用电缆线,从变压器至各工点线路主线采用电缆、支线采用铝芯线; 另在生活区外侧配备柴油发电机以解决停电时施工、生活的用电
临时供水	根据现场实际情况确定,采用最方便优良的供水方式
生活办公房屋	按地方条件实际考虑
生产房屋	按工期、地方条件及工程实际需要考虑

5.2.7　施工准备工作

（1）技术准备工作

首先熟悉被拆建筑物的竣工图纸，弄清楚建筑物的结构情况、建筑情况、水电及设备管道情况，地下隐蔽设施情况。工地负责人要根据施工方案和《安全技术规程》向参加拆除的工作人员进行详细的交底。

对施工员进行安全技术交底，加强安全意识。对工人做好安全教育，组织工人学习安全操作规程。

踏勘施工现场，熟悉周围环境、场地、道路、水电设备管路、建筑物情况等。

齐鲁宾馆周边环境较为复杂，裙楼东侧为居民楼，较近处只有11m，西南侧为加油站，南侧50m有宿舍。特殊的环境，增加了整个宾馆主楼拆除施工的难度和复杂程度。经过考察分析，提出了将机械吊至楼顶层逐层拆除的方法进行施工。

主楼高度约为157.1m，用1000t塔式吊车把小型油锤设备吊至楼顶，用油锤设备逐层破碎拆除。拆除所产生的建筑垃圾，利用现有的电梯井运至地面一层，在一层电梯井扩大井口以方便建筑垃圾的运输。白天运至地面一层的建筑垃圾，晚上用挖掘机和铲车统一堆放在裙楼外侧。用渣土车运至济南市指定的垃圾消纳场。此方法安全、可靠，产生的震动小、污染少。为防止在施工过程中产生扬尘，用高压泵把水送至拆除层，同时用吊车把移动雾炮机吊至所施工的作业面，进行雾化降尘。

在主楼南侧安装升降机设备以便施工人员及气割瓶器快速安全到达施工区域。

在拆除作业的四周做好围护，拆除作业不得超出此范围，以免对周边建筑物、花草树木、地面等造成破坏，减少对工作环境的影响。大型拆除机械进出要采取措施保护好路面。

对作业区域内保留的地面、花草树木及地下管线等做好保护措施，保证其完好无损。

学习有关规范和安全技术文件。明确周围环境、场地、道路、水电设备管道、房屋情况等。

向进场施工人员进行安全技术教育，特殊作业人员证照齐全，进场人员必须佩戴安全帽，着装规范并配备必要的劳动保护用品，高空作业系好安全带。

做好施工组织，保证施工安全。要自上而下对称顺序进行，先拆非承重结构后拆承重结构，先内墙后外墙，严禁交叉拆除或数层同时拆除。

（2）现场准备

施工前，要认真检查影响拆除工程安全施工的各种管线的切断、迁移工作是否完毕，确认安全后方可施工。清理被拆除建筑物倒塌范围内的物资、设备，不能搬迁的须妥善加以防护。疏通运输道路，接通施工中临时用水、电源。切断被拆建筑物的水、电、煤气管道等。在拆除危险区域设置警戒标志。工地标牌及说明如表5-8所示。

开工前必须采取封闭式围挡，根据本工程特点，施工现场围护采用铁皮完全封闭，围挡高度为1.8m。施工影响范围内的建筑物和有关管线的保护应符合下列要求：相邻建（构）筑物应事先检查，采取必要的技术措施，并实施全过程动态管理。

在拆除工程作业中，发现不明物体，应停止施工，采取相应的应急措施，保护现场，及时向有关部门报告。根据拆除工程施工现场作业环境，应制定相应的消防安全措施。施工现场应设置消防车通道，保证充足的消防水源，配备足够的灭火器材。相邻管线必须经管线管理单位采取管线切断、移位或其他保护措施。开工前察看施工现场是否存在高压架空线，拆除施工的机械设备、设施在作业时，必须与高压架空线保持安全距离。

工地标牌及说明 表5-8

序号	标牌	说明
1	工程概况牌	标明工程项目名称、拆除施工单位名称和施工项目经理、拆(竣)工日期、监督电话
2	建筑拆除安全生产牌	安全生产牌处于显眼位置，并配有"施工重地，注意安全"的字样
3	文明施工牌	按要求制定工地文明施工的相关要求，杜绝出现不良习惯的行为
4	安全警示标志牌	在拆除工程施工现场醒目位置应设安全警示标志牌，采取可靠防护措施，实行封闭施工

（3）机械设备准备

本项目采用机械拆除、机械运输的方式进行施工，根据施工经验及本工程实际情况，拟购机械设备列于表5-9中。

拟购机械设备表 表5-9

序号	设备名称	型号规格	数量	产地	用于施工部位
1	豪沃斯太尔卡车	—	50	中国济南	装运
2	卡特挖掘机	320D	6	美国	拆除施工
3	徐工	80D	10	中国徐州	拆除施工
4	手推车	—	9	中国济南	水平运输
5	洒水车	WTZ40	2	中国济南	降尘
6	风镐	B87	5	中国济南	拆除工程
7	切割设备	—	4	中国济南	拆除工程

序号	设备名称	型号规格	数量	产地	用于施工部位
8	大锤	—	7	中国济南	拆除工程
9	液压钳	—	2	日本	拆除施工
10	液压剪	—	2	日本	拆除施工
11	钻子	—		中国济南	拆除施工
12	撬棍	—		中国济南	拆除施工
13	扫帚	—		中国济南	清除
14	清运小车	—		中国济南	清运
15	雾炮机	200	2	中国济南	
16	钢板	2cm 厚	100t	中国济南	

5.3 机械拆除施工方案及施工工艺流程

5.3.1 施工总部署

编制齐鲁宾馆拆除方案，方案充分体现：以人为本、安全、质量、和谐、发展、可持续的生态理念。坚持以人为本、安全第一、预防为主、综合治理的方针，严格遵守：《安全法》《固体废物污染环境防治法》《环境噪声污染防治法》等法律法规。

（1）场地平整

在施工现场将妨碍施工的无用障碍清除，平整夯实周围场地，以备设置临时彩钢板围护；将建筑物周边 3.0m 范围平整夯实，以备搭设临时钢管架。

（2）现场围护

按平面图位置，将拆除工程施工场地进行围护；围护时采用钢管架挂彩钢板进行围护，彩钢板全部刷蓝色油漆；在距离外墙面 25～35cm 位置处搭设钢管脚手架围护；并设置安全网、彩条布双层围蔽。

（3）临设的拆除

在主体楼座拆除之前，应将原来已安装的设备、扶手护栏等全部拆除搬走；在主体楼座拆除之前，应将楼座周边一层的砖混结构、临时围墙等全部拆除，以便于搭设脚手架。

（4）施工通道的设置

通道设置于建筑物的西面，以便出渣，其他通道切断、小区道路保留，搭设安全防护棚。

（5）临时水电接入

根据施工方案和施工进度计划安排、总平面布置图和拟定的临时用电布置图，确定所用机械设备的位置和三级配电的层次及导线敷设的部署等。

电源选择：根据本工程实际工程量和电力需用量，临时供电由建设单位从外部高压线经变电器变电引入。

电力系统选择：根据现场实际情况，将配电线路设在道路一侧。该工程施工现场临时用电总电源是由建设单位从外部高压线经变电器变电得到的 380/220V 电压引入，送至施工单位指定的地点（总配电箱处）。整个施工现场按三级配电布置：总配电箱→分配电箱→开关箱→用电设备。配电箱、开关箱按现场顺时针逐一编号，箱内所用开关用明显的标志注明其回路和所控制的用电设备等，所运行的开关均由专人负责，整个施工现场由持证电工按时检查和不定期检查，以防发生触电事故。

建设单位送至总配电箱处的电源线为三相四线制 380/220V 低压供电系统。自总配电箱开始二级配电，严格按三相五线制（TN-S 系统）覆盖施工现场。做到工作零线和保护零线严格分开。正常情况下不带电的金属外壳必须和保护零线相连接，工作零线仅用于负载（即 220V 照明及 220V 用电设备使用）。其中保护零线与其他各导线颜色应区别开来，宜采用绿/黄双色线。

施工现场中使用的配电箱、开关箱，对固定式的安装高度要求箱底与地面的垂直距离均为 1.3m。手持式电动工具应采用移动式开关箱（用 D 表示），内装漏电保护器。配电箱、开关箱进出线口一律设在箱底的下面且有防绝缘损坏措施。整个施工现场采用二级漏电保护。在配电箱和开关箱内装设漏电保护器，使之具有分级分段的保护功能，配电箱和开关箱设置门、锁和防雨措施，箱内无杂物。

购置漏电保护器、线路安装运行及维修均应按规范规定进行。从总配电箱至各分配电箱间导线线路均为直埋暗设，从分配电箱联系各开关箱的各导线架空。

防护用品措施：在安全防护上，临时用电应采取有效措施，杜绝一切事故，消除一切隐患。选用国家级达标总配电箱及分配电箱、开关箱，电缆采用三相五芯电缆，对电缆采用穿塑料管并架空，增设屏障、遮拦、围栏或保护网，并悬挂醒目的警告标志牌。另外，在维修电气设备时，应有电气工程技术人员或专职安全员负责看护，并备有消防栓两台。

接地与防雷设计：在施工现场用的中性点直接接地的电力线路中采用接地保护系统。电气设备的金属壳与专用保护零线连接。

（6）拆除方法

齐鲁宾馆为钢筋混凝土框架剪力墙结构，总建筑面积约 78000m^2，其中主楼 39 层、顶部为旋转餐厅，楼顶设直升机坪，建筑面积约 40000m^2；辅楼 9 层，建筑面积约 38000m^2。结构立柱尺寸主要为 1000mm×1000mm（Z1 柱 6 根）、800mm×1000mm（Z2 柱 19 根）、850mm×850mm（Z3 柱 25 根）三种，其余为异形柱，电梯井、楼梯间的剪力墙厚度主要有 30cm、40cm、50cm、60cm 四种。楼板厚度 230cm，主筋为双层 ϕ18 钢筋，经测算将自重 15t 的液压破碎钳吊至楼顶施工安全可靠。卡特 220 液压破碎钳重量为 15t，长度为 6.215m，宽度为 3.5m，工作高度为 8.12m，履带宽度为 0.60m，总接地面积为 0.60m×6.125m×2＝7.35m^2，分散接触面积为 7.35m^2×4＝29.4m^2。现浇板承受重量为 15t÷29.4m^2＝0.51t/m^2，所以卡特 220 在上面施工，现浇板完全能承受机械自重，施工没有任何风险。

根据机械重量及楼体高度，采用 1000t 大型履带吊车，将机械吊至旋转餐厅地面处，吊车在楼体南侧地面硬化处设置。设置时，检查周围地面坚实度，不能设置在地下空穴管道处，确保安全后将机械防尘降尘设备吊至旋转餐厅地面处。

采用米-26 直升机把自重 15t 的液压破碎钳及降尘设备吊至旋转餐厅地面处，如图 5-4 和图 5-5 所示。

图 5-4　起重设备

图 5-5　米-26 直升机

施工流程按照以下进行：

利用油锤破碎设备定点倒向拆除的方法，把裙楼部分拆除掉，为主楼的拆除留出足够的地面空间。

当进行破碎工作时，确认钎杆的方向与待击破碎物的表面为垂直方向，并尽可能始终保持该方向。在破碎时，应先选择适当的打击点，并确认钎杆确实稳固后，再进行打击。在破碎前做好各种准备，当发现油管松动时，立刻停止作业。避免破碎锤在无目标物状况下空击。勿以破碎锤推动重物或大石块，勿将钎杆摇晃使用，勿打击连续操作 1min 以上。

外墙拆除拟采取以下两种方案。

方案一：爬升架自下而上按每 6 层高度做主楼的外墙防护。

做好爬升架后，人工利用爬升架对主楼外墙的铝塑板、构件及门窗进行自上而下拆除。因主楼是筒中筒结构，把内筒的电梯口全部封闭，防止渣土通过内筒的电梯井下落而引起扬尘的扩散，待爬升架升到顶层时，外墙部分的所有铝塑板、构件及门窗玻璃都已拆除干净，防止机械拆除时玻璃及其他易落物的外溅。如图5-6所示。

爬架的安装流程为：设安装平台—摆放底座、安装导轨，组装水平桁架各部件—将横梁用螺栓连接于导轨上，将主框架立杆扣于横梁上—将斜杆扣于立杆和横梁上—安装附墙导向装置后，将架体卸荷到导向座上—随结构接高架体、搭设脚手架、铺设中间层或临时脚手板—与建筑结构做临时架体拉接、张挂外排密目安全网—装完第3个横梁后，安装提升座和上一层附墙导向座—接高主框架立杆、将架体搭设至设计高度、铺设顶层脚手板、挡脚板—铺设底层安全网及脚手板、制作翻板—上部架体与结构进行有效拉接（拉接间距不大于6m）—张挂外排密目安全网至架顶—将防坠吊杆插入底座防坠装置内，安装提升钢丝绳—摆放电控柜、分布电缆线、安装捯链、接线、调试电器

图5-6　爬升架

系统—预紧捯链、检查验收、拆除架体与结构上部拉接、同步提升一层—安装全部完毕，进入提升循环。

方案二：采用吊笼方式进行拆除，如图5-7、图5-8所示。

图5-7　吊笼轨道

图5-8　施工吊笼

原有建筑设有吊笼轨道，可以充分利用已有的设施，首先从最高处开始拆除，全部拆除完毕后，再进行下一层的拆除工作，以此类推。

施工人员坐在事先预备好的吊笼里进行施工，施工前认真检查最高极限限位和重量限制器是否灵敏可靠，精度是否符合技术要求，并做好检查记录。最高极限限位起作用时，必须保证吊笼最高点与天梁滑轮最低点之间的距离不得小于3m。作业中不得随意使用极限限位装置。

班前应在额载的情况下，将吊笼提升离地面1～2m处停机检查制动器的可靠性和架体的稳定性，并做好检查记录。同时要做防断绳模拟试验，保证防断绳装置的灵敏可靠。

闭合主电源前或作业中突然断电时，应将所有开关扳回零位。应在确认提升机动作正常后方重新恢复作业。

在楼梯东侧，靠近宿舍区部分做人防通道及二排架对东侧宿舍区部分做防护，高度应高于宿舍楼。

图 5-9　安全通道

安全通道（图 5-9）侧边设置隔离栏杆，引导行人从安全通道内通过，必要时满挂密目网封闭。安全通道防护棚采用双层防护，由双层、交错、满铺的脚手板铺设而成。安全通道防护棚进口两侧搭设钢管立柱，在安全通道防护棚进口处张挂安全警示标志牌和安全宣传标语，标志牌制作底板采用 PVC 板或铝塑板，面层采用户外贴膜。

采用湿法作业时，对土方工程施工采取现场洒水，堆放的土方采取安全网覆盖，并定期进行洒水。加强个人防护，粉尘作业的操作者在作业时，一定要戴好防尘帽和防尘口罩。严禁随意凌空抛撒造成扬尘。施工垃圾要及时清运，清运时，适量洒水，减少扬尘。

由于旋转餐厅（图 5-10）为悬挑结构，外墙不是剪力墙结构。旋转餐厅的顶板无法承受液压剪切设备，先用绳锯在旋转餐厅南半部分的顶板锯出约 $100m^2$ 的平台切口，便于液压剪切设备能放置到旋转餐厅的地面。整个主楼的旋转餐厅以下部分为标准层，可放设备，结构基本一样，顶板厚度为 230cm，主筋为 $\phi18$ 的双层钢筋，外墙及内筒的墙体为 40～50cm 厚的 C40 混凝土剪力墙，顶板部分还有横梁，整个主体结构坚固可靠。

液压剪切设备有转换接头，其接头包括钳子、剪子、挖斗，可以快速转换，由于主楼为预应力结构，施工顺序是设备在下一层对上一层进行剪切，将外筒的外墙部分顶板依次剪切，内外筒的剪力墙分步拆除，预应力顺次逐步释压。

(a)

(b)

图 5-10　旋转餐厅结构（一）

(c)

图 5-10　旋转餐厅结构（二）

设备在旋转餐厅的地面处对旋转餐厅以上部分的停机坪（图 5-11）、顶板、剪力墙，借用绳锯的配合，剪切拆除。混凝土内的钢筋用液压钳剪断，混凝土压碎后通过内筒的两个施工电梯井及客梯井口运到地面。

待旋转餐厅的渣土清理完毕后，设备可以从消防楼梯部位下到一层。

旋转餐厅以上停机坪部分预计拆除时间为 4 天，下面标准层预计拆除时间为 3 天，共拆 2 层。整个主楼机械拆除时间控制在 2 个月内完成。

运到地面部分的渣土，利用晚上时间清理外运至指定的垃圾消纳场，部分混凝土做再生利用处理。

（7）工期

图 5-11　旋转餐厅

施工准备 2 天，内部管道及设备拆除、外墙铝塑板拆除 47 天，东侧通道及宿舍楼防护、爬升架搭设 39 天，裙楼拆除及渣土外运 46 天，场地硬化及洗车平台安装 11 天，主楼设备吊装、拆运及渣土外运 105 天，共计工期 171 天。

5.3.2　施工工艺流程

施工基本顺序如图 5-12 所示。

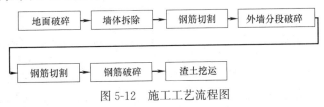

图 5-12　施工工艺流程图

拆除前由技术员、安全员对楼层整体坚实度进行检查，确定先后拆除顺序，向机械操作员进行技术交底，使其按先后顺序进行破碎拆除施工。机械首先对顶部地面进行破碎，破碎后人工切割钢筋，然后机械拆出坡道，留出机械操作空间，机械将至下一层，对机械周围墙体、现浇板分别进行破碎，使其钢筋混凝土分离，待楼体里面墙体破碎完后，再对楼体外墙分段破碎。破碎时先拆除南侧墙体，对墙体进行立面上下破碎，破碎后人工将圈梁钢筋切割成 2m 一段向墙体内侧倾倒，倾倒后将墙体破碎至每段 1m 以下，然后用机械（挖掘机）向楼梯南侧倾倒落地。待整层清完后，按此方法向下层逐步进行拆除。渣土、钢筋落地后应留足减震渣土，其余部分及时清离现场。在拆除过程中，由安全员随时观察楼体结构变化，发现情况，立即调整工作拆除状态。拆除现场如图 5-13 所示。

(a)　　　　　　　　　　　　　　(b)

图 5-13　拆除现场

5.3.3　围墙设置

（1）围墙位置的选择

因本拆除建筑物靠近居民区和周边道路，故拆除时，须将拆除结构至少 3m 范围进行围护；在拆除过程中要做好足够的防护措施，以保证周边行人安全。

（2）围护方式的选择

考虑到本拆除工程为临时工程，故从美观和节约成本方面考虑采用钢管架和彩钢板围护。

（3）围墙设计（表 5-10）

围墙设置　　　　　　　　　　　　　　　　　　　　　　　表 5-10

围墙设置	设置要求
钢管选用	ϕ48-3.5 型
彩钢板选用	1mm 厚铁皮板
围墙高度	从围墙外侧地面起 2.30m
钢管架设置方法及连接	每间隔 1.50m 设置一道钢管架，钢管架底部打入土体不少于 70cm，并浇筑 30cm×30cm C15 混凝土块固定；每道竖杆向围墙内侧设置一道斜拉杆，斜拉杆与地面呈 75°，底部与打入土体的钢管扣件连接；竖杆在距离地面 25cm 位置设置一道扫地杆，以上均匀设置 3 道横杆；钢管连接全部采用扣件连接；彩钢板与钢管架连接采用铁丝绑扎连接，连接部位搭接长度不少于 10cm

（4）施工顺序

围墙底部的土体应夯实平整，每间隔 1.50m 人工挖坑将竖向钢管埋入地面以下不少于 70cm；并浇筑混凝土固定；

架体的设置：钢管架设置时，从扫地杆至上依次架设横杆，并将斜杆与主立杆连接；

挂设彩钢板：在水平管两侧钻孔，共计 4 道，钻孔完毕后将彩钢板绑扎到横管上，绑扎应牢固，彩钢板应平整一致。

5.3.4 脚手架的搭设

（1）外脚手架的搭设如表 5-11 所示。

外脚手架搭设 表 5-11

搭设任务	搭设要求
搭设方式	采用落地式钢管脚手架
连墙设置	采用 2 步 3 跨一连墙
搭设高度	超出屋面构筑物顶部 1.80m
脚手架的封闭	为满足安全要求和防止拆除灰尘飞扬污染空气环境,脚手架外围采用密目安全网及彩条布进行双层围护;施工作业层脚手架采用竹芭全封闭,以下不超过 10m 封闭一道,封闭层底部加挂安全兜网;作业层封闭面设置 20cm 高踢脚板
脚手架参数	脚手架采用 ϕ48-3.5 型钢管架,距离外墙面 25～35cm;扫地杆距离地面高度 25cm;脚手架横距 1m,步距 1.80m,立杆间距 1.50m;安全网采用密目安全网,安全网质量符合规范标准
挑棚	在一层顶部位置设置 2m 宽单层防护挑棚,并铺设安全网封闭,挑棚在建筑物四周全部封闭设置,并向外侧挑起 15°;在各出入口设置安全通道,通道顶部设置双层钢管防护棚,防护棚顶铺设模板封闭

脚手架搭设完毕后，按各层拆除进度，逐层拆除。

（2）里脚手架的搭设

里脚手架选用移动式门支架、固定式门支架或钢管架；

里脚手架应在以下位置搭设：拆除内间隔墙；拆除外围框架梁；拆除室内主次梁；混凝土构造柱或结构柱内侧；

里脚手架为临时性脚手架，在该部位结构拆除后随即拆除脚手架，里脚手架的搭设应符合脚手架搭设规程和技术要求，搭设位置应距离周边洞口 1.50m 以上，并将较近的洞口围护封闭，搭设位置应稳固坚实，以保证操作安全。

（3）脚手板的铺设

结构施工时，作业层脚手板沿纵向满铺，做到严密、牢固、铺稳、铺实、铺平，不得有 50mm 以上间隙。离开墙面 35cm，严禁留长度为 150mm 的探头板。搭接铺设的脚手板，要求两块脚手板端头的搭接长度应不小于 400mm，接头必须在小横杆上。

（4）脚手架的防护

水平采用平网防护，底层和操作面外架设置挡脚板，挡脚板高度为 180mm。脚手架外架立面采用密目式绿色安全网，并搭设斜道。斜道脚手板的防滑条间距不应大于 30cm。

对于周边建筑物及管廊等的防护需采用脚手板或彩钢板等材料进行安全防护。

（5）脚手架的验收

脚手架应由架子工严格按规范搭设，搭设前进行安全技术交底，脚手架主要受力杆件材质应一致，严禁钢木混用。脚手架应分部、分段按施工进度验收，验收合格后方可投入使用。

5.3.5 技术要求及施工注意事项

（1）技术要求

砌体和简易结构房屋等确需倾覆拆除的，倾覆物与相邻建筑物、构筑物之间的距离必须达到被拆除物体高度的1.5倍以上。

必须采取相应措施确保作业人员在脚手架或稳固的结构上操作，被拆除的构件应有安全的放置场所。

施工中必须由专人负责监测被拆除建筑的结构状态，并应做好记录；当发现有不稳定的趋势时，必须停止作业，采取有效措施，消除隐患。

拆卸下来的各种材料应及时清理，分类堆放在指定场所，上层建筑垃圾应设立串筒倾倒，不得随意从高处下抛，并及时清运。

屋面、楼面、平（阳）台上，不得集中堆放材料和建筑垃圾，堆放的重量或高度应经过计算，控制在结构承载允许范围内。

拆除施工应分段平面作业，不得垂直交叉施工；作业面的孔洞应封闭。楼板上严禁多人聚集或堆放材料。

（2）拆除基本要求

1）从齐鲁宾馆及周边地区（千佛山景区以北，经十路以南）整体环境出发。

2）把握功能上的特点，准确有效地处理建筑垃圾，提供最佳条件。

3）注重建筑外部空间与环境。

5.3.6 拆除工程安全隐患防范

对拆除工程中容易发生倒塌、物体打击、机械伤害、火灾、爆炸等安全事故，应采取有效措施防范。

（1）拆除工程安全隐患的主要表现形式

1）拆除工程施工方案及设计计算存在缺陷，未进行专家论证。

2）拆除工程施工时，场内电线和市政管线未予切断、迁移或加以保护。

3）拆除工程施工时，未设安全警戒区和派专人监护。

4）拆除施工中，作业面上人员过度集中。

5）采用掏挖根部推倒方式拆除工程时，掏挖过深，人员未退出至安全距离以外。

6）进行人工掏挖、拽拉、站在被拆除物上猛砸等危险作业。

7）拆除施工所使用的机械其工作面不稳固。

8）被拆除物在未完全分离的情况下，采用机械强行进行吊拉。

（2）拆除工程的安全控制要点

1）拆除工程开工前应全面了解拆除工程的图纸和资料，进行现场勘察，根据工程特点、构造情况等编制专项施工方案。

2）拆除工程必须制定应急救援预案，采取严密防范措施，并配备应急救援的必要器材。制定生产安全事故应急预案，根据拆除工程施工现场作业环境，制定相应的消防安全措施。

3）拆除施工前，应做好影响拆除工程安全施工的各种管线的切断、迁移工作。当外侧有架空线路或电缆线路时，应与有关部门取得联系，采取措施，确认安全后方可施工。

4）当拆除工程对周围相邻建筑物安全可能产生影响时，必须采取相应的保护措施。

5）拆除工程应当由具备相应建筑企业资质和安全生产许可证的施工企业承担。拆迁人应当与负责拆除工程施工企业签订拆除合同。

6）拆除合同应明确双方的安全施工、环境卫生、控制扬尘污染职责和施工企业的项目负责人、技术负责人、安全负责人。

7）拆除工程施工企业必须严格按照施工方案和安全技术规程进行拆除。对作业人员要做好安全教育、安全技术交底，并做好书面记录。特种作业人员必须持证上岗。

8）施工企业在拆除工程时应确保拟拆除工程已停止供水、供电、供气。

5.4　机械拆除方案施工进度计划

5.4.1　工期安排原则

（1）以建设单位提供的图纸为基础，以施工单位对工程计划所投入的人力、物力、机械设备为依据，以计划工期为前提，运用网络计划技术，统筹兼顾，合理安排工期。

（2）在确保工程质量安全的前提条件下，优化资源配置，挖掘机械设备的潜力，充分发挥综合优势，确保和提前完成施工任务。

（3）按照主次分明、突出重点、加强控制、争取主动的原则，确保工期的实现。

5.4.2　工期保证措施

（1）进度保证

在工程施工中，将按照"快速度、高效益、高质量、有秩序"的原则进行均衡施工，按照工期和质量要求，合理安排，精心施工，在保证质量的前提下，采取如下措施：

1）项目经理部进场后，根据实际情况重新编制实施性进度网络计划，并严格照此组织施工，以此为依据，编制月、旬、日作业计划，对控制工程制订单项作业计划。

2）每天召开工地碰头会，由项目经理负责，召集各职能部门和专业施工负责人检查当日完成情况，部署第二天工作安排。

3）以网络科学组织施工，提高时空利用率，推进平行、交叉作业，最大限度地缩短工期，提高工效。

4）合理安排劳动力，实行日夜轮流作业，节假日不休息，注意收集气象资料，对天气情况提前考虑，早做安排。

5）加强同建设单位驻工地代表及监理联系，对变更图纸疑问、社会因素等影响进度的问题提前考虑，积极协商解决。

6）狠抓重点，控制工程和关键工序，对控制工期的工程和工序，应组织精锐队伍，增加资源投入，组织先期施工，保证工程衔接有序，接口顺畅。

7）合理划分工段，注意减少不同单位间的交叉施工，施工单位统筹安排施工作业，优化资源利用，组织规模生产，创造最佳的施工条件。

8）制定项目经理部对工期控制的主要措施，研究制定施工阶段工期控制的内容。

（2）组织保证

设立项目指挥协调班子，负责对该工程的组织领导和重大问题协调，工程现场建立强有力的项目管理班子，成立工程项目经理部，负责工程建设的全过程管理工作。

（3）资源保证

集中优势兵力，调集技术业务精、素质高、有同类工程施工经验的施工队伍，配备足够的各专业施工劳动力，加强外协劳动力管理。

项目经理部和专业项目管理部班子配备强有力的项目管理力量，拟派懂管理、业务精、能力强、敢负责、具有类似工程经验的人担任项目部的项目经理，由项目经理挑选各专业骨干参加项目部的管理。

发挥装备优势，按工期进度组织数量足够、性能良好的施工机械进入工程，满足工程的施工需要。

（4）管理措施

强化计划进度管理，运用网络计划技术，抓住关键线路，完善运用工程动态管理模式，实现一级保一级，最终实现总目标。利用工程进度率，结合工程网络计划前锋线对工程进度进行控制管理。

加强施工准备，合理、科学地安排施工程序，科学组织，使现场施工进度、施工程序合理、科学和实现最佳化控制。强化现场管理，及时协调组织工序中间交接，使现场施工组织、工序搭接实现最佳化，保证工期，保证关键节点的按期实现。

加强施工安全管理，杜绝重大安全事故的发生，对施工按序进行，实现工期按期正点。强化标准化管理，以良好的施工环境促进施工的顺利进行。科技先导，采用新技术、新工艺、优选施工方案，缩短施工工期，克服工期紧的困难，以最终能按期完成目标。

开展全方位员工责任感教育，树立信誉是企业生命线的思想，充分调动全体参与职工的积极性，是实现工程按期完成的保证。开展各种形式的劳动竞赛，推动工程建设，公司内部设定工程节点奖，严格公司内部节点考核，重奖重罚，以促进工程进度。

加强施工信息沟通，加强内外联系，强化施工配合。搞好后勤服务，提高现场施工人员的积极性，促进工程顺利进行。最大限度地发挥施工设备与机具的效率，做好机械设备的检修、保修工作。上道工序必须为下道工序创造工作面和施工条件，做到紧张有序地施工，以确保总工期的实现。

提高机械化程度，减轻劳动强度，提高工效，加快施工进度，按系统专业地分工，确定每项工作的进度控制目标，并根据各专业工程交叉施工作业方案和前后衔接条件，明确工作面交接的条件和时间。

工程进度安排必须符合项目总进度计划的目标和分目标的要求，劳动力、机具和设备的供应计划要符合工程进度计划的实现，特别应注意在施工高峰期供应计划能否满足要求。分多个施工区组织施工，在严格的测量控制网控制下，多作业线平行作业。

5.4.3　施工进度管理制度

对施工网络进度计划中的每道工序的工期，逐项进行考核和奖惩。跟踪检查施工实际进度。

跟踪检查施工实际进度是施工进度控制的关键措施。其目的是收集实际施工进度的有关数据。一般检查的时间间隔为旬或周进行一次。若在施工中遇到恶劣天气、资源供应等不利因素的严重影响，检查的时间间隔缩短为日，即每日进行检查，或派有关人员驻现场旁站。

整理统计检查数据，按实物量、工作量和劳动消耗量以及百分比整理和统计实际检查的数据，以便与相应的计划完成量进行对比。

对比实际进度与计划进度，用施工项目实际进度与计划进度进行比较。得出实际进度与计划进度相一致、超前或拖后三种情况。

5.5　劳动力、机械设备投入计划

5.5.1　劳动力投入计划

（1）劳动力安排

施工队伍是决定工程最终效果的关键因素，为保证建设单位所要求的工程质量，将组织优秀施工队伍进场施工。

劳动力计划如表 5-12 所示。

劳动力投入计划　　　　　　　　　　　　　　　　　　　表 5-12

工种	施工准备阶段	主体拆除施工	后期施工
测量工	2	—	—
普通工	—	2	1
机械操作工	2	4	2
架子工	1	—	2
气割工	—	4	—
水电工	2	—	1
设备员	6		
现场警卫	3		
环保员	3		
巡检	3		

（2）劳动力安排保证措施

1）劳动力的管理

劳动力的管理是企业管理的重要组成部分，也是工程管理的重要组成部分。劳动力管理的任务是在工程施工过程中，对有关劳动力进行计划、决策、组织、指挥、监督和调度，从而协调职工的工作，充分发挥职工的积极性，不断提高其劳动生产率。

充分挖掘劳动资源，合理安排和节约使用劳动力，正确处理国家、集体和劳动者个人的利益关系，充分调动职工的积极性。

编制劳动力使用计划，合理、节约、控制使用劳动力，改善劳动组织，完善劳动的分工和协作关系，制订劳动力调配管理办法，挖掘劳动潜力。

建立健全劳动定额管理制度，确定合理定额水平，监督劳动定额的使用，合理执行工资制度，控制工资限额，做好工资分配，正确掌握奖惩制度。

2）提高劳动生产率的措施

全面开展科学研究，促进技术进步、科学研究工作，促进建筑技术的进步，提高管理水平，科学组织生产；配备专人和办公场地负责人处理协调施工过程中和项目区群众的关系。

改善劳动组织，建立相应的劳动组织，形成有利于个人技术发挥、工种之间分配和协作的机制，建立岗位责任制，以促进劳动生产率的提高。

提高职工的科学技术水平和技术熟练程度。加强职工的文化、技术教育，使所有参加生产的职工都能掌握一定的现代化管理知识和有关的新工艺、新技术、新方法。

5.5.2 施工机械设备投入计划

（1）机械设备投入计划原则

工程施工质量的好坏、进度的快慢，很大程度上与施工机具的先进性有关。

因此针对本工程的特点，根据实际情况、工序的工艺要求及各种工种的需要，合理地配备先进机具设备和挑选专业水平较高的技术操作人员，最大限度地体现技术的先进性和机具设备的适用性，充分满足施工工艺的需要，从而保证本工程的质量和设计所要求达到的效果。

本工程的施工中，配备机具设备时，将遵循以下原则：

1）机械化、半机械化和改良机具相结合的方针，重点配备中、小型机具和手持动力机具；

2）充分发挥现场所有机具设备能力，根据具体变化的需要，合理调整装备结构；

3）优先配备本工程施工中所必需的设备，以保证质量为原则，努力降低施工成本；

4）按本工程体系、专业施工和工程实物量等多层次结构进行配备，并注意不同的要求，配备不同类型、不同标准的机具设备，以保证质量为原则，努力降低施工成本。

另外，在配备机具设备时，还应综合考虑以下因素，如表 5-13 所示。

机械配备考虑因素 表 5-13

因素	内　容
先进性	机具设备技术性能优越、生产率高
使用可靠性	机具设备在使用过程中能稳定地保持其应有的技术性能
便于维修性	机具设备要便于检查、维护和修理
运行安全性	机具设备在使用过程中具有对施工安全的保障性能
经济实惠性	机具设备在满足技术要求的基础上，达到最低费用
适应性	机具设备能适应不同工作条件，并具有一定多用性
其他方面	成套性、节能性、环保性、灵活性等

主要施工机械设备可参阅前述内容。主要仪器设备如表 5-14 所示。

主要仪器设备 表 5-14

序号	仪器设备名称	型号规格	数量	用途
1	水准仪	D3	2	空间检测
2	全站仪	ZGP800	2	测量
3	钢卷尺	5M	3	放线检查
4	电子经纬仪	FDT2GC	2	放线
5	游标卡尺	JID38	6	测量

（2）保证机械供应措施

编制合理的机械设备供应计划，在时间、数量、性能方面满足施工生产的需要。合理安排各个施工队（组）间和各个施工阶段在时间和空间上对各类机械设备的合理搭配，以提高机械设备的使用效率及产出水平，从而提高设备的经济效果。

加强机械设备的维修和保养，提高机械设备的完好率，使计划供应数量满足施工要求；合理组织施工，保证施工生产的连续性，提高机械设备的利用率。

（3）机械设备使用安全措施

用电设备及机械在使用前均应进行安全检测，粘贴目视标签；各种机械设备的操作人员必须经过安全技术培训和专业培训，经有关部门考核合格后方准上岗，严禁无证人员操作。

各种操作人员必须熟悉所操作机械的性能、安全装置，掌握安全操作规程，能排除一切故障和日常维护保养。

工作时操作人员必须穿戴好防护用品，集中思想、服从指挥、谨慎操作，不得擅离职守或将机械随意交给他人使用。

现场使用的机械设备必须性能良好，安全防护装置齐全，经设备管理部门和现场负责人认可后，方能使用。

机械设备进入作业点，施工队长和安全员应分别向操作人员进行作业任务和安全技术措施的详细交底。图 5-14 为施工现场部分机械设备。

（4）机械设备检验及验收

设备管理员先查验提供设备单位资质，然后需查验其机械及其基本技术资料（包括出厂合格证、大修记录等），合格后，可进行以下进场安装前验收：

① 物资采购管理部会同项目设备管理员组织相关人员对其进行检查、验收；检查机械的完善情况，外部结构装置的装配质量，连接部位的紧固与可靠程度，润滑部位、液压系统的油质油量，电气系统的完整性等内容，并填写《机械设备进场验收记录》。

② 项目设备管理员组织相关人员对设备外观进行检查，要求机械设备外观整洁、颜色一致，经验收合格后方能进入现场。

③ 设备安装完毕后，由物资采购管理部组织项目、安装单位进行验收，并按照建委的验收表格填写记录，合格后，原件交项目设备工程师，复印件交物资采购管理部进行备案。

④ 设备验收合格后，在进行施工生产前，由项目设备管理员检查操作人员的操作证，

(a)　　　　　　　　　　　　　(b)

图 5-14　施工现场部分机械设备

并预留其复印件存档，合格后，方能进入现场进行施工作业。

（5）机械设备的使用管理

在机械设备投入使用前，项目设备管理员应熟悉机械设备性能并掌握机械设备合理使用的要点，保证安全使用。

严格按照规定的性能要求使用机械设备，要求操作者遵守操作规程，既不允许机械设备超负荷使用，也不允许其长期处于低负荷运转；经过防噪处理后机械设备的噪声必须符合环保要求；液压系统无泄漏现象等。

机械设备使用的燃油和润滑油必须符合规定，电压等级必须符合铭牌规定。不允许随意拆卸固定配置的附属设备及零部件或任意变更机械设备的结构。对大型机械设备，在其每日运转后，设备司机必须认真填写机械设备运转记录，并在月底交至项目设备工程师处存档。

5.6　管理人员班组配备

5.6.1　项目组织人员配备

配备一个强有力的项目管理班子，选派懂技术、会管理、工作认真、刻苦耐劳的精英到该工程中实施管理与施工，确保本工程优质、高效地按期完成任务。

工程的项目经理、项目副经理、技术负责人、主要管理人员、特殊工种操作人员等均持有政府规定的上岗证或相关的任职资格证书，管理人员均为专职管理人员，不兼任其他岗位的职务。根据工程进展情况，考虑加派管理人员，加强安全、质量、进度、技术的管理。

本项目具体管理人员情况如表 5-15 所示。

管理人员配备			表 5-15
岗位名称	人数	岗位名称	人数
项目经理	1	管理员	5
技术员	2	施工员	10
安全员	5	质量员	2
预算员	2	班组长	2

5.6.2 项目组织机构的设立

为确保工程的顺利进展及建设单位利益，组织高效、精干的管理班子，按照项目法施工管理模式，采用科学的管理手段及先进的施工工艺，按"质量、安全、文明"的要求，精心组织施工。

进一步推广以往项目施工的成功管理经验，工程施工实行项目法施工管理模式。派出一批在技术管理上占优势的工程技术、行政管理人员组建项目经理部。项目经理部行使六大职能：计划、组织、协调、控制、监督、指挥职能，全权处理该项目事务。为保证项目部六大职能的落实，公司各职能部门的业务向项目倾斜，处于服务地位。

项目经理部内部组织原则：以合同为纽带，以责任制为准绳，以经济调控为杠杆，以优质、高效、低耗地完成项目任务为目标。

项目经理部领导班子由项目经理、项目副经理、技术负责人、技术部、质检部、预算部、安全保卫部等组成。项目经理部对工程项目实行综合目标计划管理。综合目标主要体现为项目质量、项目进度、安全生产和项目经济计划。项目经理、项目技术负责人为本工程的主要领导层，负责本工程的计划、协调、监督与控制。工地管理人员须按项目经理部的意图具体组织施工，认真负责各自专业范围内的管理工作。项目作业层由公司统一安排，抽调具有较好操作技术和操作经验的工人组成。

5.6.3 项目各职能部门职责

（1）项目经理

项目经理是施工过程中的最高责任者和组织者，是对施工管理全面负责的管理者，是项目中人、财、物、技术、信息和管理等所有生产要素的组织管理人，其职责主要有：

① 认真贯彻国家和上级的有关方针、政策、法规及企业制定的各项规章制度，自觉维护企业和职工的利益，确保公司下达的各项经济技术指标全面完成。

② 对项目范围内的各单位工程和室外相关工程，组织内、外人员，并对分部工程的进度、质量、安全、成本等进行监督管理、考核验收、全面负责。

③ 组织编制工程施工方案，包括工程进度计划和技术方案，制订安全生产和保证质量措施，并组织实施。

④ 科学组织和管理进入项目工地的人、财、物资源，做好人力、物力和机械设备的调配和供应，及时解决施工中出现的问题，提高综合经济效益，圆满完成任务。

⑤ 组织制定项目经理部各类管理人员的职责权限和各项规章制度，协调与公司机关各职能部门的业务联系和经济来往，定期向公司经理报告工作。

⑥ 严格执行财经制度，加强财务、预算管理，推行各种形式的承包责任制，正确处理国家、企业、集体、个人四者之间的利益关系。

（2）技术负责人

① 学习与贯彻国家和建设行政管理部门颁布和制定的建设法规、规章和各种规范、规程、技术标准。

② 参与编制施工方案，对施工过程中产生的技术问题负责与建设单位和设计单位联系，协商得出结果。

③ 掌握工程的重点、难点、细节问题，能协助施工员处理施工过程中的技术问题。

④ 协助施工员向各班组进行技术交底，协助施工员组织各班组的自检、互检工作。

⑤ 负责技术资料的填写、收集整理工作，负责编制项目质量计划、有特殊搬运要求或大型设备、构配件的搬运措施和方案。

⑥ 会同施工员对过程产品和最终产品进行保护，以及同施工员、材料员对各种标识进行保护工作。

（3）施工员

施工员是建筑产品生产过程中的直接参与者与组织者，在整个施工过程中起到至关重要的作用，其职责主要有：

① 学习与贯彻国家和建设行政管理部门颁布和制定的建设法规、规章和各种规范、规程、技术标准，熟悉基本程序、施工程序和自然规律，并在施工过程中加以执行和运用。

② 熟悉施工图纸，负责编制施工方案，并按施工组织计划组织综合施工，保证施工进度。

③ 对质量、安全等方面措施的实施进行监督检查，负责组织班组开展质量自检、互检及分部分项工程质量检验评定，并做好记录。

④ 合理计算与确定各种物资、资料、工具、运输设备等的需用量并传递给材料员，保证施工生产的正常进行。

⑤ 选择科学合理的施工方法和施工程序，组织各施工班组完成日常生产任务，施工前向班组进行技术交底、质量交底，并组织实施。

（4）质量员

① 学习和贯彻执行国家、建设行政管理部门颁布的有关工程质量控制和保证的各种规范、规程条例和验收规范。

② 掌握施工顺序、施工方法和保证工程质量的技术措施，做好开工前的各种质量保证工作。

③ 督促与检查各施工工序严格按图施工。

④ 严格执行技术规范和操作规程，坚持对每一道施工工序按规程、规范施工和验收；会同施工员，组织各施工班组进行自检、互检工作，发现质量问题应采取纠正措施并同施工员、技术负责人对分部分项工程质量进行评定，由质量员核定质量等级。

⑤ 负责对过程产品及其标识进行保护，并填写检验、试验记录。

（5）安全员

① 学习和贯彻国家和建设行政管理部门颁布的安全生产、劳动保护的政策、法令、

法规，安全操作规程和本单位制定的安全生产制度，并督促贯彻落实。

② 经常对职工进行安全生产的宣传教育，切实做好新工人、学徒工和其他建筑工人的安全教育的具体工作，并及时督促检查各班组、各工种安全教育实施情况。

③ 参加单位工程的安全技术措施交底，并提出贯彻执行的具体方案和措施。

④ 按安全操作规程和安全标准、要求，结合施工方案和现场的实际，正确、合理地布置和安排现场施工中的安全工作。

⑤ 深入施工现场及时了解与掌握安全生产的实施情况，发现违章作业和安全隐患，及时提出改进措施。

⑥ 负责组织各班组的安全自检、互检和施工队的月检，通过检查发现的问题，及时提出分析报告和处理意见。

⑦ 有权对违章指挥、违章作业加以制止，遇重大隐患，有权先暂停施工，待整顿合格后，方能复工操作，有权检查特殊工种操作证，无证上岗者，可停止其工作。

（6）预算员

① 学习和贯彻执行国家以及建设行政管理部门制定的建筑经济法规、规定、定额、标准和费率。

② 熟悉单位工程的有关基础材料（包括施工图、施工方案和有关工程甲乙双方的文件）和施工现场情况，了解采用的施工工艺和方法。

③ 掌握并熟悉各项定额、取费标准的组成和计算方法。

④ 根据施工图预算的费用组成、取费标准、计算方法及编制程序编制施工预算。能根据施工预算，开展经济活动分析，进行两算对比（施工预算和施工图预算），协助班组做好经济核算。

⑤ 在竣工后，协助有关部门编制竣工结算与竣工决算。

（7）班组长

① 掌握本班组的施工任务及其施工顺序、施工方法。

② 负责组织工人完成施工员下达的施工任务，督促和检查工人是否严格按图施工，积极配合施工员、质量员等施工管理人员的工作。

③ 施工前向班组工人进行技术交底和质量交底，并组织实施。

④ 经常对班组工人进行安全生产的宣传教育，施工前向班组工人进行安全技术措施交底，并组织实施。

⑤ 组织完成每日计划工作量，保证施工进度顺利进行。

⑥ 在施工过程中遇到疑难的技术问题，应及时向施工员反映。

5.7 施工协调配合措施

5.7.1 项目部与公司关系

项目部为专门设立从事工程协调的机构，专门协调现场施工与外界的关系，项目部在业务上接受公司各职能科室的指导与监督，日常工作受项目经理的统一领导，项目经理部代表公司全面履行承包合同。公司与项目部的关系主要体现在以下几个方面：

（1）质量控制

项目部应严格按照《质量体系文件》和《项目管理文件》组织项目部的生产活动，每半月进行一次全面检查、考核，对不符合要求的分项提出整改和处罚。

（2）工期控制

实行每周对项目进度情况进行一次检查，对资金、技术人员、机械、劳动力等进行合理调配并协助项目部搞好生产计划，以保证按计划完成工程任务。

（3）资金管理

在资金方面为项目提供保障，同时监督项目的资金使用情况。

5.7.2 与建设单位关系协调

项目经理及时与建设单位联系，办理签订建设工程施工合同及相关手续。同时，在3天以内项目部主要管理人员和有关施工班组、机械设备先后进入施工现场，形成施工生产能力。

尊重建设单位，加强与建设单位友好合作，为建设单位提供满意服务。施工期间，按单位工程进度分阶段征求建设单位对工程建设的意见。

工程竣工验收前，按规定向建设单位及有关部门提交检验、验收资料及各个分项工程内容交验手续。

竣工预验收后，项目部将组织责任心强、技术水平高的职工组成维修班，由项目经理直接领导，现场专门解决和维修交工中出现的各种质量问题。

5.7.3 与监理工程师的协调

工程质量在班组"自检"、项目部"专检"的基础上，接受监理工程师的检查验收，并按监理工程师的要求及时认真地整改，决不留隐患。

教育全体管理人员和职工，尊重监理工程师的工作，服从监理工程师的检查和监督。

搞好驻地建设。在管理人员租住生活区，同时提供驻地监理工程师的生活用房，并按照建设单位招标文件要求配备充足的相应设施，生产区设置办公用房，保证监理人员具有良好的工作和生活条件。

施工过程中积极配合监理工程师的工作，全面接受监理工程师的监督与检查，提前制定关键部位质量事故易发生点的预防措施，通过监理工程师的检查，一旦发生问题应及时纠正。

严格执行合同进度计划，按合同文件要求提前上报监理工程师，并将完成情况及时报请监理工程师审核。

对每周和每月召开的工程例会，坚持项目经理和项目技术负责人参加，及时通报施工进度、安全、质量、文明施工等情况，请建设单位、监理工程师掌握工程进展情况。

项目部根据工程进展情况，规定由项目技术负责人牵头，并组织要求监理工程师参加对已完工程进行的评审和验收。

服从监理工程师的指令，对监理工程师例行检查提出的问题立即整改处理，确认落实彻底后，向监理工程师报送改正落实联系单，请监理工程师验收问题的处理情况，以保证工程质量、安全和文明施工等要求。

涉及重点和难点部位的技术方案以及重大的设计变更,提前提出并请建设单位、设计单位、监理工程师进行论证,确定后严格遵照执行。

通过施工组织设计、项目质量计划、施工方案的报批充分与监理工程师沟通,解决施工中的问题,形成记录并保存。

5.7.4 施工管理中的协调

适时召开现场协调会,解决和处理施工中出现的工种配合、工序衔接以及质量、进度、安全生产、文明施工中的各种问题。

每周定时召开现场办公会,由项目经理向建设单位和监理部门报告本周内施工情况,并与建设单位共同研究解决施工中的各种矛盾。

项目经理部按旬编制施工简报,向建设单位、监理部门和公司总部报告工程进度状况及需要解决的问题,确保施工顺利进行。

1. 项目例会及施工日志管理

为提高项目管理的决策水平,使项目管理决策责任具有可追溯性,有效地接受建设单位、监理、设计单位有关部门的指令和沟通,制订管理制度,贯彻、落实、完成项目目标责任。

(1)施工例会管理的规定

施工例会应做详细的记录,并妥善保管,以备查询。施工方案及技术供应汇报会议由项目经理组织,项目副经理、技术负责人及主要技术人员参加。项目开工前,项目部应将施工方案、技术供应计划等向公司各主管部门详细汇报,以便审批确定施工方案,落实技术供应。

(2)工程成本分析会议

工程成本分析会议由项目经理组织,项目副经理、技术负责人及预算人员参加。项目开工前,项目部应组织相关人员进行项目成本分析、项目风险估算及相应防范对策研究。项目施工过程中,应定期组织进行成本核算,确定项目盈亏情况。

(3)图纸会审会议

施工图纸接收后,项目部应组织进行图纸会审,会议由项目部技术负责人组织,项目所有技术人员参加。

(4)技术交底会议

项目施工总技术交底由项目技术负责人组织,项目部所有技术人员参加。项目总技术交底根据设计单位技术交底情况,结合本项目施工方案及技术措施进行,确保参加施工人员充分了解工程整体施工安排、工程进度质量安全要求及保证措施、重点部位施工的注意事项等。分部分项工程技术交底根据项目的总体安排,确保参加人员能掌握分部分项工程施工方法、施工进度、质量要求、安全保障措施等。

(5)安全教育会议

项目开工或复工前,项目部应组织进行安全教育会议。职工安全教育会议由项目经理组织,项目部全体员工参加;劳务人员安全教育会议由项目副经理及安全员组织,全体劳务人员参加。安全工作例会由安全员组织,项目副经理、主管施工员及相关人员参加。

项目开工或复工前,项目部应组织相关人员对全体员工及劳务人员进行安全教育,学习安全操作规程，正确使用安全防护设施和防护用品，并定期召开安全工作例会。

（6）施工调度会

施工调度会由项目经理（或副经理）组织，项目部主要技术人员和施工班组长参加。

项目施工过程中，为确保施工按计划完成，项目部每7～10天应召开调度会，参加人员包括施工技术人员及班组长。会议主要分析计划完成情况、有无拖后现象、拖后原因及赶工措施，并落实下7～10天的生产任务、所需材料。

（7）施工计划调整会议

施工计划调整会议由项目经理组织，项目部主要管理人员参加。

项目施工过程中，如出现重大设计变更及发包人违约等现象，项目部应组织专题会议，分析其对施工进度的影响，及时调整施工计划上报监理单位及公司项目管理部审批。

（8）项目例会和施工日志制度

项目例会：及时了解与解决施工过程中出现的各种问题，及时协调、平衡施工中的各环节、各专业、各工序，为工程准点、按质完工提供良好的内部环境。项目经理组织项目经理部有关人员和作业队负责人、技术、质量、安全及相关人员召开项目例会，必要时邀请监理、建设单位参加。工程技术部负责项目例会纪要的整理、发放及与会人员的签到并形成书面纪要，项目经理签发到各有关作业队并存档。项目例会应解决的主要问题如表5-16所示。

项目例会应解决问题

表5-16

序号	解决问题
1	上周例会议定事项的落实情况，分析原因
2	检查上周进度完成情况、工程质量情况制定整改措施；提出下一阶段进度计划及落实措施
3	安排布置下周工作，提出具体工作要求
4	需要协调的有关事项及解决方案

从工程项目开工之日起，项目经理应指定人员负责填写整个项目的施工日志。施工日志包括的内容如表5-17所示。

施工日志内容表

表5-17

序号	内容
1	工程开、竣工日期以及主要分部工程的施工起止日期
2	技术资料及技术交底等事项
3	工程准备情况：包括临时设施、现场三通一平，人员、机具、材料的准备，图纸会审的主要问题记录，建设单位交与施工单位的中心点、标高点的记录及复测
4	材料、半成品的检验与试验
5	主要材料、设备及其资料的到货情况
6	设计变更的日期及主要内容
7	记录工程测量情况
8	记录工程自检、专检情况
9	工序的交接记录

序号	内容
10	业主、监理代表现场确认的有关事宜
11	工期紧急情况下采取的特殊措施和施工方法
12	施工现场有关的工程进展情况
13	质量、安全、机械事故的情况、发生原因及处理方法的记录
14	有关领导或职能部门对工程所做的生产、技术方面的决定或建议
15	气候、气温、地质等自然灾害以及其他特殊情况(如停电、停水、停工待料)的记录

2. 施工记录的管理

(1) 施工记录的设计、审核、批准、发布

施工记录的设计、审核、批准、发布按照对应的管理标准执行；建设单位、监理单位对施工记录的编制有特殊要求时，应满足建设单位、监理单位的要求。

(2) 施工记录保存、归档

施工记录由各级管理人员及时归档，由工程项目部工程室档案管理工程师负责及时整理归类、编目并将其装订成册，同时更新档案管理台账；施工记录的储存和保管方式，应便于存取；施工记录的保存环境要适应防火、防虫、防潮、防盗等要求；照片、胶片、录音、录像带应有专用器具，做到防晒、防潮、防光；磁盘、光盘应防磁，避免在储存过程中受到损失。

(3) 施工记录的查阅/借阅

工程项目部内部人员因工作需要查阅有关施工记录时，工程项目部工程室应按照档案管理相关标准，办理相应手续。

(4) 电子记录的管理

对于施工管理工作中形成的各类电子记录，工程项目部应按照信息管理相关要求，进行记录的保存与存档工作，IT应用管理部应指导工程项目部开展相应工作。

5.7.5 与社会关系的协调

(1) 与当地居民的关系协调

使用的施工道路要定期进行维修养护。把噪声大的作业尽量安排在白天施工，不对当地居民的生活带来负面影响。

(2) 与政府各部门的关系协调

应与政府各部门保持良好的关系，有妥善处理居民关系的经验。将调动一切力量，妥善处理与居民和政府的关系，尽量减少对施工场地附近的干扰，建立良好的关系，使本工程顺利完成。

复习思考题

5-1 简述施工现场扬尘控制的要点。

5-2 拆除施工中的协调配合包括哪几方面?

第6章　四新技术应用

本章学习目标

重点掌握：消声油锤、智能喷淋、混凝土碎块转化为粗细骨料、无人机监控、BIM
技术和直升机吊装技术。

一般掌握：轻型爬架、现场扬尘控制仪等新技术。

本章学习导航

本章学习导航如图 6-1 所示。

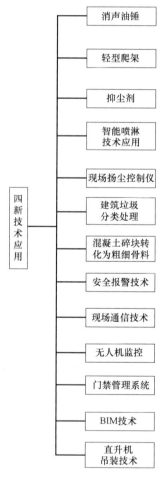

图 6-1　本章学习导航

6.1　消 声 油 锤

6.1.1　消声油锤的概述

（1）消声油锤（图6-2）的概念

普通油锤的动力来源是挖掘机或装载机的泵站提供的压力油，它能在挖掘建筑物基础的作用中更有效地清理浮动的石块和岩石缝隙中的泥土。选用油锤的原则是根据挖掘机型号、作业的环境来选择最适合的油锤。由于击锤底面与钎杆顶面的曲率差，进入该空腔内的流体受到一定程度的挤压而产生的反作用力可以减缓冲击锤对钎杆的冲击力。加强圈可以增加钎杆顶端接触面的壁厚度，提高打击的稳固性。减压装置包括减压球和复位弹簧，可以减弱外壳内部上段空腔内水的压强。然而消声油锤是在击锤周围设置可产生疏松多孔结构的水，使击锤与钎杆高强度的打击而产生的巨大声音在水与空气孔为介质的传播过程中不断衰弱，达到消声的目的。

（2）消声油锤的工作原理

消声油锤是以液体静压力为动力，驱动活塞往复运动，活塞冲程时高速撞击钎杆，由钎杆破碎矿石、混凝土等固体。借助我国建筑行业迅速发展的平台，国产的消声油锤取得了快速的发展。

图6-2　消声油锤

（3）消声油锤的使用现状

液压挖掘机是一种移动灵活、应用广泛的工程机械设备，其前端工作装置可灵活搭载多种机具，实现一机多能。进入21世纪，我国经济高速发展，基础建设和矿山开采等发展迅猛，国内挖掘机的使用持续攀升。随着挖掘机技术的发展，油锤和整机系统的匹配越来越好，通过系统匹配优化和提高主要部件的可靠性，油锤在液压挖掘机上的应用日趋成熟，油锤潜在的需求越来越大。从衡量油锤行业发展的关键技术指标——挖掘机配锤率来看，2006年以前我国配锤率仅为6.2%，到2016年发展到20%，而欧美发达国家挖掘机配锤率达到35%，日韩等国高达60%，因此我国油锤发展空间巨大。

我国在"十三五"规划中也明确提出绿色环保发展思路，国家相关职能部门开始加强对环保的督查力度，严格控制工程炸药的使用量，挖掘机搭载油锤在工程建设和矿山开采中扮演着越来越重要的角色。目前国内对油锤的研究尚不充分，制造厂家产品不够成熟，应加强对破碎技术的研究与应用。

（4）消声油锤的特性

1）合理的内部配置：消声油锤采用最优化设计理念，加大活塞和缸体行程，活塞采用和钎杆同样大的直径，使破碎锤与主机匹配效果最佳，合理利用最高的输出能量，节约能源，达到工作效率最高的目的。

2）使用高质量材质、特殊精密工艺加工制造。

3）活塞、主体螺栓、主体前部、油缸、主体后部（图6-3）等重要零部件的材料经过严格的质量检验，可以保证最优质量。活塞、主体前部、油缸、主体后部等主要零部件使用最新热处理设备生产制造，而且凭借多年的技术经验保证质量的稳定。

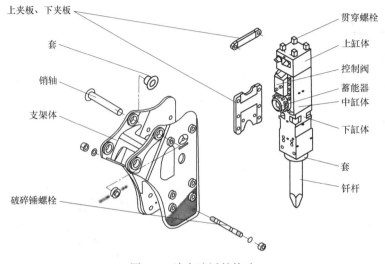

图 6-3 消声油锤的构造

4）消声油锤经多次设施投资设置了油锤专用 MCT（万能机床中心）、CNC（数控机床）以及大型研磨机等，实现自动化制造过程，质量稳定。特别是采用油锤专用大型内径研磨机，可使油缸及阀门内侧一次加工成型，保证中心度、提高精度，加上专用超级加工和内径研磨作业，提高表面粗糙度及产品完工度。

5）无蓄能器装置：新开发生产的无蓄能器型的消声油锤应用高技术理论，取消了原蓄能器装置。结构简单、故障少、维护方便、成本降低、冲击能量增加。因此用户可同时降低使用和维护两方面成本。

蓄能器内部充满着氮气，用来储存消声油锤前一次打击时剩余的能量和活塞反冲的能量，在第二次打击的时候将其释放出来，增加打击能力。通常是在油锤本身达不到打击能量的情况下安装蓄能器，来增加破碎器的打击力。所以一般小型油锤没有蓄能器，中大型的都装有蓄能器。

在有蓄能器的情况下，单次打击时打击能力会提高一些，但对连续打击则没有提高效果。蓄能器内的皮碗在氮气少的情况下，容易造成损坏，而维修时需要整体解剖，比较麻烦。蓄能器是一个比较精密的器件，安装维修时不能出现空隙，否则会泄漏氮气，造成破碎器打击无力，皮碗损坏。在修理麻烦的同时，皮碗的价格也比较贵，一般国产的价格在几百元，而且使用时间很短，如果按每天 8 小时工作，则只能使用 1~2 个月左右，而进口的价格会更贵，这会增加用户的额外支出。

现今很多油锤行业都在向无蓄能器装置发展，像欧美、日本的品牌都取消了蓄能器，消声油锤无蓄能器是一个先进的技术表现。新开发生产的无蓄能器油锤，取消了原蓄能器装置，使结构简单、故障少、维护方便、成本降低，但冲击能量并不低于有蓄能装置的油锤。另一方面，取消了蓄能器，油锤故障减少也节省了成本。因此用户可同时降低使用和维护两方面的成本。

6）控制阀内置式结构的使用，使现在的消声油锤结构简单、重量轻、搬运方便；拆装零件数少，成本降低；控制阀内置式结构使油锤的零部件不会因为外部撞击造成损坏。此外结构简单，故障减少，从而也降低了维护成本。

7）强而有力的"液压＋氮气冲击系统"大大增加了油锤的打击力和冲击能量。该系统效率高、能量损失可减少到最低而使冲击能最大。

8）流量可调装置：油锤可有效地调节来自挖掘机或动力源的流量，从而可根据岩石情况调节需要的打击力和击打频率，该调节可以直接在油锤上进行，其简单、容易、方便、快捷，操作人员可以直接完成，而其他很多油锤需要到挖掘机或装载机上进行调节，流量不容易控制，而且需要专业的维修人员才能完成。

（5）消声油锤的分类

根据操作方式，消声油锤分为手持式和机载式两大类（图6-4、图6-5），手持式消声油锤破碎输出功率较低，适合二次破碎和市政小型施工领域。机载式主要搭载在装载机或者挖掘机等机械上用于完成破碎作业，适用范围较广。

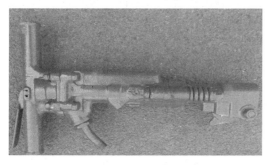

图6-4　手持式消声油锤

图6-5　机载式消声油锤

根据工作原理，消声油锤分为全液压式、氮爆式和液气联合式。目前机载式油锤多是采用液气联合式，液气联合式油锤是通过系统液压能和油锤氮气室气体压缩所产生的蓄能同时推动活塞作业，其中以氮气为主。该油锤性能稳定，能效比较高。系统打击动能主要受氮气充入量、系统溢流压力及系统液压流量等因素影响。液气联合式综合了全液压式和氮爆式两种液压油锤的优点，液气联合式所需的下压力比氮爆式小，而比全液压式大。回程时，它的活塞阻力比氮爆式小，而比全液压式大。活塞回程过程中的速度比氮爆式大，比全液压式小。所以无须专设顺序阀来控制冲击频率。冲程时液气联合式油锤的瞬时最大流量比全液压式油锤小，也不会产生氮爆式油锤高压油封闭无出路的现象，因此液气联合式的压力脉动比全液压式油锤和氮爆式油锤都小些。目前液气联合式油锤应用较为广泛。

根据输出功率，液压油锤分为轻型、中型和重型3种，根据不同的破碎工况可以选择不同的功率需求，根据不同吨位的液压挖掘机匹配不同功率的油锤，避免"小马拉大车"或者"大马拉小车"等粗放的匹配方式。

（6）挖掘机破碎系统的组成

液压挖掘机破碎系统通常主要由油锤、液压管路、控制阀组、操控系统、液压动力系统和辅助原件等组成。为了提升油锤的更换效率，目前在挖掘机工作装置前端也经常会使用快换装置，这一装置可以有效提升前端机具的切换效率。快换装置在欧美等发达国家已经被大量使用，目前我国挖掘机前端配置快换装置的比例仍较低。油锤在使用时有时需要频繁更换，更换时液压管路接头处引起污染概率较高，再加上油锤在工作时磨损量较大，液压系统受污染的程度较高，造成系统主要液压元件损坏。因此在破碎管路上会增加回油过滤器等辅助元件，用以保护液压系统正常运行。考虑到挖掘机系统的端口溢流压力往往都在31MPa以上，在油锤工作管路上增加安全阀，安全阀的溢流压力可以所选的油锤参数作为设定依据，从而有效地避免油锤长时间工作在安全压力之上造成油锤的损坏。

6.1.2 消声油锤的应用技术

（1）选型技术研究

1）品牌分析

目前液压挖掘机多选用消声油锤，国内消声油锤品牌较多，国产品牌主要以马鞍山惊天、烟台艾迪、长沙山河等品牌为主。欧美油锤品牌具备强大的研发实力，德国阿特拉斯科普柯、芬兰锐猛和法国蒙特贝三大品牌知名度较高，但产品售价较高，在国内的市场受到一定的限制。日系油锤制造商十分注重品牌建设，国内市场的日系品牌以古河、东空、甲南为主。在我国，日系品牌初期采用原装进口销售的模式，目前已经实现机芯、缸体等主要部件采购自日本，余部件本土采购、本土组装的市场模式，有效降低产品成本，市场占有率较为稳定。以水山、韩宇等品牌为主的韩国油锤进入中国市场较早，产品面向中低端，凭借地域和价格优势，前期占据较大的市场份额，但是近年来随着国内市场竞争加剧，国产品牌技术得到提升，轻型和中型的油锤如果追求性价比，国产一线品牌可以作为一个不错的选择，重型破碎以可靠性为主，建议选择高端品牌像蒙特贝、古河等。

2）油锤类别选择

根据挖掘机吨位选择相应的轻型、中型及重型油锤。每个品牌的油锤都有自己的匹配要求，用户可根据自己的施工需求再结合厂家的匹配参数选择合适的油锤规格。

由于破碎作业的工况差别比较大，被破碎的物料结构和硬度也存在较大的差异，因此在油锤的钎杆选择上也要根据不同工况选择不同的钎杆，油锤钎杆类型主要包括标准圆锥形、楔形、杵形（图6-6）不同钎杆适用情况如表6-1所示。

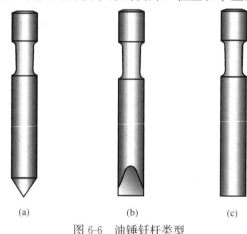

图 6-6 油锤钎杆类型

（a）标准圆锥形；（b）楔形；（c）杵形

不同钎杆适用情况 表 6-1

序号	钎杆类型	适用范围
1	标准圆锥形	坚硬的地面、破损的硬地面、石块破碎、混凝土
2	楔形	开沟、普通挖掘、采石场大规模挖掘、破损的软地面、钢筋混凝土
3	杵形	质地密实的砂岩、难以定位的层面、易破碎的石块、混凝土板

（2）破碎系统匹配技术

目前国内挖掘机厂家对油锤匹配技术研究较少，多为粗放式匹配，匹配效果欠佳。影响油锤工作的几个关键因子为：主泵排量、系统工作压力、安全阀溢流压力、氢压力、发动机转速。根据不同的工况及油锤规格匹配不同的转速和流量，可以保证油锤在高效运行的前提下实现节能。

一般油锤产品标有油锤允许的工作压力范围、系统流量要求以及打击频率等关键参数。根据上述关键参数，建议以打击频率目标值进行其他运行参数的设定，根据不同的工况需求设定不同打击频率，打击频率受系统流量 Q 影响，泵流量过低时可能会导致打击无力或者打击速度慢，流量过大时可能会损坏油锤。由 $Q=nq$ 可知，影响系统流量的主要为发动机转速 n 和主泵排量 q，而主泵排量受主泵比例阀电流影响，因此在设定系统流量时应根据发动机的特性选择工作在油耗经济区的转速，同时应考虑在保证目标流量的同时转速应尽可能设定得低一些。考虑不同的破碎工况需求，可以设定不同破碎工作点。目前常用的做法是设定破碎专用模式，在该模式下根据不同的转速匹配不同的工作点来实现多点匹配。

近几年，国内油锤市场需求不断增长，随着油锤控制技术的发展，国内各大挖掘机主机厂会加大对油锤应用技术的研究。从源头上促进破碎系统应用技术发展。随着电控技术的引入，破碎控制会向智能化、节能化的方向发展。国内油锤制造商也在不断地增加对油锤技术的研发投入，油锤将在可靠性和技术先进性方面获得较大进步。

6.2　轻型爬架

6.2.1　轻型爬架的概述

（1）轻型爬架的概念

轻型爬架又叫提升架（图6-7），依照其动力来源可分为液压式、电动式、人力手拉式等主要几类。它是近年来开发的新型脚手架体系，主要应用于高层剪力墙式楼盘。它能沿着建筑物往上攀升或下降。这种体系彻底改变了脚手架技术：一是不必翻架子；二是免除了脚手架的拆装工序（一次组装后一直用到施工完毕），且不受建筑物高度的限制，极大地节省了人力和材料，并且以安全角度也对传统的脚手架有较大的改观，在高层建筑中极具发展优势。

图 6-7　轻型爬架

（2）轻型爬架的特点

1）全身采用钢板制作而成，耐用性好。爬架所选用的材料都是上等钢材，升降脚手架作业平台由全钢制作而成，结合钢板冲孔网制作而成爬架。由于钢材本身的耐用性好，爬架将拥有更长的使用寿命和更好的耐用性以及稳定性。

2）安全可靠，防火性能好。由于新型爬架主要是运用钢结构制作而成，本身并不具备燃烧的性能，能够杜绝火灾等方面的隐患发生。

3）封闭性好，可靠性高。爬架形成了良好的封闭空间，能够保证施工环境的安全，工人在密封性好的环境中作业能够有效避免坠物。而且，轻型爬架为一种智能附着式的作业安全防护平台，可更好地保证作业的可靠性。

（3）轻型爬架的优势

1）经济性与实用性：楼层越高经济性越明显。

2）安全性：采用全自动同步控制系统和遥控控制系统，可主动预防不安全状态，能够确保防护架体始终处于安全状态，且有效实现防坠。

3）智能化：采用微电脑荷载技术控制系统，能够实时显示升降状态，自动采集各提升机位的荷载值。当某一机位的荷载超过设计值的15％时，以声光形式自行报警并显示报警机位；当超过30％时，该组升降设备将自动停机，直至故障排除。有效避免了超载或失载过大而造成的安全隐患。

4）机械化：实现低搭高用功能。在建筑主体底部一次性组装完成，附着在建筑物上，随楼层高度的增加而不断提升，整个作业过程不占用其他起重机械，大大提高施工效率，且现场环境更人性化，管理维护更便捷，文明施工效果更突出。

5）美观度：突破传统脚手架杂乱的外观形象，使施工项目整体形象更加简洁、规整，能够更有效、更直观展现施工项目的安全文明形象。

6.2.2 轻型爬架的使用

在施工现场中，轻型爬架应用十分广泛，下面详细介绍爬架的安装、提升（下降）、保养及拆除。

（1）爬架的安装

1）爬架基础架的搭设：爬架在搭设之前应先搭设基础架，作为脚手架搭设时的支撑基础使用。搭设基础架时应严格控制架子距离墙为40m，并使架子的水平度、垂直度控制在允许范围内，以满足爬架底部平直的要求。

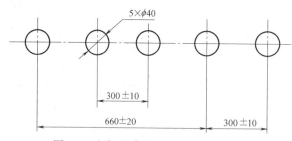

图 6-8　爬架在建筑物上预埋孔的设置

爬架在建筑物上预埋孔的设置：在所使用爬架的建筑物上，应按爬架的施工组织设计要求设置预留孔洞和预埋件。预留孔洞应在爬架的每个主框架对应的建筑物梁的侧面上，用外径为40mm的PVC管预埋（图6-8）。预埋孔洞在每个捯链处每层预埋5个，5个孔洞应在同一水平线上，其高低差不大于±10mm，孔洞作为穿墙螺杆分别连接承力拉杆和提升拉杆与爬架的承力拉结点。在每层楼面的梁板上相应的捯链位置处预埋普通短钢管，起到了拉结与稳固架子作用。预埋孔洞的尺寸如图6-8所示。

2）爬架架体的搭设：爬架在基础架搭设完成后，按照施工组织设计中捯链平面布置图的设计情况，在每个捯链处设置托盘（爬架主框架底部），托盘必须与建筑物外梁平行，托盘水平高度差不得大于 2mm，且托盘必须与基础架用 10 号铁丝绑扎牢固。

3）主框架及支撑框架的安装：在已安好的托盘位置上，安装主框架，主框架之间的最大跨度不超过 7.5m。主框架之间通过螺栓把两边焊接为定型标准件的单片连成整体。在每两个主框架之间也是通过螺栓与支撑框架相连接，形成稳定可靠的刚性整体。

当支撑框架安装完成后，在其上用钢管架进行其余部分架体的搭设。搭设必须符合《建筑施工扣件式钢管脚手架安全技术规范》JGJ 130—2011 的标准要求，脚手架架体宽度为 900mm，内立杆离建筑物距离为 400mm，立杆间距为 1500mm（最大间距不超过 1800mm），步距 1800mm。立杆的对接扣件应交错布置，两个相邻立杆的接头不应设置在同步内，同步内隔一根立杆的两个相隔接头，在高度方向错开的距离不宜小于 500mm，各接头中心至主节点的距离不宜大于步距的 1/3。纵向水平杆的对接扣件应交错布置，两根相邻纵向水平杆的接头不宜设置在同步或同跨内，不同步或不同跨两个相邻接头在水平方向错开的距离不应小于 500mm，各接头中心至最近主节点的距离不宜大于纵距的 1/3。

爬架应设剪刀撑与横向斜撑，每道剪刀撑跨越立杆的根数为 5～7 根，每道剪刀撑宽度不应小于 4 跨，且不应小于 6m，斜杆与地面的倾角在 45°～60°之间。

4）卸料平台的搭设：在搭设卸料平台时，应利用它的承重杆件将受力直接传递到建筑物上，确保卸料平台与脚手架承力分流，不能把卸料平台直接搭设在爬架上。

5）爬架提升机具及构件的安装：根据爬架构造剖面图的设置情况，安装好吊架、承力拉杆、提升横梁、提升拉杆、同步装置等构件，各构件用螺栓通过预埋孔与墙体连接。各种构件就位牢固后，用法兰螺旋扣将拉杆调紧，且应使各杆件受力均匀。

6）安装捯链、控制柜：爬架使用的捯链（图 6-9）的电动机功率为 0.5kW/台，提升能力为 75kN/台，链行数为 4 链，起升速度为 100mm/min。捯链的安装应使链条与地面垂直，不许有翻链、扭曲等现象，同时捯链应设置防雨罩。电控柜具有整体正反转控制、单台正反转点动、短路保护、超载显示、电源电压指示等功能。电控柜安放在脚手架外悬挑搭设的小棚内，棚的四周应用防雨塑料布封闭起来，使电控柜不受雨淋、日晒。

图 6-9　捯链

在架子与建筑物之间安装导向杆件，起到导向（爬架提升、下降）与防倾覆作用，使爬架在导向件的约束下垂直升降。在每个捯链处安装防坠落装置，并使该装置受力点与提升拉杆受力点不在同一个附着支撑上。

爬架在安装完捯链电控柜后，按照电气操作规程进行电缆线的布置，电缆线与金属件必须用瓷瓶隔离。

（2）爬架的提升（下降）

1）提升（下降）前准备工作

在提升（下降）之前应把架子上的杂物清除干净，卸料台上的堆放物应全部撤离架子。检查爬架与建筑物之间有无木方及其他障碍物，发现后应及时处理。

逐台检查捯链的链条是否有翻链、扭曲等现象，若有应及时给予纠正。检查捯链的链条是否处于拉紧状态，若有未拉紧的，应采用单台"点动"形式使之拉紧，保证捯链都处于同一高度的正常待运行状态。

检查爬架防坠落装置安装是否正确，防坠落拉杆是否垂直插入夹钳装置中。查看防倾覆装置是否安装就位、准确，一经发现问题，应立即排除解决。

2）爬架的提升（下降）

在各项工作准备就绪后，松开爬架下部承力拉杆、斜撑、拉结连墙件等，使架子上仅上、下导向件与建筑物连接。各位操作人员由现场负责人安排好各人的看管区域，总指挥通过对讲机询问人员到位后，通知电工开始整体提升（下降）爬架。全部捯链同时启动，架子在导向件的约束下开始整体提升（下降）。当爬架整体提升（下降）100cm 高度时，停止架子升降，各个操作人员再对架子检查一遍，一切正常后方可继续提升（下降）。

提升（下降）过程中，各个操作人员要时刻保持高度警惕。在提升（下降）初始阶段，操作人员主要观察捯链的运转情况是否正常，运转是否同步同向。提升（下降）中段，操作人员要观察是否有木方、钢筋等障碍物阻挡架子的升降。提升（下降）后期，操作人员主要观察架子垂直度及电缆线是否被挂住以及提升是否到位。在提升（下降）过程中如遇到异常情况，操作人员必须立即用对讲机通知控制台停止提升（下降），待排除完故障后方可继续提升（下降）。

3）爬架加固阶段：爬架提升（下降）结束后，应立即对架子进行加固，安装好承力拉杆和连墙件。当所有杆件都安装后，应使捯链全部卸载，放松链条，保持捯链处于未受力状态。

（3）爬架的保养及拆除

1）爬架的保养

捯链的链条应每月用机油清洗一次（如遇到雨季应每半个月清洗一次），保证链条处于良好的润滑状态。各个螺旋扣、螺栓等应每月进行一次润滑工作，保证这些部件使用灵活。

每次提升（下降）完后，应重点检查防坠落杆件是否有弯曲、变形等，并对同步装置进行检查，查看是否存在被碰撞等其他问题，发现问题应及时纠正或更换部件。

工程完工拆完架子后，应及时对钢管扣件、连接螺栓等进行清污、上油工作，并把捯链挂在室内架子上，使链条处于垂直状态。

2）爬架的拆除

架子拆卸必须自上而下逐层逐步进行，严禁上下同时进行拆卸。

所有连墙件应随脚手架逐层拆除，禁止先将连墙件整层或数层拆除后再拆架子。

对于提升系统，应先拆除电缆线、捯链、控制柜、提升拉杆、防倾覆装置、防坠落装置、同步装置等，承力拉杆应等拆除完支撑框架后再拆除。

从脚手架拆除下来的设备应及时装车运回仓库，并注意在装车时应轻拿轻放，避免损坏捯链、同步装置等构件。

6.3 抑 尘 剂

6.3.1 抑尘剂的概述

（1）抑尘剂的概念

生态高效抑尘剂是由新型多功能高分子聚合物组合而成，聚合物中的交联度分子形成网状结构，分子间具有各种离子集团，由于电荷密度大，与离子之间产生较强的亲和力，并通过凝并、黏结等作用能迅速捕捉并将微粒粉尘牢牢吸附，干燥后能在粉尘表面固化成膜，因而具有很强的抑尘、防尘的作用。

（2）抑尘剂的特点及适用范围

抑尘剂是针对铁路煤炭运输煤、建筑工地施工过程而研制开发的新型环保防扬尘产品。抑尘剂配制的溶液，均匀喷洒于易引起扬尘的货物表面，形成固化层。能有效地防止扬尘，减少煤炭损失，对改善环境中可吸入颗粒物指标有着重要意义。

抑尘剂在不影响原物料性能的前提下，具有无毒、无味、无腐蚀、价格低廉、性能优异、使用方便等特点，可以针对不同覆盖基质特性，采用不同配比，以达到有效的防扬尘效果，对环境不再产生二次污染，适用于拆除施工方案中的污染防治，并还可广泛用于其他散装物料运输过程的防扬尘污染以及渣料场、储煤场、汽车运煤扬尘、固沙、钢铁建材、水泥等企业的各种露天料场等，甚至可应用在生态护坡方面。具体的适用范围如下：

① 煤矿、发电厂、焦化厂、洗煤厂等企业的储煤场、渣料厂；

② 港口、码头储煤场及各种料场、尾矿场；

③ 汽车运煤扬尘；

④ 钢铁建材、水泥等企业的各种露天料场；

⑤ 铁路、公路煤炭集运站储煤场；

⑥ 建筑工地、道路扬尘；

⑦ 区域沙尘暴、固沙；

⑧ 铁路、高速公路护坡生态修复。

（3）抑尘剂的配制

抑尘剂产品为粉末状固体，应存放在干燥通风的场所。使用时通过加水溶解配制成溶液即可喷洒使用，抑尘剂液体配制方式可分为人工搅拌和机械搅拌两种方式。

1）人工搅拌方式：工具有容器（视使用量的多少而确定容积，一般不超过 50L）若干；搅拌棒（容器高度加 30～50cm 即为搅拌棒的长度，木质或其他材质都可）。配制步骤为先将总水量的 2/3 放入容器内，在搅拌下徐徐加入抑尘剂，切不可一次放入，然后不断搅拌直至液体形成无沉淀、无悬浮固体的液体，最后加入 1/3 水稀释搅拌均匀即可使用。

2）机械搅拌方式：工具有电动机械搅拌器，其转速应该在 60～100 转/min 范围内。配制步骤为先将 2/3 的水注入搅拌罐内，启动搅拌电机，再将定量的固体均匀地放入搅拌罐内，有条件的情况下加设加料机，直至形成无沉淀、无悬浮固体的液体，最后加入 1/3

水稀释搅拌均匀即可使用。

6.3.2 抑尘剂的应用

将抑尘剂通过专用喷洒装置或手工均匀地喷洒到被喷洒物体表面即可，使用量约大于 $1.5L/m^2$。

如果使用抑尘剂的喷洒面积较大且形式固定（如对火车车厢、汽车车厢、散堆煤场、拆除施工现场等），推荐使用抑尘剂喷洒装置，目前生产配套的有固定式抑尘剂喷洒装置（适用于铁路煤炭运输装车线）和移动式抑尘剂喷洒装置（适用于煤炭铲车装车线和其他环境抑尘剂喷洒需要），如果喷洒区域不固定，且喷洒面积较大（$50m^2$ 以上），可使用抑尘剂储液罐连接的车用高压清洗机喷洒抑尘剂。如喷洒面积较小可选择适合的喷洒工具采用人工喷洒方式喷洒。

（1）抑尘剂在拆除方案的应用

设备：车载式或专业喷洒车，适用于处理高于 30m 的粉尘捕捉，射程可达 18～20m 甚至更远（图 6-10）。

不论是拆除平房、楼房或其他建筑物，不论是机械拆除还是爆破拆除，均能影响到直径 100m 以上的范围，粉尘浓度超过 27～90mg/m^3，作业区会让人窒息。

机械拆除建筑物喷射抑尘剂溶液捕捉扬尘时，将喷射高度调节在机械手 1～3m 之上，高压喷枪把抑尘剂溶液雾化喷出后，会有效捕捉扬尘、团聚粒子降下而减少扬尘；如是人工拆除，可用推拉式喷淋设备在工作下方喷射捕捉扬尘；若是爆破高大建筑物，应服从爆破组指挥，可用多台高压车载式喷枪对准建筑物高 30m 处，待爆破声响即可开进现场调节阀门实施喷淋降尘。拆除建筑物抑尘时，高压喷射扬程应超过作业高度，由上往下捕捉下压扬尘。稀释倍数为：固体 500～800 倍，根据机械容量在投料口边加水边加抑尘剂并同时进行搅拌；也可以先小比例稀释，倒入容器后，再高压加水冲击均匀，无须搅拌。液体 300～500 倍，可在加水时一次性加入，待加满水且已充分溶于水中时，可开始作业（图 6-10）。

图 6-10 抑尘剂的使用

（2）抑尘剂在土方工程中的应用

建筑工地的土方工程，不管是临时性土堆还是土推的装卸、运输，都可喷淋抑尘剂后进行操作。

设备：专业移动式喷洒车或车载式洒水车，适用于处理临时性土堆，装卸、运输的粉尘控制。车辆拉料形成大量的粉尘，冬春季北方干燥多风对土堆、拉料路面产生较严重的扬尘。将液体抑尘剂稀释 200～300 倍，用便携式或车载式喷淋即可抑制扬尘；路面抑尘时，将液体抑尘剂按照 200～300 倍稀释，用环卫洒水车或车载洒水车喷洒抑尘剂即可。

车辆运输土块和粉尘物体时，应通过固定或移动喷淋系统（如龙门式、摇臂式、电动喷雾器）定点喷淋后方能驶出工地，稀释倍数为 200～300 倍。

在土方工地，降雨不形成径流的情况对已喷抑尘剂的土方影响不大，则无须重喷；

在降雨形成明显径流的情况下，雨干后应二次重喷，而土方运输路面遇降雨后需重新补喷。大量应用实践证明，使用抑尘剂后能使建筑物拆除和建筑工地粉尘污染控制在国家规定的浓度 $0.5mg/m^3$ 的三级标准范围内，并且能够大大减少用水量和覆盖物的成本。

6.4 智能喷淋技术应用

6.4.1 智能喷淋技术概述

智能喷淋技术控制系统包括手动智能喷淋技术及自动智能喷淋技术两种控制方式。

（1）手动智能喷淋技术

将运行状态切换到手动状态时，系统中的供水模块由运行人员进行手动控制，在控制面板上按下手动控制按钮，喷枪进行喷洒，按下停止按钮，喷枪停止喷洒。

（2）自动智能喷淋技术

当系统切换到自动运行状态时，系统需要将旋钮开关拨动到自动或定时位。当选择自动运行时，系统自动喷射完成一个循环后，时间控制模块根据工作人员设定的喷洒时间或自动检测到的周围环境情况，反复进行工作。当按下停止按钮时程序控制结束，喷枪停止运行。

控制系统中的手动操作按钮是为检修维护设置，通常情况下整个系统均运行在自动模式下，整个系统的自动化程度高，完全适应工业现代化的要求。

6.4.2 智能喷淋技术应用

智能喷淋联动系统是保障环境的重要手段之一，在进行建筑工程拆除工作时，该系统不仅能够实现抑尘、降尘的功能，在夏天对工地还能够起到降温的作用。

通过电磁阀＋空气质量监测设备，实时监控现场空气质量，若空气质量参数超标，系统自动报警并开启降尘喷淋，同时可实现智能操作，针对现场污染严重区域进行管理操作，一键喷淋降尘，提高降尘效率，节约资源。

6.4.3 智能喷淋系统安装

（1）水箱给水、浮球阀安装

进水管进入蓄水池后，弯曲 90° 左右使之变为水平，与浮球阀连接，并且要严格控制溢水口高度，以免影响浮球阀的灵敏度。

（2）高压水泵的安装

将高压水泵安装在蓄水池附近，或安装在水箱支架上。在安装之前，要严格检查设备和材料，检验设备是否存在损坏和锈蚀的情况。同时，要检查零部件的完整性，看其是否缺损，检查完毕方可安装。水泵进入立管处应安装压力表和止回阀。

另外，二次增压泵安装在塔式起重机机身顶部，供水立管与水平横管的连接处。当蓄水池附近的高压泵压力足够时，可不安装二次增压泵。

（3）供水立管和水平横管的安装

供水管材采用聚乙烯（PE）管或 PP-R 管，采用热熔方式焊接。热熔焊接前后，要用洁净棉布将加热面擦洗干净，并铣削焊接面，使其与轴线垂直。焊接时，要严格控制温度变化，加热面温度保持均匀。在保压冷却期间，不得移动焊接件或在焊接件上施加任何外力，确保无应力焊接。焊接完毕后，需按照规范要求进行质量检测。

（4）卡箍式可曲挠橡胶接头的安装

供水立管与喷水横管之间要使用卡箍式可曲挠橡胶接头连接，上部安装 90°直角可曲挠橡胶弯头，用于补偿立管与横管之间的位移。

（5）喷头安装

喷头的安装是智能喷淋系统的重中之重。

喷头材料的选用：如果选用定制型卡口喷头，可选用 PP 材料制造，或者选用定制型卡口喷嘴，卡口喷嘴只需在支管上开孔即可。定制型卡口喷头的喷雾形状为实心锥形，覆盖面为实心圆形，其独特的叶片设计和流量通道可提供均匀且细小的水雾滴，如图 6-11 所示。

定制型卡口喷嘴沿塔式起重机敷设在水平横管上，间距为 2～3m，并以 60°实心锥形的方式喷洒。每个喷头都由一个开关单独控制，可以选择性地喷洒，避免因某一喷头损坏而导致其他喷头无法正常工作。同时，也避免因为过度喷洒造成水资源浪费和现场泥泞。其缺点是电网管线使用得比较多，施工过程比较复杂。

图 6-11 喷头

（6）智能控制系统和线路的安装

智能喷淋系统需要安装智能控制系统，用以分析、预报警和自动调整现场扬尘情况、喷洒时间和系统故障。另外，每个喷头安装一条单独的控制线路，然后接入智能控制设备中，自动接受其打开或关闭的指令并工作。

（7）防冻温控系统的安装

在管道、喷头和控制阀处缠绕管道伴热带，利用伴热带产生的热量保持管道内部温度，防止管道内余水结冰，影响系统的正常使用。同时，也可以采用聚氨酯材料包裹管道，以便保温。

（8）雨天感应系统

为了实现良好的降尘效果，控制施工现场的含水量，可在控制系统中增加雨天感应系统。当系统遇到下雨天时，传感器传递信号给控制系统，关闭控制阀，避免水资源的浪费。

（9）试运行和调试

喷淋降尘系统安装完毕后，必须试运行。首先要进行的是强度和严密性测试，分为冲洗和试压两部分。试压需要 2 个及以上的压力表，压力表的精度要求在 1.5 级以上，量程要达到 1.5～2.5 倍的试验压力值。水压强度的测试点应设置在管道压力最高处，要求该点压力可以达到 1.5 倍设计工作压力。由于部分设备器件的安装顺序或安装位置等，无法参与冲洗和试压时，应对其进行隔离或拆除保护。

另外，在系统试运行和调试的过程中，要详细记录喷淋系统的运行情况，并存档，包括开机时间、浮球阀供水情况、用水量、耗电量、喷头工作状况等，以便及时进行数据分析。同时，还要记录水压和喷淋效果，随时调整喷头角度。通过测试，正确评估系统的喷洒均匀度、用水量，及时修正。如果测试结果不合格，需要降低压力、排净水分，排查原因，进行修理、调整，或重新安装，直至合格。

6.4.4　智能喷淋技术的优点

智能喷淋技术的应用能进一步推动建筑施工的文明化进程，是绿色施工的重要组成部分。其取材方便，成本低，适合在施工企业中推广应用。

智能喷淋技术的应用大大减少了租赁水车的费用，减少了水车加水时间；降低了水资源的消耗，既符合环保要求，又做到了节约成本；对洒水降尘区域做到了全天候全覆盖洒水，没有遗漏点。

6.5　现场扬尘控制仪

施工现场扬尘控制技术可有效减少清洗场地的人力、水资源的浪费和冲洗车辆的投入，有效控制扬尘。现场扬尘控制仪主要适用于有大面积裸露土的施工现场。

随着我国对环境治理的要求越来越高，PM2.5成为环境监测的重要指标，而空气中的扬尘作为影响PM2.5指标的重要组成部分，也成为各级环保部门监控的对象。扬尘控制仪利用无线传感器技术和激光粉尘测试设备，实现扬尘在线监控，还可以监测PM2.5、PM10、噪声、环境温度、环境湿度、风速风向等各项指数，各测试点的测试数据通过无线通信直接上传到监测后台，方便环境部门实时监测数据。

现场扬尘控制仪适用于现场实时数据的在线监测，其中监测的数据包括扬尘浓度、噪声指数以及视频画面。通过物联网以及云计算技术，实现了实时、远程、自动监控颗粒物浓度以及现场视频、图像的采集；数据通过网络传输，可以在电脑、手机、iPad等多个终端访问。

扬尘监控系统在进行建筑工程拆除工作的时候，对于一些数值超标的画面会进行自动抓拍，再通过网络将抓拍到的画面以及数据传输到服务器，实现可视性数据。并且具备自动报警功能，可以随时掌控环境发生的变化，进而告知有关部门进行整顿，具备报警联动信息输出，可以外接喷雾降尘设备，实现联动。

6.6　建筑垃圾分类处理

6.6.1　建筑垃圾分类处理技术概念

建筑垃圾（图6-12）为渣土、废旧混凝土、废旧砖石及其他废弃物的统称。按产生源分类，建筑垃圾可分为工程渣土、装修垃圾、拆迁垃圾、工程泥浆等；按组成成分分类，建筑垃圾可分为渣土、混凝土块、碎石块、砖瓦碎块、废砂浆、泥浆、沥青块、废塑料、废金属、废竹木等。

建筑垃圾并不是真正的垃圾，而是放错了地方的"黄金"，建筑垃圾经分拣、剔除或

图6-12 建筑垃圾

粉碎后，大多可以作为再生资源重新利用，如：废钢筋、废铁丝、废电线等金属，经分拣、集中、重新回炉后，可以再加工制造成各种规格的钢材；废竹木材则可以用于制造人造木材；砖、石、混凝土等废料经粉碎后，可以代砂，用于砌筑砂浆、抹灰砂浆等，还可以用于制作铺道砖、花格砖等建材制品。这都使得建筑垃圾再生具有利用率高、生产成本低、使用范围广、环境与经济效益好的突出优势。

建筑垃圾分类处理技术最早是在德国起步，进入中国比较晚，但是有关建筑垃圾处理的技术其实早在设备成型之前就已经在逐步完善了。所以从技术上来看，国内设备并不逊于国外产品。

在建筑垃圾处理这一领域，建筑垃圾处理设备破碎站是一种专门针对建筑垃圾进行回收处理破碎的新颖的破碎筛分设备，它整合了振动筛，给料机，皮带输送机，一级、二级、三级破碎机。该产品的研制完全站在用户的角度上，为客户解决了大型设备高昂的运输和安装成本，大大缩短了破碎工期。其中该产品的一体化机组设备安装形式，消除了分体组件的繁杂场地基础设施安装作业，降低了物料、工时消耗。机组合理紧凑的空间布局，提高了场地驻扎的灵活性。同时也降低了物料的运输费用，提高了设备的机动性、灵活性，大大提高了室外作业的适应性。

6.6.2　建筑垃圾分类处理技术应用

建筑工程拆除会产生大量的建筑垃圾，应对建筑垃圾妥善处理。建筑垃圾分类处理产业涉及从"源头"到"末端"全过程的垃圾的处理，涉及有用垃圾的加工处理和无用垃圾的处置，涉及垃圾衍生品的开发利用，不仅包括现有垃圾的处理，还包括源头垃圾性质和产量的控制。

建筑垃圾分选设备（图6-13）是通过铲车、输送、二次对辊破、拨料筛机、磁选、风选、涡电流、收尘等一系列流程，把建筑垃圾中的砖石水泥块、废衣服、塑料、铝材、线铁和磁性物、塑料膜和轻质物等各自分选开。整套流水线为自动化操作，日处理1000t以上，只需5~8人操作即可。分选纯度达到98%左右，是国家重点提倡的环保再回收项目，主要用于建筑垃圾分选。

图6-13　建筑垃圾分选设备

垃圾处理产业的产品主要有3大类：物质资源、环境资源和垃圾处理服务。物质资源的初生态就是未经处理或加工的回收物质，高级形态是二次原料（包括二次能源）。环境资源主要指自然、人文和生态环境的环境容量资源，垃圾处理产业通过对垃圾无害化、资源化和减量化处理，减少了排入环境的污染物量，亦即减少了对环境容量的占用，为生产和消费持续发展提供了可能。垃圾处理服务由包括解决公众投诉在内的管理和作业等一系列活动组成，垃圾处理产业通过提供垃圾处理服务带给公众良好环境的享受，满足绿色施工的要求。

6.6.3 垃圾分类处理技术的意义

垃圾分类处理技术能够实现资源的循环利用，更好地保护环境，贯彻绿色施工的原则。爆破拆除工程中产生大量的建筑垃圾，不仅占用土地，而且污染环境，通过垃圾分类处理技术可以重获新生。除了前面提到的废金属外，废混凝土块经破碎筛分后可获得粗骨料和细骨料，粗骨料可作为碎石直接用于地基加固、道路和飞机跑道的垫层、室内地坪垫层；细骨料用于砌筑砂浆和抹灰砂浆。利用建筑垃圾中的渣土可制成渣土砖，还可用于绿化、回填还耕和造景用土；利用废砖石和砂浆与新鲜普通水泥混合再添加辅助材料可生产轻质砌块；利用废旧水泥、砖、石、沙、玻璃等经过配制处理，可制作成空心砖、实心砖、广场砖和建筑废渣混凝土多孔砖等环保型砖块。

6.7 混凝土碎块转化为粗细骨料

随着建筑业的发展，行业对建筑用砂的需求也越来越大、对建筑用砂的标准要求越来越严格、对工程的质量要求越来越高，但是现在符合标准要求的建筑用砂却越来越少，而且现在建筑废弃混凝土的产量越来越多，大量的建筑废弃混凝土应该如何处理一直是人们关注的一个热门话题。合格的建筑用砂十分紧缺，需要寻找代替品是建筑行业发展的关键；建筑废弃混凝土的处理、再次被利用是势在必行，两者可谓是不谋而合，可将建筑废弃混凝土进行清洗、破碎、分级筛分后取代部分或全部建筑用砂用于混凝土的生产。

6.7.1 再生骨料的生产与加工

建筑垃圾的组成中废弃混凝土占到 41%，成为建筑垃圾的主要组成部分，如图 6-14 所示。

废弃混凝土的来源主要有以下几个方面：

① 中国城镇化建设拆除的旧建筑。随着我国城镇化和新农村建设进程的加快，建筑物在拆除过程中产生的固体废弃物（主要为废弃混凝土）数量猛增。

② 建筑施工中产生的废弃混凝土。据统计得知，在每万平方米建筑的施工

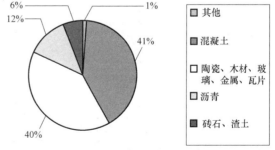

图 6-14　建筑垃圾的组成

场地，框架结构、砖混结构和全部现浇结构等在施工过程中因材料损耗而产生的建筑垃圾就会高达 500～600t。

③ 因地震、台风等自然灾害造成建筑物破坏的同时也将产生许多废弃混凝土。

④ 近年来由于规划、施工、设计等技术原因，不可避免地造成"短命建筑"不断

出现。

6.7.2 再生骨料的制备与处理工艺

（1）再生骨料制备

再生骨料生产的工艺流程如图 6-15 所示。

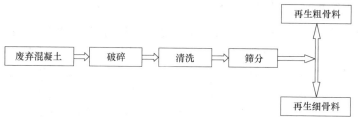

图 6-15　再生骨料工艺流程图

将废弃混凝土块，按一定比例与级配配合，经过破碎—清洗—分级筛分后制成再生骨料。主要分为再生细骨料和再生粗骨料，也可以通过不同的方法加工成不同粒级的再生骨料。废弃混凝土制备再生骨料的具体流程如图 6-16 所示。

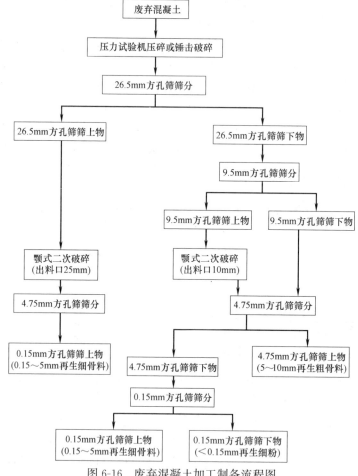

图 6-16　废弃混凝土加工制备流程图

从图中可知，废弃混凝土最终被加工成了 5～10mm 单粒级再生粗骨料；同时也产生了两种副产物，分别为 0.15～5mm 连续粒级再生细骨料和小于 0.15mm 的再生细粉。由于一次破碎后筛分尺寸和颚式二次破碎机出料口大小选择的不同，最终产生了不同粒级的再生骨料。由于机械不适宜处理大块废弃混凝土并且考虑到我国劳动力成本比较低，可先采用人工方法对废弃混凝土块进行分选，剔除当中的木材和钢筋，再进行机械处理，其工艺如图 6-17 所示。配备两台破碎机使废弃混凝土能达到需要的粒径范围，将粒径小于 5mm 的颗粒视为杂质去除。特别地，在工艺中的筛分之后增加了冲洗环节，以此来降低再生骨料中含有的有害物质（黏土、淤泥、细屑等），这些黏附于骨料表面的有害物质，不仅增大了混凝土的用水量，而且对于再生混凝土也有很大的危害。

加工过程照片如图 6-18 所示。

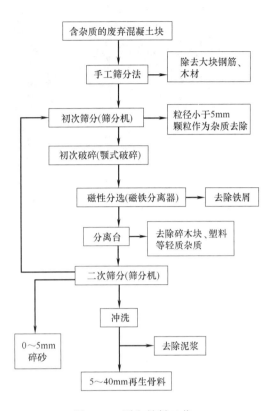

图 6-17　再生骨料工艺

(a)　　　　　　　　　　　　　　(b)

图 6-18　再生骨料加工过程照片（一）

（a）压力机压碎废弃试块；（b）人工破碎试块

227

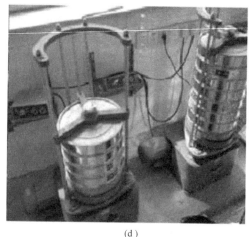

(c)　　　　　　　　　　　　　　　　　　(d)

图 6-18　再生骨料加工过程照片（二）

（c）颚式破碎机破碎；（d）骨料过筛

（2）再生骨料的处理

经过表面处理的再生骨料对再生混凝土的整体强度是有影响的，采用纯水泥浆和粉煤灰强化对再生骨料表面进行强化后，使其与没有进行强化过的再生粗骨料配制的混凝土做比较，28d 的抗压强度略有下降，但是 60d 的抗压强度却有所提高。通过对废弃混凝土的加工制备，主要可产生以下几种再生资源：

① 小于 0.15mm 的再生细粉，可经过再加工作为生产水泥的混合材料或混凝土用掺合料，降低了水泥中的熟料或混凝土中的水泥用量，从而减少 CO_2 的排放。

② 0.15～5mm 连续粒级再生细骨料，经研究表明其微粉含量相对较高，杂质较多，颗粒级配偏粗，不太适宜用于混凝土细骨料，但可用于配制再生砂浆或混凝土砌块，以节约天然河砂。

③ 5～10mm 单粒级再生粗骨料可用于生产再生混凝土，节约天然碎石，实现资源循环利用。

6.7.3　骨料在混凝土中的作用

骨料在混凝土中的作用非常重要，它对于整个体系来说是骨架，可以传递应力，即便没有水泥浆，骨料也可以作为承重材料，同时也可以防止收缩，抑制混凝土的开裂。混凝土已经向着高性能混凝土方向发展，骨料已经逐渐地变成主要材料，水泥用量越来越少。所以，骨料的颗粒级配、颗粒形状、表面的特性、孔隙率等十分重要。

再生骨料性能特点：再生骨料与纯天然的岩石骨料相比具有孔隙率高、吸水性强、强度低等特征，这些特征使得再生混凝土与天然混凝土有显著差别。再生混凝土的流动性、可塑性、稳定程度是由于孔隙率大以及吸水性强而产生下降的，所以它在配合比设计、骨料精密程度、颗粒直径等方面和天然混凝土是有很大区别的。再生骨料强度变低，影响混凝土破坏的重要因素是再生集料其表层包裹的一层水泥石，受到荷载作用时，会产生一些微小的裂缝，裂缝慢慢会扩大相通。

6.7.4　再生混凝土工作性能研究

由于再生骨料具有表面粗糙、孔隙多、吸水率大等特点，所以在用水量相同的情况下，再生混凝土与普通混凝土相比，其坍落度较小、流动性较差，但黏聚性与保水性较普通混凝土增强。这是因为再生骨料的多孔特性导致吸水率的增加，在同等用水量的情况下，实际用水量减少；同时再生骨料表面粗糙可以增加混凝土预拌物各组分之间的摩擦力，使得再生混凝土预拌物的保水性和黏聚性增强。

混凝土耐久性主要包含抗渗性、抗冻性、抗侵蚀性等。高品质再生细骨料有利于提高混凝土的抗渗性，高品质再生粗骨料混凝土的抗渗性能接近天然骨料混凝土。另外由于粉煤灰可以细化再生骨料的毛细孔道，可以通过掺入适当的粉煤灰来提高再生混凝土的抗渗性。通常由于再生混凝土中的再生骨料表面黏附着砂浆，低温效应会使得再生骨料首先被破坏，进而引起整个基体的破坏，导致整个体系的冻融破坏加剧，所以一般情况下再生混凝土的抗冻性比普通混凝土的抗冻性差。一次冻融试验法研究了再生混凝土的抗冻性能，得出了经过一次受冻试验，再生混凝土的强度会受到显著影响的结论。由于孔隙率及渗透性与普通混凝土相比较高，再生混凝土的抗硫酸盐侵蚀性比普通混凝土稍差。通常通过掺加粉煤灰后，能减少硫酸盐的渗透，使其抗硫酸盐侵蚀性有较大的改善。

6.7.5　再生混凝土的应用、推广及意义

虽然再生混凝土的工程应用可以循环利用建筑垃圾、减少环境破坏，但其自身受力性能（尤其是以黏土砖为再生骨料的混凝土）有一定的缺陷。在现代的工程应用与进展中，再生混凝土很少单独使用，而是与钢管等形成组合构件来补强再生混凝土，符合现代结构对材料的要求。钢管与混凝土组合结构是一种绿色环保的新型工程应用。钢管对再生混凝土起到强约束作用，在三向受压状态下，有效增强了再生混凝土的抗裂性能，抑制了收缩和徐变，具有承载力高、刚度大、耐久性能良好等优点，更适用于抗震结构。将高性能再生骨料混凝土应用于组合结构中，弥补了再生混凝土相比于普通钢筋混凝土结构在力学性能、耐久性能及资源经济性上的不足，将为再生混凝土应用于实际工程提供广阔的前景，这是组合结构的主要发展方向。

6.8　安全报警技术

6.8.1　安全报警技术概述

工地人员安全防范管理系统在进行方案设计时，除考虑其功能外，在稳定性、可靠性、抗干扰能力、容错能力及异常保护等方面也应进行充分考虑。安全报警系统利用现有成熟的工业 TCP/IP 通信网络作为主传输平台，相应的无线识别基站、RFID 识别标签等设备与系统挂接，通过区域实时定位管理专用软件与主系统以标准的专用数据库进行后台数据交换，从而实现区域目标的跟踪定位和安全管理。

6.8.2　安全报警技术特点

（1）当施工现场要求集合或出现事故时，能快速通知作业现场的所有人员做相应的

响应。

（2）因采用无线方式，主机与终端之间不需要布线，省去很多工程上的不便。特别适合大范围远距离的场合。

（3）喇叭声音宏大，覆盖面广，在环境噪声大的工作现场也有良好的效果。

（4）广播和报警兼容。

6.8.3 安全防范技术发展趋势

随着现代化科学技术的飞速发展，安全防范技术的手段不论在器件上，还是系统的功能上都有飞速的发展。器件上的探测器由比较简单、功能单一的初级产品发展成多种技术复合的高新产品。

一个综合的安防系统，既有防入侵防盗的功能，又有防火、防暴和安全检查的功能。当某一被探测点发出报警信号时，能自动通过电话线向报警中心报警，而报警中心也能自动探知报警信号的性质、地点及其他属性。探测信号的传输也由常规的有线传输，转为数字的无线传输，大大降低了施工过程中的布线工作量，节约了材料和劳力。报警控制器采用了大容量的 CPU，使信号和控制实现了计算机总线控制，大大降低了系统安装的工作量。

6.9　现场通信技术

现场总线技术于 20 世纪 80 年代出现。现场总线技术是一种以计算机网络、智能传感器控制、数字通信为主要内容的综合技术，其应用于多个行业，有效推动行业自动化技术的发展，可构建起智能设备互联通信网络系统。在当前发展环境下，现场总线技术在自动化仪表和系统领域引发了广泛关注，现场总线技术大大提高了工厂自动化管理水平，促进了现场通信技术的提高，能有效地提高劳动生产率和经济效益。

6.9.1 现场总线的定义

现场总线是一种工业数据总线，它主要解决现场智能化仪表、控制器、执行机构等现场设备间的数字通信以及这些现场设备和高一级控制系统之间的信息传递问题。根据国际电工委员会的标准定义："现场总线是安装在制造和过程区域的现场装置与控制室内的自动控制装置之间的数字式、串行、多点通信的数据总线。更确切地说，现场总线是用于现场仪表与控制室之间的一种'全数字化、双向、多变量、多点、多站的通信系统'。"因为它与现场仪表连接，所以在整个系统中处于最底层。

现场总线基于数据通信技术在现场设备和控制室之间进行多变量、双向通信。现场总线是一个开放式通信网络，又是一种全分布式控制系统，在微处理器测量控制设备之间实现双向、串行、数字化的系统，也称为开放式、数字化、分布式、多点通信的底层控制网。需要指出的是智能化仪表是现场总线的基础，世界上各大公司都推出了各种智能化仪表。

在智能化仪表尚未普及的阶段，采用的是智能化节点与模拟仪表相结合的连接形式，所以目前还处在现场总线的过渡阶段。现场总线的本质表现在以下几个方面：

（1）现场通信系统

现场总线把通信线一直延伸到生产现场或生产设备，是用于过程自动化和制造自动化的现场设备或现场仪表互联的现场通信网络。现场总线不断适应恶劣的工业生产环境，开发智能化仪表从而实现全数字化通信。

（2）现场设备互连

现场设备或现场仪表是指传感器、变送器、执行器等。这些设备通过一对传输线互连，传输线可以是双绞线、同轴电缆、光纤和电源线等。并可根据需要因地制宜地选择不同的传输介质。

（3）互操作性

现场设备或现场仪表的种类繁多，互相连接不同厂商的现场设备产品是不可避免的，用户希望对不同品牌的产品进行统一的组态，构成其所需要的控制回路，这是现场设备互操作性的含义。

（4）分散功能模块

将功能模块分散在多台现场设备中，并可统一组态，供用户灵活选用各种功能模块，构成所需的控制系统，实现彻底的分散控制。

（5）开放式互联网络

现场总线是开放式互联网络，既可以与同层网络互连，又可与不同层网络互连。不同制造商的网络互连十分方便。

6.9.2 现场总线的特点

（1）实现了全数字化通信

在分散控制系统（DCS）中，有许多 I/O 板用来接受和送出 4—20mA 等模拟信号。即便采用了智能变送器这样的现场仪表，往往也还需要将它们测量到的原始数字信号在送入 DC5 之前转换成 4—20mA 模拟信号，因此，DCS 是一个半"数字信号"系统，在现场总线控制系统（FCS）中，信号一直保持着数字特性，因此，FCS 是一个"纯数字"系统，数字信号的电平较高，一般的噪声很难干扰 FCS 系统内的数字信号。除此之外，数字通信检错功能强，可以检测出数字信号传输中的误码，所以，全数字化通信使得过程控制的准确性和可靠性大大提高。

（2）实现不同厂家产品的互操作

任何一个仪表生产厂家都不可能提供一个生产自动化所需的全部现场仪表，或者在某厂家仪表损坏后可以用另一个厂家的现场仪表代替并不影响正常工作，因此不同厂家的仪表互联是不可避免的。人们不希望为使不同厂家的现场仪表互联而在硬件和软件上花费较大精力。希望不同厂家的产品不仅实现互通信而且实现互操作，这样才能满足生产工艺的各种要求。因此将不同厂家的产品集成于同一系统，并实现互操作，这就需要统一的规范。现场总线有一个开放性的协议，便于实现互操作。采用 FCS 的用户可以在价格、性能、质量和订货期等因素选择最好的现场仪表，而不会被迫只购买一家的产品，打破了厂家对同一产品的价格垄断，使用户从中受益。

（3）实现了真正的分布式控制

DCS 从结构上不是一个真正的分散式，而是一个"半分散"系统，FCS 才是真正的分散式，它把控制功能下放到现场的每个控制回路，完全分散了现场仪表，大大提高了系统的可靠性。

（4）传输的信息量丰富

在传输多个过程变量的同时可将仪表标识符和简单诊断信息一并传送。可以产生最先进的现场仪表多变量变送器（例如可以检测温度、压力和流量，输出 3 个独立信号的"三和一"变送器）。

（5）减少了 I/O 变送器

若平均 3～4 个仪表接到一根单独的电缆上，则可以减少 1/2～2/3 的 I/O 接口卡、I/O 柜，另外槽盒、桥架、导线用量也会大大减少。新增加的仪表或设备只需并行挂接到电缆上。不需要架设新的电缆，大大降低系统费用。仪表系统的电缆配线安装、操作维修等方面的费用由于采用现场总线也可降低 60％以上。

（6）提高了测试精度

现场总线的数字信号比 4—20mA 模拟信号的精度提高 10 倍，可以减少 A/D 转换带来的误差。

（7）增加了系统的自治性

以微处理器为核心的现场设备可以完成许多先进的功能，包括部分控制功能下放到底层，由现场设备完成，甚至一些高级算法也可下放到底层。

总之，FCS 采用了现代计算机技术中的网络技术、微处理器技术及软件技术，实现了现场仪表的数字化连接和现场仪表的智能化，给工业生产带来了巨大的效益，大大降低了现场仪表的初始安装费用，节省了昂贵的电缆、施工费用，增强了现场控制的灵活性，提高了信号传递的精度，减少了系统运行维护的工作量。对未来生产过程自动控制产生了深远的影响。

6.10　无人机监控

无人机（图 6-19）全称无人飞机系统（UAS），是一种不需要驾驶员驾驶的飞机，可以用来替代人类完成一些高难度的空中作业，它与成像设备等结合可以实现应用扩展，完成更多的业务场景。无人机可监测拆除过程中的拆除进度、危险源以及防尘等。无人机能够采集高分辨率的影像，是对卫星遥感技术很好的补充，可以弥补卫星遥感因云层遮挡获取不到影像、重访周期过长等问题。无人机用途广泛，成本低，性价比高；没有人员伤亡风险；在民用领域有广阔的前景。

无人机作为一种新型数据采集工具，具有空中操作和自动化优势，在工程建设领域的应用中具有

图 6-19　无人机

"快速高效、体积小巧、操作简便、覆盖面广、功能面全"等特点，可以实现实时实地跟踪监控。在提高效率的同时，不仅可以节省人工、费用，还可以辅助人工做一些高危险性工作。无人机系统特点如图 6-20 所示。

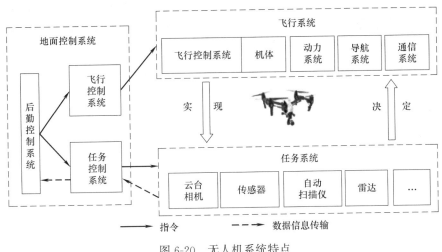

图 6-20　无人机系统特点

6.10.1　无人机技术

（1）红外热成像技术

红外热成像技术是一种被动红外夜视技术，其原理是利用世界中一切物体时刻都在辐射红外线，红外线保留有物体的特征信息，根据目标物体表面温度的高低以及热分布场的差异，可以采用红外热成像技术对物体进行识别与检测。利用红外热成像技术这一特性，通过光电技术将物体辐射的热信号转化为电信号，并通过成像装置来描述物体表面温度的空间分布，再经过系统处理，可形成热图像视频信号，可以展示与物体表面热分布相对应的热像图，即红外热图像。该技术可用于火灾预警、设备故障等，将其装载应用于无人机上可以检测施工现场的火灾以及设备故障隐患。

（2）遥感技术

无人机遥感技术由无人机飞行技术与遥感技术结合，可以在几千米高度范围内获得施工现场及周边环境的高分辨遥感影像，使用数据一体化操作系统等影像处理软件处理拍摄到的影像从而获得较高质量的测绘图。与传统的测绘方法相比较，该方法具有成本低、应用灵活、高效、安全性高、可实现危险区域探测等优势，只需一个人操控无人机而另一个人处理捕获的影像以形成完整的地形地貌图；起飞和降落只需几分钟便可以完成施工现场的航拍工作；并综合利用遥感遥控技术，能快速获取高分辨率的空间影像信息。

6.10.2　无人机在建筑施工现场的应用

（1）在安全监管方面的应用

建筑工地存在严重的安全隐患，安全事故瞬间即可发生，监管者需要实时观察施工的安全情况，防患于未然。无人机上装载高清摄像头，在空中对工地进行俯拍，拍摄视角更广，灵活多变，可以通过算法算出最佳拍摄位置，可以实现实时场外监控，发现问题及时和现场人员联络，更有利于捕捉信息，在对拍摄图像进行处理后可以得到三维图像，便于对施工进度评估以提高对施工进度和质量的监督。

（2）无人机推动建筑拆除施工现场绿色文明施工

无人机在建筑施工现场的应用受到广泛好评，把无人机对环境的监测功能与施工建筑领域相结合，可减少施工现场的环境污染。无人机设备可以检测施工现场中的 PM2.5 含量，并根据检测结果对相应操作步骤进行调整，实现了控制施工现场污染指数的效果。同时，无人机在高空可对施工现场不同设备、材料的分布情况，施工进度直观观察，有助于项目管理人员规范施工现场布置，为工作人员营造一个安全文明绿色的施工环境。

（3）在提高施工效率方面的应用

按照特定的时间安排，利用无人机的摄像功能可以拍摄现场施工情况，识别现场的施工进度；通过图像的前后变化对比可以监测现场人员的工作状态，合理调配劳动人员配置，分析与优化施工现场的人员结构。无人机遥感影像处理得到的三维影像可以为监管团队提供参考，在很大程度上提高施工效率。

6.11　门禁管理系统

6.11.1　门禁管理系统概述

门禁管理系统（图 6-21）是可以控制人员的出入、人员在楼内及敏感区域的行为并

准确记录和统计管理数据的数字化出入控制系统。它主要解决了企事业单位、学校、社区、办公室等重要场所的安全问题，可在楼门口、电梯等处安装控制装置，例如：门禁控制器、密码键盘等。住户要想进入，必须有卡或输入正确的密码，或按专用生物密码才能获准通过。门禁管理系统可有效管理门的开启与关闭，保证授权人员自由出入，限制未授权人员进入。

图 6-21　门禁管理系统

6.11.2　系统功能

（1）基本功能

成熟的门禁管理系统的基本功能为对通道进出权限的管理。进出通道的权限就是对每个通道设置哪些人可以进出，哪些人不能进出。进出通道的方式就是对可以进出该通道的人进行进出方式的授权。门禁系统的进出方式通常有密码、读卡（生物识别）、读卡（生物识别）＋密码 3 种方式。进出通道的时段就是设置该通道的人在什么时间范围内可以进出。

实时监控功能：系统管理人员可以通过计算机实时查看每个门区人员的进出情况（同时有照片显示）、每个门区的状态（包括门的开关，各种非正常状态报警等）；也可以在紧

急状态打开或关闭所有的门区。

出入记录查询功能：系统可储存所有的进出记录、状态记录，可按不同的查询条件查询，配备相应考勤软件可实现考勤、门禁一卡通。

异常报警功能：在异常情况下可以实现计算机报警或报警器报警，如遇到非法侵入、门超时未关等情况。

（2）特殊功能

根据系统的不同，门禁还可以实现以下特殊功能：

1）反潜回功能：持卡人必须依照预先设定好的路线进出，否则下一通道刷卡无效。本功能是防止持卡人尾随别人进入。

2）防尾随功能：持卡人必须关上刚进入的门才能打开下一个门。本功能与反潜回实现的功能一样，只是方式不同。

3）消防报警监控联动功能：在出现火警时门禁系统可以自动打开所有电子锁让里面的人随时逃生。与监控联动通常是指监控系统会自动在有人刷卡时（有效/无效）录下当时的情况，同时也将门禁系统出现警报时的情况录下来。

4）网络设置管理监控功能：大多数门禁系统只能用一台计算机管理，而技术先进的系统则可以在网络上任何一个授权的位置对整个系统设置监控查询管理，也可以通过互联网异地设置监控查询管理。

5）逻辑开门功能：简单地说就是同一个门需要几个人同时刷卡（或其他方式）才能打开电控门锁。

6.11.3 门禁系统应用要求

（1）可靠性

门禁管理系统以预防损失、预防犯罪为主要目的，因此必须具有极高的可靠性。一个门禁管理系统，在其运行的大多数时间内没有险情发生，因而不需要报警。

（2）权威认证

出现险情需要报警的概率一般是很小的，但是如果在这极小的概率内出现报警系统失灵，常常意味着灾难的降临。因此，门禁安防系统在设计、施工、使用的各个阶段，必须实施可靠性设计（冗余设计）和可靠性管理，以保证产品和系统的高可靠性。

另外，在系统的设计、设备选取、调试、安装等环节上都应严格执行国家或行业的有关标准，以及公安部门安全技术防范的要求，产品须经过多项权威认证，且具有众多用户，还应能实现多年正常运行。

（3）安全性

门禁及安防系统是用来保护人员和财产安全的，因此系统自身必须安全。这里所说的高安全性，一方面是指产品或系统的自然属性或准自然属性，应该保证设备、系统运行的安全和操作者的安全，例如：设备和系统本身要能防高温、低温、烟雾、霉菌、雨淋，并能防辐射、防电磁干扰（电磁兼容性）、防冲击、防碰撞、防跌落等，设备和系统的运行安全还包括防火、防雷击、防爆、防触电等；另一方面，门禁及安防系统还应具有防人为破坏的功能，如：具有防破坏的保护壳体，以及具有防拆报警、防短路和开路等属性。

（4）多种功能

用于智能大厦或智能社区的门禁控制、考勤管理、安防报警、停车场控制、电梯控制、楼宇自控等，还可实现与其他系统联动控制等多种控制功能。

（5）扩展性

门禁管理系统应选择开放性的硬件平台，具有多种通信方式，为实现各种设备之间的互联和整合奠定良好的基础，另外还要求系统应具备标准化和模块化的部件，有很大的灵活性和扩展性。

6.11.4　系统特点

（1）以非接触卡代替机械钥匙，需经管理中心授权才能使用；

（2）可实现卡片的发行、授权、注销、回收等管理功能；

（3）可实现刷卡开门、用户 ID 号＋用户个人密码开门；

（4）可实现保安室"手动按键放行"；

（5）可实现消防联动报警开门；

（6）断电后由 UPS 电源供电，能维持 8～12h；

（7）开门记录，可汇总到计算机生成报表；

（8）二次密码确认：特定门、特定时间能实现"刷卡后必须输入个人密码才能开门"；

（9）联动监控。

对于重要区域，可以安装闭路电视监控系统。使用感应卡片开门时，可以联动开启闭路监控人像拍摄（CCD 摄像装置），实行电子图像比对，而由保安监控室比对确认后，远程放行进入。如可应用在贵重物品、仪器、贵重元器件保存区的进入。

发生紧急事故时，控制器联动能自动将门关闭（可设置），临时取消开门允许，以保证该区域不被"乘虚而入""趁火打劫"，可应用在如财务室、贵重物品仓等区域。

发生紧急事故时，控制器联动能自动将门打开（可设置），实现消防联动响应功能而放行。例如可应用在一般办公室门、过道门等。

（10）自动报警：非授权卡片刷卡不能开门；门被非正常打开/或未正常关闭时自动报警；室内红外报警或烟雾报警系统可实现自动报警。

（11）查询功能：管理部门可根据需要随时在查询系统上查询各区域门禁的详细记录，并可随时打印出来。各部门也可以根据需要，随时查询本部门员工的出入门状况。

（12）紧急驱动：如楼梯门可设在紧急情况下，自动开启，以便人员及时疏散，确保人身安全。

（13）可根据客户的需求定制特殊的功能。

6.11.5　工地门禁系统优点

工地门禁系统通过在大门口设置出入口控制，通过刷卡、密码、指纹、人脸识别等验证方式开门来强化管理施工现场作业人员的进出与考勤，可以精确统计各个部门人员数量及名单等详细信息，解决施工现场社会流动人员随意出入、人员数量不明、信息不清的状况，提升工地的安全秩序和工作质量。

（1）使用高质量的工地门禁系统会让管理更加方便。门禁系统实现了自动分项统计汇总，信息反馈及时准确。可以有效地对施工人员进出现场情况做出统计，还能准确统计考勤数据，也可生成从管理人员到分包班组的各种考勤数据统计表。并且，它还能够帮助企业进行更准确的分析，包括投入分析以及工程效率分析等。

（2）使用工地门禁系统会加强安全防范。门禁系统保存的数据也可以有效地防范和处理各种劳资纠纷事件；通过对务工人员全面管理和真实数据的存档，可以有效地减少目前传统管理模式中存在的各方矛盾冲突，对于确保项目稳定安全顺利进行有很大的帮助。

（3）使用工地门禁系统会提高工作效率。系统各类汇总的数据信息可以进行保留查询而且相互关联，工地门禁可以帮助总包公司对分包队伍人员队伍状况等各方面进行更好的协调与管理，以提高其工作与工作质量。

（4）工地门禁系统非常容易操作。门禁系统具有容易操作的特点，电脑操作水平达到初级的管理人员，经过简单的培训就能掌握该系统的操作要领，即可达到完成值班任务的操作水平。

（5）使用工地门禁系统成本低，且效率高。传统的解决方法通常是使用考勤机、监控或者道闸进行管理，但是这些系统的缺点显而易见：指纹识别的速度是一个不容忽视的问题，而且其识别过程中受环境的影响较大。而监控系统却需要大量的人力、时间来进行联动。

6.12 BIM 技术

6.12.1 BIM 定义

BIM（Building Information Modeling）技术是一种应用于工程设计、建造、管理的数据化工具，通过对建筑的数据化、信息化模型整合，在项目策划、运行和维护的全生命周期过程中进行共享和传递，使工程技术人员对各种建筑信息做出正确理解和高效应对，为设计团队以及包括建筑、运营单位在内的各方主体提供协同工作的基础，在提高生产效率、节约成本和缩短工期方面发挥重要作用。

引用美国国家 BIM 标准（NBIMS）对 BIM 的定义，BIM 由三部分组成：

（1）BIM 是一个设施（建设项目）物理和功能特性的数字表达；

（2）BIM 是一个共享的知识资源，是一个分享有关这个设施的信息，为该设施从概念到拆除的全生命周期中的所有决策提供可靠依据的过程；

（3）在设施的不同阶段，不同利益相关方通过在 BIM 中插入、提取、更新和修改信息，以支持和反映其各自职责的协同作业。

6.12.2 BIM 技术特点

BIM 具有以下 4 个特点：

（1）可视化

可视化即"所见所得"的形式，对于建筑拆除行业来说，可视化在建筑拆除的作用是非常大的，例如施工图纸，经常只是各个构件的信息在图纸上采用线条绘制表达，但是其真正的构造形式就需要建筑业从业人员去自行想象了。BIM 提供了可视化的思路，将以往线条式的构件形成一种三维的立体实物图形展示在人们面前。BIM 提到的可视化是一种能够在构件之间形成互动性和反馈性的可视化,由于整个过程都是可视化的,可视化的结果不仅可以用效果图和报表展示,更重要的是,在项目拆除的各个过程中的沟通、讨论和决策都在可视化的状态下进行。

（2）协调性

协调性是建筑业的重点内容,不管是施工单位,还是业主,都在相互之间进行协调及配合。一旦在项目的实施过程中遇到了问题,就要将各有关人士组织起来召开协调会,找出各问题发生的原因及解决办法,然后做出变更,或做出相应补救措施等。BIM 的协调性服务就可以帮助处理许多问题,BIM 建筑信息模型可在建筑物拆除前期对各专业的碰撞问题进行协调,生成协调数据。

（3）优化性

事实上整个拆除的过程就是一个不断优化的过程。当然优化和 BIM 也不存在实质性的必然联系,但在 BIM 的基础上可以做更好的优化。优化受 3 种因素的制约：信息、复杂程度和时间。没有准确的信息,做不出合理的优化结果,BIM 模型提供了建筑物实际存在的信息,包括几何信息、物理信息、规则信息,还提供了建筑物变化以后的实际信息。复杂程度较高时,参与人员本身的能力无法掌握所有的信息,必须借助一定的科学技术和设备的帮助。现代建筑物的复杂程度大多超过参与人员本身的能力极限,BIM 及与其配套的各种优化工具提供了对复杂项目进行优化的可能,为拆除工程助力,使建筑工程的拆除更加顺利安全。

（4）可出图性

BIM 模型不仅能绘制常规的建筑设计图纸及构件加工图纸,还能通过对建筑物进行可视化展示、协调、优化,并出具各专业图纸及深化图纸,使工程在拆除过程中的表达更加详细。

6.12.3　BIM 技术应用意义

（1）有助于建筑工程管理模式优化

以往的管理模式缺乏每个部门之间交流的途径,而 BIM 技术具有协调性、可视化等多种特征,利用这项技术能够将计划进度信息和建筑模型进行有机结合,对施工现场具体情况做出合理的安排,而且可以适当调整各个施工过程中工程进度冲突情况,以此确保工程能够采用最科学的方法完成施工。并且利用可视化的模型,模拟拆除过程能够确保每个部门之间的交流协作,从根本上实现共享资源。

（2）增加建筑企业的经济效益

在建筑工程拆除的管理中应用 BIM 技术,可避免耽误施工工期,节省项目费用,也能够对物资堆放以及物资进场做出合理的安排,防止浪费大量的时间以及消耗过多的机械设备。在建筑工程管理每个阶段都应用 BIM 技术,在一定程度上能够节省很多人力、物力以及时间,可以节省社会资源,降低建筑企业的经济支出。

（3）提升工程造价管理效率

BIM 技术具有一定的模拟预算能力,能够方便整个工程项目进行预算。在规划过程中,能够结合 BIM 建模得到的工程量信息,实现项目早期预算；在项目拆除过程中,通过 BIM 的信息共享平台能够分析比较施工过程中的实时信息和早期的数据,使信息随时更新，使建筑工程造价管理效率得到提高。

6.13 直升机吊装技术

6.13.1 直升机运输特点

直升机是依靠发动机驱动旋翼产生升力和纵、横向拉力及操纵力矩，使之能垂直起降的航空器。它与固定翼飞机从设计原理到飞行性能均有显著差异，有如下一些特点：①既能垂直起降、空中悬停，又能向前后左右任意方向飞行；②当发动机在空中停车时，直升机可利用旋翼自转下滑，安全着陆；③直升机不需要专用机场和跑道，可在陆上、水上、舰船上、房顶上等仅能容纳直升机的地方起降；④直升机可以通过外挂的方式吊运货物或抢救遇险人员；⑤直升机军民通用性很强，除了专用武装直升机外，几乎所有的直升机既可军用又可民用；⑥通过对新构型的探索和研究，直升机（旋翼机）的飞行速度已大大提高，如美国已批量应用在部队的 V-22 "鱼鹰"倾转旋翼机的巡航速度已达到 509km/h，最大速度可达 650km/h。直升机独特的飞行模式决定了其独有的使用特点：

（1）应用广泛

飞机依赖机场，火车需要铁路，汽车要走公路，因而受到限制，直升机（图 6-22）不依赖专用机场，这是其最突出的使用特点。无论是陆地、水面、舰（艇）面、房顶、海上平台，只要能承载和容纳直升机的地方都可以起降。拆除施工时，大型拆除机具可通过直升机吊运至建筑的楼顶。

图 6-22 直升机

（2）机动灵活

理论上直升机可飞到地球表面允许其接近或降落的每个地方，这对使用直升机完成任务有着极大的灵活性。

（3）可低空、低速完成飞行任务

直升机飞行空间基本上是在超低空（离地面 100m 以下）和低空（100～1000m），飞行速度在低速范围（0～400km/h）。直升机就是在大气层的最底层低速飞行，充分展示其特殊的飞行能力。

（4）可进行特种作业

直升机可在临近地（水）面出色地实施特种作业，例如空中起重吊运、线路巡检、地质勘测、城市消防、农林喷洒、救灾抢险等作业。

6.13.2　直升机使用成本分析

按照以往对直升机直接使用成本结构的划分，直接使用成本的计算公式为：直接使用成本＝机体折旧费＋维修费＋燃油费＋驾驶人员费＋地勤人员费＋贷款利息＋保险，依据上述公式，每一项都有各自的费用估算公式，可以比较详细地计算出直接使用成本，但是其涉及很多变量参数，包括：发动机价格、每飞行小时机体折旧率、年度平均飞行时间、机体和发动机预计大修次数、燃油消耗率、驾驶员每人每年工资、飞行小时补助、地勤人员每人每年工资、利息、年利率、折价系数等。这些变量的具体估计值只有在直升机的使用阶段才能获得，而在总体设计阶段却无法准确地预知，因此在总体设计阶段使用该成本估算方法很难方便快捷地估算出直接使用成本的大小。实际上机体折旧费、驾驶人员费、贷款利息和保险等由于各直升机运营单位（公司）的经营管理策略、使用目的、运营时期的不同而会存在比较大的差异。

复习思考题

6-1　简述消声油锤与普通油锤区别。

6-2　简述废弃混凝土转化为粗细骨料的工艺流程。

6-3　简述 BIM 技术的特点。

参 考 文 献

[1] 李永福. 建设工程法规（第 2 版）[M]. 北京：中国建筑工业出版社，2018.
[2] 李永福. 建筑项目策划 [M]. 北京：中国电力出版社，2012.
[3] 李永福，许孝蒙，边瑞明. EPC 工程总承包设计管理 [M]. 北京：中国建筑工业出版社，2020.
[4] 高广君. 建筑机械拆除施工现状及改进 [J]. 中国新技术新产品，2019，（07）：114-115.
[5] 王洪，林雪. 废旧高层建筑机械拆除现状及发展趋势 [J]. 黑龙江科技信息，2017，（08）：224-225.
[6] 周洲. 建筑机械拆除施工方法研究 [J]. 山西建筑，2016，42（20）：81-83.
[7] 胡建平. 建筑机械拆除施工方法探析 [J]. 现代物业（中旬刊），2019，（10）：224.
[8] 汪浩，郑炳旭. 拆除爆破综合技术 [J]. 工程爆破，2003，（01）：27-31.
[9] 杨雷. 高耸建筑物拆除的安全措施 [J]. 石河子科技，2014，（01）：49-50.
[10] 刘一锋，王刚玉，赵中，等. 建筑拆除工程安全管理中的不足及措施 [J]. 四川建材，2019，45（06）：222-223.
[11] 中华人民共和国住房和城乡建设部. 总图制图标准 GB/T 50103—2010 [S]. 北京：中国计划出版社，2011.
[12] 中华人民共和国住房和城乡建设部. 建筑制图标准 GB/T 50104—2010 [S]. 北京：中国计划出版社，2011.
[13] 中华人民共和国住房和城乡建设部. 建筑结构制图标准 GB/T 50105—2010 [S]. 北京：中国建筑工业出版社，2010.
[14] 罗康贤. 建筑工程制图与识图（第 2 版）[M]. 广州：华南理工大学出版社，2013.
[15] 刘志麟，等. 建筑制图（第 3 版）[M]. 北京：机械工业出版社，2020.
[16] 袁雪峰，张海梅. 房屋建筑学（第 3 版）[M]. 北京：科学出版社，2005.